高等教育"十三五"规划教材

土质学与土力学

（第二版）

主　　编　隋旺华

副 主 编　董青红　刘　强　鲁海峰　吴圣林

参　　编　王佳豪　谢　聪　褚程程　王文学

主　　审　姚多喜　叶万军

中国矿业大学出版社

·徐州·

内容提要

土质学是研究土(土体)的工程性质及形成和变化规律的学科,土力学是研究土(土体)在力的作用下的应力、强度和稳定性等问题的应用学科。土质学与土力学为工程设计与施工提供土的工程性质指标、评价方法以及土力学计算原理。本书主要内容包括土的物质组成和物理性质、土的渗透性和渗流、土的力学性质、土的工程分类与工程性质,以及地基土应力、地基沉降、土质边坡稳定性、土压力、地基承载力等土力学计算方法。

本书为地质类、土木类本科专业教材,也可供相关专业本科生、研究生及工程技术人员参考。

图书在版编目(CIP)数据

土质学与土力学/隋旺华主编.—2版.—徐州:中国矿业大学出版社,2020.9

ISBN 978-7-5646-1240-5

Ⅰ.①土… Ⅱ.①隋… Ⅲ.①土质学－高等学校－教材②土力学－高等学校－教材 Ⅳ.①P642.1②TU43

中国版本图书馆CIP数据核字(2019)第187313号

书　　名　土质学与土力学
主　　编　隋旺华
责任编辑　潘俊成　孙建波
出版发行　中国矿业大学出版社有限责任公司
(江苏省徐州市解放南路　邮编 221008)
营销热线　(0516)83884103　83884995
出版服务　(0516)83995789　83884920
网　　址　http://www.cumtp.com　**E-mail**:cumtpvip@cumtp.com
印　　刷　江苏凤凰数码印务有限公司
开　　本　787 mm×1092 mm　1/16　**印张** 15.5　**字数** 387 千字
版次印次　2020年9月第2版　2020年9月第1次印刷
定　　价　36.00元

第二版前言

本教材第一版是许惠德、马金荣、姜振泉三位老师编写的高等学校规划教材《土质学及土力学》，于1995年3月由中国矿业大学出版社出版（ISBN 7-81040-354-0），用于水文地质与工程地质本科专业教学，学时约为80学时。20多年来，国内外出版了大量的土质学与土力学、土力学与基础工程方面的教材，有关规程、规范也经过了较大幅度的修改。随着教学改革和课程建设的不断深入，教学内容、教学方法都发生了较多的变化。中国矿业大学土质学与土力学课程于2006年被评为江苏省一类精品课程，2009年被评为国家级精品课程，2013年被评为国家级精品资源共享课程，并在爱课程网站上线。

本教材第二版由中国矿业大学出版社组织有关矿业类高校从事土质学与土力学教学的相关教师编写，由隋旺华（中国矿业大学）担任主编，董青红（中国矿业大学）、刘强（山东科技大学）、鲁海峰（安徽理工大学）、吴圣林（中国矿业大学）担任副主编。教材的编写大纲由主编和副主编共同审定。本教材适用于地质类、土木类等本科专业32学时（不含实验教学）或者48学时（含实验教学）课程教学，配套使用中国矿业大学出版社出版的实验教材《土质学与土力学实验》（ISBN 978-7-5646-3691-3）。进行本课程双语教学的师生可参考隋旺华主编的英文版教材 *Soil Mechanics*。

本教材共分为九章。绪论由隋旺华编写；第一章至第三章由隋旺华主编，董青红、王佳豪等参加编写；第四章由董青红主编，王文学、王佳豪、谢聪参加编写；第五章由鲁海峰主编，谢聪、褚程程参加编写；第六章由吴圣林主编，褚程程、谢聪等参加编写；第七、八章由刘强主编，吴圣林、谢聪、王文学等参加编写；第九章由隋旺华主编，吴圣林、谢聪等参加编写。全书由隋旺华统稿和定稿。

2018年1月在徐州召开了本教材的审稿会议，确定了安徽理工大学姚多喜教授和西安科技大学叶万军教授担任主审。

本教材的编写和出版得到了国家精品资源共享课程建设项目、国家级教学团队建设项目、国家级特色专业地质工程建设项目、中国矿业大学地质工程品牌专业建设项目资助，在此表示感谢！在课程建设过程中，得到了加拿大瑞尔森大学刘金元博士，中国矿业大学周国庆教授、谢广元教授、许惠德教授、姜振泉教授、马金荣教授等的大力支持，在此表示感谢！感谢中国矿业大学土质学与土力学课程教学团队的张改玲教授、杨伟峰教授、王档良博士、侯效礼高级工程师等为课程建设做出的贡献。

在编写本书过程中，笔者参考了国内外大量的出版文献，在此向这些文献的编著者表示感谢！如有引用不当或者疏漏之处，请原著者与本书编者联系，以便再版时修正。

隋旺华

2020 年 7 月

第一版前言

本教材是根据全国煤炭高等院校教材编审委员会议审定的以中国矿业大学水文地质与工程地质专业四年制本科教学大纲为依据，参考其他院校的相应教学大纲编写的。在编写过程中，广泛吸取和选用了近年来国内外出版的优秀教材内容和有关文献资料及图件，特别是蔡伟铭、唐大雄、陈希哲、史如平、杨英华、高国瑞、郭继武等教授、专家的著作和论文，体现了最新的科学成果，为教材的质量提供了坚实的基础，在此表示衷心的感谢。近年来国内颁布的有关规程规范的基本内容已融合于教材的有关章节之中，并沿用了新规程规范规定的名词、术语和单位制，加强了理论与实践的联系。根据编者的教学经验和学科发展的趋势，还增加了微观测试内容、土的弹塑性理论知识、井巷土压力理论和补强土的概念。每章之后，视需要附有习题，书后附有土工实验指导书，便于学习练习和实验。

参加本书编写的有：中国矿业大学许惠德（绪论，第四、五、六、七、八章）、马金荣（第一、九章）、姜振泉（第二、三、十章，实验指导书）。许惠德为本书主编。

本教材是煤炭高等院校水文地质与工程地质专业本科四年制学生的专业课用书，教学时数为80学时。当学时少时，可适当减少土的动力强度概述、特殊土的工程地质特征、地基变形与时间关系，以及根据地基承载力理论确定容许承载力、井巷土压力和地基处理概述等部分内容。本教材也适合岩土工程、地质工程、环境地质专业应用，并可供工业与民用建筑、建井工程、采矿工程、煤田地质等的勘察、勘探、设计、施工部门的科研、工程技术人员和高等院校有关专业的师生参考。

编　者

1994年4月15日

主要符号及释义

X_d——某粒组的质量百分含量
d_x——某累计百分含量对应的粒径
d_{10}——有效粒径
d_{30}——中间粒径
d_{50}——平均粒径
d_{60}——界限粒径
k——土的渗透系数
C_u——不均匀系数
C_c——曲率系数
C_c——压缩指数
η——动力黏滞系数
C_s——比重计校正系数
G_s——土粒比重
m、m_s、m_w、m_a——土、土粒、水、气的质量
V、V_s、V_w、V_a、V_v——土、土颗粒、水、气和孔隙的体积
ρ——土的密度
γ——土的重力密度(重度)
ρ_{sat}——饱和密度
γ_{sat}——饱和重度
ρ_d——干密度
γ_d——干重度
γ'——有效重度、浮重度
ρ_w——水的密度
γ_w——水的重度
w——含水率(含水量)
S_r——饱和度
n——孔隙率
e——孔隙比
e——荷载偏心距
v——比体积，$v=1+e$
D_r——砂土的相对密度
w_L——液限
w_P——塑限
w_s——收缩限
I_P——塑性指数
I_L——液性指数
Ac——活动性指数
δ_{ef}——自由膨胀率
δ_{ep}——某荷载下的膨胀率
P_e——膨胀力
w_h——膨胀含水率
δ_V——体缩率
δ_{si}——线缩率
λ_n——竖向收缩系数
PF——负压力(吸力)
δ_s——黄土的湿陷系数
δ_{zs}——自重湿陷系数
Δ_{zs}——自重湿陷量
Δ_s——总湿陷量
p_{sh}——湿陷起始压力
η_f——冻胀率
A_0——融沉系数

a_w ——红黏土的含水比
T ——界面张力
h_c ——毛细管水柱高度
v ——平均流速
v_0 ——真实流速
i ——水力坡度
i_0 ——起始水力坡度
j ——渗透力
J ——总渗透力
i_{cr} ——临界水力坡度
$[i]$ ——允许水力坡度
q ——渗流量
σ ——正应力,总应力
σ' ——有效应力
u_a ——孔隙气压力
u_w、u ——孔隙水压力
S_e ——有效饱和度
θ_w ——土的体积含水率
a_v ——压缩系数
E_s ——压缩模量
μ ——泊松比
E_0 ——变形模量
m_v ——体积压缩系数
K_0 ——侧压力系数
K_0 ——静止土压力系数
C_s ——回弹指数
p_c ——先期固结压力
p_0 ——土层的自重应力、静止土压力
p_0 ——基底附加压力
OCR ——超固结比
τ ——剪应力
φ ——内摩擦角
φ' ——有效内摩擦角
c ——黏聚力
c' ——有效黏聚力
q_u ——原状土无侧限抗压强度
q_0 ——重塑土无侧限抗压强度
N ——标贯击数
N_{cr} ——液化判别标准贯入锤击数临界值
N_0 ——液化判别标准贯入锤击数基准值
v_{scr} ——液化临界剪切波速
v_{s0} ——液化临界剪切波速基准值
I_{LE} ——液化指数
λ ——阻尼比
σ_{cz} ——土体自重应力
σ_z ——附加应力
G ——基础自重设计值及其上回填土重标准值的总和
D ——基础埋置深度
α ——附加应力系数
$\bar{\alpha}$ ——平均附加应力系数
s_d ——瞬时沉降量
s_c ——固结沉降量
s_t ——次固结沉降量
C_α ——次固结系数
s ——最终沉降量,载荷试验沉降量
δ_c ——角点沉降系数
ω_c ——角点沉降影响系数
ω_o ——中点沉降影响系数
ω_m ——平均沉降影响系数
ω_r ——刚性基础的沉降影响系数
I_v ——应变影响系数
z_n ——沉降计算深度
ψ_s ——沉降计算经验系数
s' ——计算地基沉降量
$\overline{E}_s$ ——压缩模量的当量值
C_v ——土的竖向固结系数
T_v ——时间因数

U_t ——土层的平均固结度
F_s ——稳定系数
M_r ——抗滑力矩
M_s ——滑动力矩
p_a ——主动土压力
p_p ——被动土压力
E_a ——主动土压力合力
E_p ——被动土压力合力
K_a ——主动土压力系数
K_p ——被动土压力系数
p_{cr} ——临塑荷载
p_u ——极限荷载
$p_{1/4}$、$p_{1/3}$ ——临界荷载
p_a ——容许承载力
N_γ、N_q、N_c ——承载力系数
f_{ak} ——地基承载力特征值
f_a ——由土的抗剪强度指标确定的修正后的地基承载力特征值
M_b、M_d、M_c ——承载力系数
η_b、η_d ——地基承载力修正系数

目　录

绪　论

一、土质学与土力学的诞生与发展

随着人类大规模定居及人类文明的发展，建筑工程、矿业工程等随之诞生与发展，从古代的农田灌溉工程、军事防御工程、宗教工程，再到现代发达的道路桥梁工程、高层建筑工程、地下工程、矿产资源开发工程等，毫无例外地都要修建在地质体之上或地质体之中。人类早期的土木工程师、采矿工程师最先开始研究岩土层的性质，从而产生了地质学科。但是，地质学科最早并没有直接为工程服务。

土质学名称最初来源于俄语 грунтоведение 的翻译，普通土质学于 20 世纪 20 年代末在苏联发展为独立学科。初期土质学主要以土为研究对象，重点研究水土相互作用时土的化学矿物成分等对工程性质的控制作用。随着水电建设的发展，对岩石的研究日渐重视，并加强了土质改良理论和区域方面的研究。1979 年以来土质学进入现代工程岩土学阶段，成为研究人类工程、经济活动与所处岩土体相互作用的科学。中国于 20 世纪 50 年代初引入土质学，经过我国工程地质学者的发展，70 年代土质学形成了我国的工程岩土学。

人们从力学角度对土进行研究始于 18 世纪。1776 年库仑(Coulomb)建立了土的库仑强度理论，也叫库仑定律。该定理至今仍在土压力、地基承载力和土坡稳定分析中起着重要作用。同年，库仑发表了建立在滑动土楔平衡分析条件基础上的土压力理论；1856 年，达西(Darcy)通过砂土的室内渗透试验建立了多孔介质中水的渗透理论，即达西定律，成为土力学中渗流分析以及多个学科诸如地下水动力学、油气地质学等重要的理论基础；1857 年，朗金(Rankine)研究了半无限土体处于极限平衡状态时的应力情况，提出了朗金土压力理论；1885 年布西奈斯克(Boussinesq)和 1892 年弗拉曼(Flamant)分别提出了均匀的、各向同性的半无限体表面在竖直集中力和线荷载作用下的位移和应力分布理论，为解决土力学中地基土应力分布计算奠定了基础；1900 年，莫尔(Mohr)提出了莫尔强度理论，并发展了土的库仑—莫尔强度理论；1911 年瑞典土壤学家阿太堡(Atterberg)最早提出了液限和塑限的概念及测试技术。这些早期研究进展奠定了经典土力学的基础。

20 世纪初，土力学继续取得发展，普朗特尔(Prandtl)根据塑性平衡原理，推导出了著名的地基极限承载力公式；在此基础上，太沙基(Terzaghi)、梅耶霍夫(Meyerhof)、魏锡克(Vesic)和汉森(Hansen)等分别对普朗特尔理论进行了修正、补充和发展，提出了各种地基极限承载力公式。费伦纽斯(Fellenius)提出了分析土坡稳定的瑞典圆弧法，太沙基建立了饱和土的有效应力原理和一维固结理论，比奥(Biot)建立了土骨架压缩和渗透耦合的固结方程，为近代土力学的发展提供了理论依据。由太沙基于 1925 年出版的《土力学》是最早系统地论述土力学体系的著作，也是土力学形成一门独立学科的标志。1936年在美国哈佛大学召开了第一届国际土力学与基础工程会议，标志着土力学在国际范围内得到认可。1948年，第一本涉及工程地质和土力学的国际期刊*Geotechnique*出版，太沙基在创刊号前言中开宗明义指出，该期刊主要刊登工程地质和土力学方面的成果。随着工程建设的开展和时代发展要求，土力学及基础工程、工程地质学、岩体力学三者逐渐结合并应用在土木工程实际工程中，由此诞生了岩土工程(Geotechnical Engineering)学科。同时，三门学科又并行不断发展，成为20世纪各个技术学科中发展迅速的学科。20世纪60～70年代，随着电子计算机技术和各种先进测试技术的发展，人们对土的本构关系进行了深入的研究，数值模拟方法被广泛应用于解决各种复杂的岩土工程问题。

1964年在国际地质大会上成立了工程地质分会，1996年成立了国际工程地质与环境协会。2000年国际工程地质与环境协会、国际岩石力学学会、国际土力学与基础工程学会联合召开了国际会议并成立了学科联盟，之后，国内外相关学会多次组织学术会议，讨论和交流工程地质学、岩体力学与土力学的学科融合发展等相关问题。

二、土质学与土力学的研究对象、内容和方法

（一）土质学与土力学的研究对象

土质学与土力学研究的对象是土和土体。从地质学的角度，土是尚未固结成岩的松、软沉积物，是岩石风化破碎形成的矿物集合体，主要为第四纪的产物。从土木工程的角度，土是覆盖在岩石上的任何松散表层材料，不仅包含天然的土，还包含人类工程和经济活动形成的各种废料和垃圾等，例如建筑垃圾、生活垃圾。

土体是固体颗粒间无联结或有微弱联结、具有天然结构(通常含有天然结构面)、赋存在一定的地质环境中的地质体。

土体的这一概念反映了土的物质组成和结构的基本特点。土体是由固相、液相和气相组成的多相体系，相系之间存在着相互作用，土颗粒之间的联结较微弱，因此，一般变形较大、强度较低；土体具有不均一性，同时土体中存在着各种结构面，比如层面、裂隙等，对土体整体的性质具有重要的影响；土体不仅仅是一种材料，而是赋存在一定的地质环境当中的地质体，地质环境不同，土体的工程性质也将随之变化。例如，不同的应力环境、温度环境、地下水环境都会对土体的性质产生重要的影响，因此，从这个角度出发，我们既要从物质组成、又要从结构构造及赋存环境等方面认识土体的地质体特性，具体包括土体的地质时代、成因、应力历史、产状、组合、厚度变化、分布范围、土体结构、构造等地质特征以及土体赋存的应力环境、温度、地下水、气候等环境要素。另外，土体又是一个具有工程意义的概念，也就是与人类工程活动或者灾害治理等密切相关的工程依托体。譬如，地基土体是基础工程的依托体，坝基土体是大坝工程的依托体，边坡土体是边坡工程的依托体，硐室围岩(土)是硐室工程的依托体，因此，为了工程需要，必须要查清楚土体的工程性质，包括物理化学性质、水理性质、力学性质等。从这两个方面来理解土体的概念，对于掌握土体的性质，更好地为工程建设服务，具有重要的意义。

（二）土质学与土力学研究的内容和方法

土质学与土力学是将土(土体)作为建筑物地基、建筑材料或建筑物周围介质或环境来研究的一门学科，主要研究土的工程性质以及土在荷载作用下的应力、变形和强度的问题，

为工程设计与施工提供土的工程性质指标与评价方法以及土的工程问题的分析计算原理，因此，也是地质工程、土木工程专业的核心技术基础课。

土质学是研究土（土体）的工程性质及其形成和变化规律的学科。关于岩石的工程性质的内容将在岩体力学课程中学习。土质学从土的成因出发，研究土的物质组成、结构、物理性质、水理性质等工程性质以及影响土性质变化的本质原因，并根据土的强度、变形机理提出改良土的有效途径。

我国土力学发展主要在1949年以后，1957年在茅以升教授主持下设立了中国土木学会土力学及基础工程委员会，于1978年成立土力学与基础工程学会。1962年在天津召开了第一届土力学与基础工程学术会议，1994年更名为土力学及岩土工程学术会议。自2003年举办首届全国岩土与工程大会开始，以后每三年举办一次。

土质学从传统的意义上属于工程地质学的范畴，其主要研究方法包括地质学方法（工程地质方法）、物理化学方法、试验方法等。土体是地质体的一部分，是自然历史的产物，只有采用地质学的自然历史分析法，才能正确地认识土体工程地质性质形成的原因和演变历史、目前状态及今后的变化趋势。当然，地质学方法所得的结果往往是定性的，不能直接满足工程设计和施工的需要。为了定量说明土体工程地质性质，定量评价有关的工程地质问题，必须采用试验方法，包括室内试验和现场原位测试，以获得表征土体工程地质性质的各种定量指标。这两种研究方法关系极为密切，一般地质学方法是土体工程地质研究的基础，专门试验方法则是前者的深入和继续。只有把通过试验获得的各种数据和地质学方法得出的正确结论结合起来，才能对土体性质及其变化以及各种工程地质问题做出分析和评价。

土力学是研究土（土体）在力的作用下的应力—应变或应力—应变—时间关系、强度和稳定性等问题的应用学科，是力学的一个分支。主要研究内容有：土的基本力学性质，包括土的压缩性、抗剪强度、动力性质；常用的土力学计算，包括地基土的压缩与沉降计算、地基承载力计算、土坡稳定与挡土墙压力计算等。

土力学采用理论与实践相结合的研究方法，而且实践的方法往往更加重要，具体有理论方法、试验方法、实测方法和模拟方法等。

在土质学基础上，土力学研究的理论方法是利用基本的数学和力学原理，包括概率统计、可靠度理论、理论力学、材料力学、弹性力学、塑性力学、流变理论、地下水动力学等，通过对土体工程地质条件的简化，假设和凝练出土力学问题的力学模型，并利用已有的解析方法或者数值方法进行求解，获得建筑物与土体相互作用或者人类工程活动对土体影响产生的位移、应力、变形和破坏，再结合实际水文地质工程地质条件以及工程经验，进行综合判断和分析，得出适当的结论。理论方法为土力学的研究奠定了基础，在土力学的发展中起到了重要的作用，但是由于土力学本身是一门实践性很强的学科，各种建筑物因地质条件、设计和施工及应用条件的不同，对土体变形和稳定性的要求也就不同，所以，在运用土力学理论为工程建筑物服务时，必须考虑工程地质条件、建筑物本身的结构特点和使用要求、地基和基础及其相互作用的特点，恰如其分地应用土力学的理论为设计、施工和运营服务，才能解决实际问题。要反对脱离土的自然历史条件、脱离实际的形而上学观点和研究方法，这样才能正确运用和发展土力学理论，保证工程建筑物修建经济合理和安全稳定。

试验方法和实测方法包括室内试验、野外测试和观测等。室内试验主要获得土的基本力学性质，包括压缩性参数、抗剪强度指标、动力性质等。野外测试针对难以采取土样的土体和结构性明显的土体，进行大型的野外力学性质试验或者现场测试，更能反映土体结构及其所赋存环境对土体力学性质的影响。观测的方法主要应用于工程建设过程及其结束后建筑物和土体的位移、变形、应力、孔隙水压力等的观测或者长期观测，其结果对于修正理论计算的结果、工程稳定性评价，特别是分析工程全寿命周期的安全问题具有重要的意义。

模拟方法是把工程建设与土体的相互作用关系提炼成工程地质模型，然后据此建立物理模型(按照一定的比例关系)或者数值模型，模拟工程建设的过程，获得建筑物和土体在工程建设过程的应力、变形的发展与变化，作为变形和稳定性评价的依据。模拟方法的核心是尽量使模型能够模拟原型的主要因素及力学行为模式，另外所选本构关系和参数要符合土体的力学性质。

在土力学研究中，除了上述理论、试验、模拟和实测方法外，工程经验和工程判断具有非常重要的意义。土力学家佩克(R. B. Peck)指出，从土力学建立以来，创建并强调的半经验方法经历了时间的考验，半经验方法甚至成了岩土工程实践的特点。随着科学技术日新月异，近年来，人工智能、大数据、云计算等在各个学科领域的运用如雨后春笋，必将对土质学与土力学的发展起到巨大的推动作用。

土质学与土力学虽属于不同的学科范畴，但彼此之间关系密切，两门学科的相互结合已成为必然的发展趋势。土质学须吸取土力学中运用数学、力学等最新理论去研究土的工程地质性质的本质；土力学将吸取土质学从成因及微观结构等认识土的性质本质的研究成果去研究与工程建筑有关的土的应力、应变、强度和稳定性等力学问题。本课程把土质学与土力学结合在一起较好地体现了土体工程性质的完整性和系统性，有利于将土体的定性研究和定量研究紧密结合起来，从而更全面地理解土体工程特点和工程行为。

三、土质学与土力学在工程建设中的地位和作用

土力学家佩克指出："地下工程是一门艺术，土力学是一门工程科学。我们应当很好地回想和分析为使地下工程成功地付诸实施必不可少的先决条件，至少有三点：通晓先例，精通土力学以及具有地质学的工作知识。"他突出强调了经验的重要性、土力学的重要性以及地质工作的重要性。

21 世纪以来，重大的建设工程此起彼伏，包括高层建筑、城市地下空间开发、高速公路、机场、高速铁路、桥梁、隧道等，都与它们赖以存在的土体有着密切的关系，在很大程度上取决于土体能否提供足够的承载力，取决于工程结构是否遭受超过允许的沉降和差异变形等，所以存在着大量的与土体有关的工程地质问题。这些工程地质问题可以概括为三类：强度问题(剪切破坏、承载力、倾覆、滑移)、变形问题(过度沉陷、不均匀沉陷)和渗透变形问题。这三类问题的分析和解决首先需要搞清楚地基土本身的力学性质以及建筑物、基础与土体相互作用对土体应力变形的影响。

例如，在高层建筑的基坑工程中，土体被作为建筑物的地基。上部结构的荷载通过基础传递给土体，如果基础下的地基土体失稳或变形过大，都会造成建筑物的破坏或影响其正常使用，因此，需要对地基承载力和变形加以验算，并采取适当措施对地基变形进行控制，这就要采用土的应力计算、土的压缩性、土的抗剪强度以及地基极限承载力等土力学基本理论予以分析计算和评价。基坑的支护设计则需要以土力学中土压力的计算结果为基础。基坑的疏降水又需要土体渗透性参数、渗流特征以及地下水动力学的基本理论进行计算和评价。

又如，在路基工程中，土既是修筑路堤的基本材料，又是支承路堤的地基。路堤的临界高度和边坡角的取值都与土的抗剪强度指标及土体的稳定性有关；为了获得具有一定强度和良好水稳定性的路基，需要采用碾压的施工方法压实填土，而碾压的质量控制方法正是基于土的击实特性；挡土墙设计的侧向荷载——土压力的设计值来自土压力理论计算。近年来，我国高速公路、高速铁路大量修建，对路基的沉降与控制提出了严格的要求，而解决沉降问题需要对土的压缩特性进行深入研究。在车辆的重复荷载作用下，需要研究土在重复荷载作用下的变形特性。抗震设计更需要研究土的动力特性。

再如，在城市地下空间开发和利用中，需要研究土体的基本力学性质，为支护和施工方案的选择提供依据。例如，土体中的地铁隧道施工，要根据土的性质选择采用盾构施工方法或矿山法，其力学强度和物质组成是施工方法选择的重要依据。支护形式和强度的选择、降水设计等都要依据土的基本力学性质和渗透特性。

由此可见，土质学与土力学这门课程与地质工程、土木工程等技术工作有着非常密切的关系，是工程建设和资源开发的基础。土质学与土力学十分重视工程实践，因此，在学习本课程时，应尽可能地与工程实践结合起来，从而能更好地解决有关土的工程问题。下面通过两个经典案例进一步说明土质学与土力学在工程建设中的作用。

(一) 比萨斜塔

比萨斜塔修建于 1174 年，位于意大利托斯卡纳省，以其独特的风格屹立于世界建筑之林(图 0-1)，其中比萨斜塔久倾不倒的特点更加引人注目。比萨斜塔地基由 3 层第四纪沉积物组成(图0-2)：

图 0-1　比萨斜塔

A 层厚约 10 m，主要是河口潮汐条件下的沉积物，具明显相变的砂质(上层砂)、黏土质淤泥。

B 层厚约 40 m，主要为海相黏土。可划分为 4 个亚层，上部是软黏土，地方上称为 Pancone clay，依次下覆硬黏土和砂层(中层砂)，下部是正常固结的黏土。

C 层为厚度超过 20 m 的砂层(下层砂)。

斜塔下的软黏土层夹于排水砂层之间，形成了长期排水固结条件。地基南北两端形成 1.8 m 的沉降差，因不均匀沉降产生倾斜。塔基平均整体下降大约 3 m。根据测量推断，1360 年比萨斜塔大概倾斜 1.6°，1817 年 Cresy 和 Taylor 第一次用铅直线测量时，斜塔的倾斜角增加到 4.9°。在 1834 年因围绕塔基开挖人行走道，导致斜塔的倾斜角增加大约 0.5°。20 世纪 90 年代初，斜塔向南倾斜 5.44°，之后平均每年增加速率为 6～8 rad，图 0-3 为比萨斜塔建成后倾斜角度随时间变化的情况。1990 年由多学科专家组成的专家委员会认为，比萨斜塔的倾斜运动将导致结构倒塌或者地基断裂倒塌，因此，需要采取适当的加固措施。经过多种措施的物理、数值模拟和试验的对比研究，最后选择在塔基北部下面挖土和加压。挖土利用倾斜钻孔进行，多个钻孔从塔基北部下面的 A 层挖掘，最后累计挖出土 38 m^3，达到了纠正倾斜 0.5°的目标。

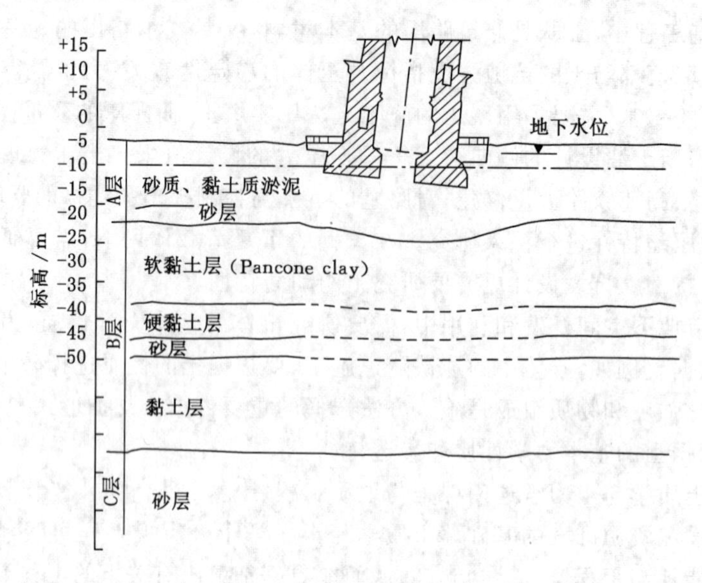

图 0-2　比萨斜塔地层分布

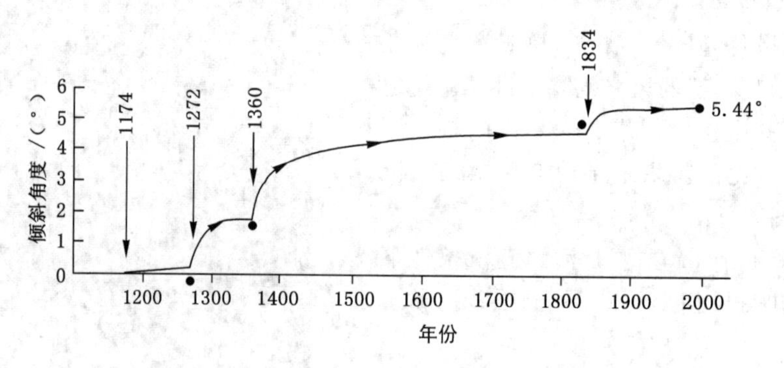

图 0-3　比萨斜塔倾斜角度随时间变化曲线

（二）特朗斯康纳谷仓地基

建于 1941 年的加拿大特朗斯康纳谷仓由 65 个圆柱形筒仓组成(图 0-4)，高 31 m，底面长 59.4 m，其下为钢筋混凝土片筏基础，厚 2 m。当谷仓装谷 2.7 万 t 后，发现谷仓明显失稳，24 h 内西端下沉 8.8 m，东端上抬 1.5 m，整体倾斜 26°53′。事后进行勘察分析，发现基底以下为厚 10 余米的淤泥质软黏土层，地基的极限承载力为 251 kPa，而谷仓的基底压力已经超过 300 kPa，从而造成地基的整体滑动破坏。基础底面以下的一部分土体滑动，向侧面挤出，使东端地面隆起(图 0-5)。为了处理这一事故，在基础下设置了 70 多个支撑于深 16 m 基岩上的混凝土墩，使用了 388 个 50 t 级千斤顶和支撑系统，才把仓体逐渐纠正过来，然而谷仓位置比原来降低了 4 m。

以上两个案例告诉我们，为了保证工程建设安全和正常使用，做到经济合理，就必须掌握土的工程性质以及土与建筑物的相互作用力学过程，这就是佩克所说的精通土力学的作用。当然，进行工程建设还要做到与地质环境相协调，考虑到宏观的地质背景等。

图 0-4　特朗斯康纳谷仓

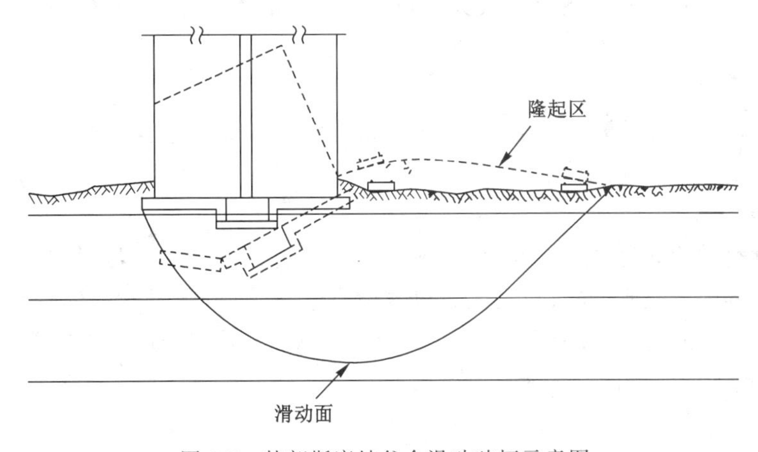

图 0-5　特朗斯康纳谷仓滑动破坏示意图

四、本课程教学建议

（一）主要目标

土质学与土力学的先修课程是地质学基础、概率论与数理统计、工程力学与弹性力学。通过本课程的学习，学生应该掌握土质学与土力学的基本原理及计算方法，具备在生产实践中解决工程地质问题的能力。学好本课程，可以为后续工程地质学、岩土工程勘察、基础工程等课程学习打下基础，也为将来走向社会从事地质工程、土木工程实践和进一步学习新的知识奠定基础。

课程的主要目标：学生能够了解当前土质学与土力学的技术前沿及发展趋势，掌握土的工程性质、力学性质与应力、沉降、土坡稳定和地基承载力等常规计算方法，掌握基本的室内土工试验原理与方法，具备在生产实践中解决一般的土体性质调查、分析和研究，以及地基土应力与沉降分析、土坡稳定性分析、挡土墙土压力计算、地基承载力计算等问题的能力。

（二）教学组织

教学组织应该以学生为中心，为学生学习提供良好的学术服务和试验条件。

1. 教学构思

土质学与土力学是地质工程专业的主干课程。在系统总结前人工作的基础上，结合当今地质工程行业的发展状况，本课程重点向本专业学生讲述土质学与土力学的基础知识，主要包括土的工程性质，强度与变形特征以及沉降、承载力、土压力等基本工程地质问题分析。另外，本课程的实验教学、小组研讨和自主学习又可以充分调动学生学习和创作的主动性和积极性，提高学生解决实际问题的能力，以适应社会发展的需求。

2. 教学策略

笔者以研究型课程教育理念为指导进行课程建设与教学，并建立了与研究型课程相适应的实验教学，使课堂教学、实验教学与小组研讨有机结合。除此之外，本课程重视学生从业教育，以岩土公司、设计院为主的实习基地，并以大学生科研训练计划为创新载体，配备专门的教师指导相关课题，为学生课外学术科技创新活动提供良好保障和广阔平台。

3. 教学方法

本课程采用课堂讲授、实验教学、课堂研讨相结合的教学方法，学生在学习的过程中应充分利用爱课程网站建立的国家精品资源共享课资源。

4. 教学场地与设施

课堂教学需要多媒体教室，实验室应该具备开展基本物理力学性质试验的条件，保证每个学生都能动手进行室内试验。

5. 教学服务

在以课堂教学活动为主线的同时，授课教师应继续完善课后学习、复习和检测机制，根据课程内容布置课后作业，并及时批改、点评，检查学习效果；同时开辟信息反馈通道，及时解答学生课后提出的问题、接受反馈信息；开展问卷调查，分别开展以教学内容为主和以教学手段为主的教学情况调查，改进学习效果。

第一章　土的物质组成和物理性质

内容提要

天然的土体是地质历史的产物。土是一种由固相、液相和气相组成的三相体系。三相之间的相互作用及比例不同使土表现出不同的物理性质，这些物理性质可用一系列物理性质指标来表征。本章主要讨论土的物质组成以及定性、定量描述其物质组成的方法，包括土的成因、结构，土的三相组成，土的粒度成分、矿物成分，土的三相比例指标，黏性土的界限含水率，砂土的密实度，土的膨胀性、崩解性和湿陷性。

第一节　土(土体)的分布与成因

一、土(土体)的分布

土的分布特征与大地构造环境、气候环境和地貌条件等密切相关，工程地质条件的不同往往会导致土的差异性。在地质学领域，成因演化论是分析地质现象成因的基础理论。其中工程地质学在研究人类活动与地质环境的相互作用时，是以地质分析为基础，十分重视地质体的成因演化，并与地质学联系紧密，相辅相成，如今已是解决许多重大工程地质问题的钥匙。例如黄土、红土、膨胀土、冻土、软土、盐渍土等特殊土工程地质性质迥异，如若更好地解决涉及特殊土的工程地质问题，很有必要深入探究其地质成因。工程地质成因演化论主要包括以下四方面内容：

① 工程地质条件的形成是内外动力地质作用综合作用的结果，并随着内外动力地质作用的演化而演变。

② 大地构造环境控制着内动力地质作用的性质和强度，并对岩性与结构有一定影响。

③ 岩石圈表层在长期受风化作用、剥蚀作用、搬运作用、沉积作用和固结成岩作用等外动力地质作用下，造成了地形地貌、表层沉积与水文地质条件的差异，并产生了物理地质现象和地质条件因素的组合，外动力地质作用还受自然地理环境的制约。

④ 内外动力地质综合作用控制着工程地质条件的复杂程度、优劣以及与其对应的关键工程地质问题。

在内外动力地质作用下，由于地貌、气候环境的分区特征，中国各类土的分布也呈现有规律的变化。

在中国的西北部，高原干旱区广泛分布着风成的戈壁砾石和沙漠砂砾，以及与风成有关的厚层黄土；盆地中堆积了潮湿时期的湖积物，并以近代盐碱堆积物和盐渍土为特点；山麓地带洪积物很发育，沿河谷则有冲积物存在；高山地区有多次冰期的冰碛物以及多年冻土和季节冻土分布。

在华北平原和东北平原，堆积着巨厚的沉积层，包括黄土状土，并有各时期的湖沼沉积物，部分为有机软土。山麓地带，常有风成黄土。从山顶到山麓，还规律性地分布着残积物、坡积物和洪积物，其中太行山麓和辽东半岛还有残坡积红黏土。东北北部有岛状多年冻土及大面积分布的不同厚度的季节冻土。

青藏高原以冰川、冰水和湖沼堆积物为主，多年冻土和季节冻土都十分发育。

西南山地以残坡积物为主，广泛发育着更新世时期形成的残积红土，或经坡积、冲洪积改造的次生红土，还有各种冲洪积物。成都平原中黏土分布很广，并有各冰期的冰碛物和冰水沉积物。膨胀土的分布也较广泛。

东南丘陵区广泛分布着以冲积为主的网纹红土和各种残积红土，其次为冲积物和湖积物，其中最具特色的是长江中下游的冲积黄土状土和现代湖积土。此外，膨胀土也零星分布。

在近 20 000 km 长的海岸线内外，广泛分布着海相和海陆交互相沉积物，其中现代淤泥是最具典型意义的软土，同时，还零星分布有盐渍土。

二、土(土体)的成因

土体形成是地质循环的一部分。各种岩石在内外地质营力作用下，发生构造变形破坏、卸荷、风化等，被水流、风等剥蚀、搬运，形成了堆积物，即土体；土体又经历漫长地质历史的成岩过程，形成沉积地层。这种循环在地球上周而复始地进行着。

(一) 土体成因

广义上的土既包括覆盖在岩体表面的有机土和无机土，也包括人类工程活动形成的堆积物。无机土来自岩石的风化作用，有机土中的有机物来自植物、小动物的骨骼和外壳。

风化作用是指岩石在自然界各种因素和外力的作用下破碎和分解，产生颗粒或化学成分改变的现象。风化作用包括物理风化和化学风化，它们通常是同时进行、互相加剧发展的。风化过程中有生物参与的也称为生物风化。

① 物理风化是指由于温度的变化、水的冻胀、波浪冲击、地震等引起的物理力使岩体崩解、碎裂成岩块、岩屑的过程。卸荷与剥离是物理风化的主要形式，由于卸荷作用，岩体周围应力得到释放，岩体内部发生膨胀，使应力重新分布，沿应力的不同方向会有新的节理形成，并在长期的风化过程中逐渐剥离原岩体。

② 化学风化是指岩石在水、水溶液和空气中的氧气与二氧化碳等的作用下，发生溶解、水化、水解碳酸化和氧化等化学变化，形成大量细微颗粒(黏性颗粒)和可溶盐类的过程，如正长石发生水解形成高岭土。

③ 生物风化是指植物、动物和微生物在其生长或活动的过程中，直接或间接对岩石的物理和化学的风化作用。生物的物理风化主要是生物产生的机械力造成岩石崩解、破碎，如生长在岩石裂隙中的植物，在根系生长的过程中将岩石劈裂。生物的化学风化包括生物在新陈代谢过程中分泌出一些化合物，如硝酸、碳酸和有机酸等，溶解某些矿物，对岩石产生腐

蚀破坏等。

气候、地貌、母岩、时间和生物因素等也会对风化作用产生影响，比如，湿热气候和良好的排水条件可以加速风化进程。

（二）土（土体）分类

根据搬运与堆积方式的不同，土可分为残积土和运积土两类。

残积土是指岩石风化的产物未被搬运而残留在原地的堆积物。如图 1-1 所示，距离地表最近的是完全风化后的土体，残积土共分为三层，A 层是残积层，完全风化；B 层是淋积层，风化程度较高；C 层为母岩，为中等风化或弱风化。

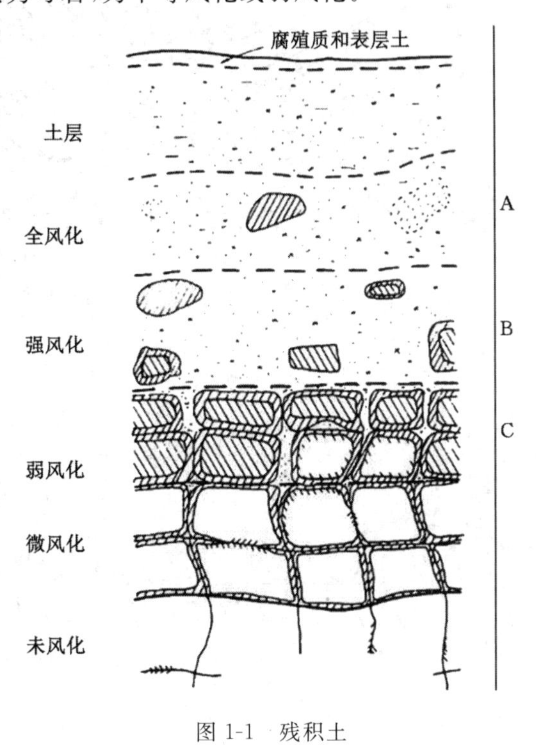

图 1-1　残积土

运积土是指岩石风化后的产物经自然力的作用，搬离生成地点后重新沉积下来的堆积物。根据搬运力和沉积环境的不同，运积土可分为崩塌堆积土、坡积土、洪积土、冲积土、湖积土、海积土、风积土、冰积土等。

1. 崩塌堆积土

崩塌堆积土是在原地形成并经过重力搬运的土，是一种典型的运积土。崩塌后多聚集在坡脚部位，成分复杂，颗粒不均，常包含母岩碎块、砂、黏土等非均质物质。

2. 坡积土

坡积土是指岩石风化后的产物在重力和冰雪水流作用下，沿着斜坡逐渐向下移动，在较平缓的山坡或山脚下沉积而形成的堆积物。坡积土颗粒分选明显，随斜坡自上而下颗粒由粗而细。坡积土一般厚度变化较大，作为地基容易引起不均匀沉降。

3. 洪积土

洪积土是指岩石风化后的产物受山洪急流冲刷、挟带，在山沟出口处或山前平原沉积而形成的土。洪积土具有一定的分选性，靠近山地的颗粒较粗，而距离山地较远的颗粒较细，颗粒具有一定的磨圆度，如图 1-2(a)所示。

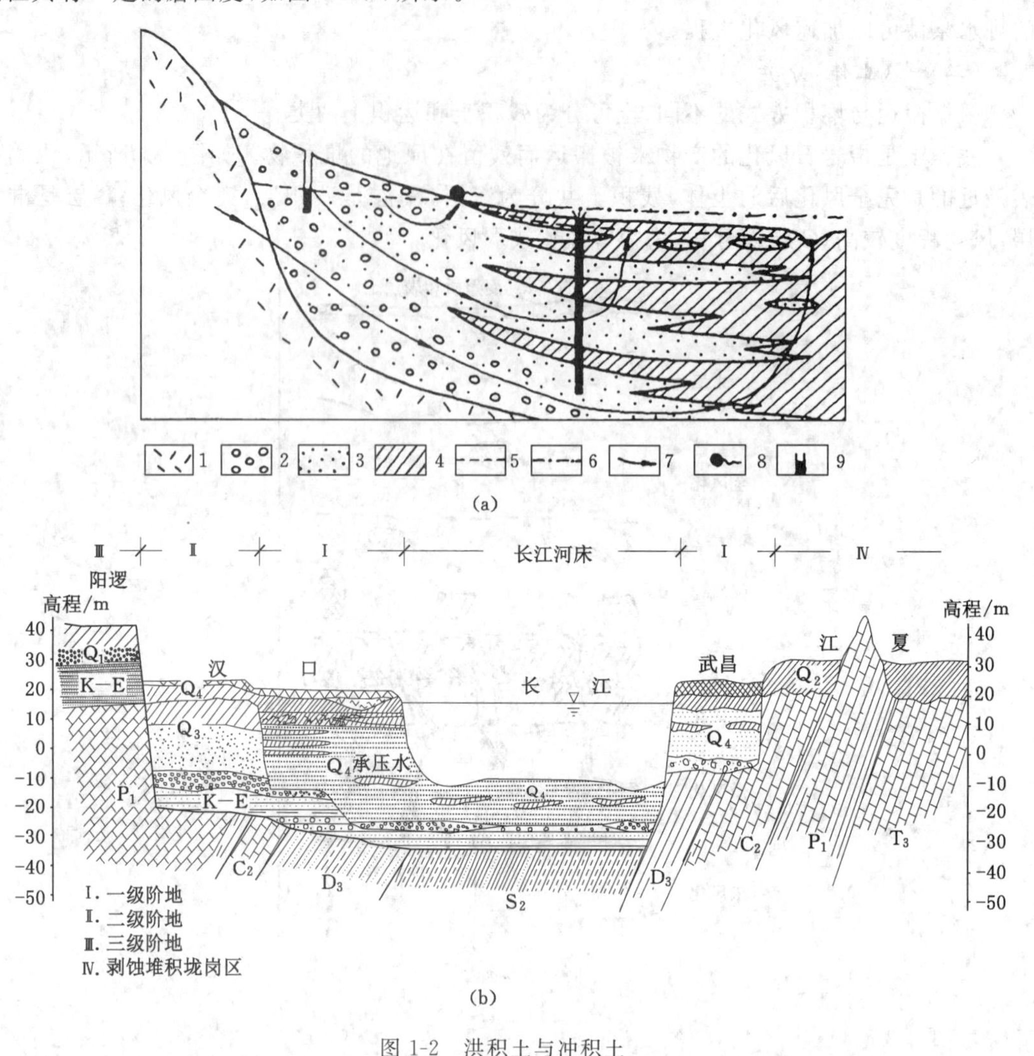

图 1-2　洪积土与冲积土

(a) 洪积土；(b) 冲积土——江汉平原武汉地区概化地质剖面示意图(据范世凯，2017)

1——基岩；2——砾石；3——砂；4——黏性土；5——潜水位；

6——承压水测压水位；7——地下水流线；8——下降泉；9——井

4. 冲积土

冲积土是指由于江、河流水的作用，河床两岸的基岩和沉积物受到剥削、冲刷和搬运后，在平缓地带沉积而形成的堆积物。冲积土由于经过较长距离的搬运，颗粒具有较好的分选性和磨圆度。冲积土的主要类型有山区河谷冲积土、平原河谷冲积土和三角洲冲积土等，其广泛分布于世界各大河流泛滥地、冲积平原、三角洲以及滨湖、滨海的低平地区。按沉积环境的不同，冲积土可分为河床沉积、河漫滩沉积和河口沉积。冲积土具有明显的河床相沉积与河漫滩相沉积的二元结构，而且尚没有脱离河流泛滥的冲积物覆盖的影响，表土层具有明显的薄层沉积层理，如图 1-2(b)所示。

5. 湖积土

湖积土是指在湖泊及沼泽等缓慢水流或静水条件下沉积下来的堆积物。湖积土含有大量的细微颗粒，且常伴有由生物化学作用形成的有机物，土质疏松，含水率高，工程性质一般较差。

6. 海积土

海积土是指岩石风化后的产物由河流流水搬运到海洋环境下沉积而成的堆积物。海积土颗粒细，表层土质疏松，工程性质较差。

7. 风积土

风积土是指经风力搬运后沉积下来的物质，风积土没有明显的层理，颗粒以细砂粒和粉粒为主，土质均匀，孔隙较大，结构松散。在干旱与半干旱地区分布最广，因受风力侵蚀比较强烈，故一般在沙漠环境中堆积形成，可形成沙丘等地貌类型。

8. 冰积土

冰积土是指在冰川作用过程中，所挟带和搬运的碎屑构成的堆积物。冰积物皆由碎屑物组成，大小混杂，缺乏分选性，经常是巨大的石块和细微的泥质物的混合物，碎屑物无定向排列规律，扁平或长条状石块可以呈直立状态。

冰川分为山岳冰川和大陆冰川，冰川作用的产物便是冰积土，一般分选性极差，无层理，但冰水沉积常具斜层理。颗粒呈棱角状，巨大块石上常有冰川擦痕。冰积土多分布在高纬度和高海拔地区，平面分布服从纬度地带性规律，即海拔越高的地带冰积土面积越大，厚度越厚。冰积物主要有以下分区：中碛区、侧碛区、内碛区和底碛区。

第二节　土的粒度成分

天然状态的土一般由固体、液体和气体三部分组成，这三部分通常称为土的三相。土的性质取决于各相的特征及相对含量与相互作用。其中，固相即为土颗粒，它构成了土的骨架，是土的主要组成部分。固体颗粒的大小、形状、矿物成分等是决定土的工程性质的主要因素。

一、土的粒组

天然土由大小不同的颗粒所组成，土颗粒的大小称为粒度或粒径。粒径大小在一定范围内的土，其矿物成分和性质往往比较接近，工程上通常把一定大小范围的土粒划分为一组，称为粒组。划分粒组的分界粒径称为界限粒径。粒组的界限粒径是人为规定的，主要考虑粒组界限要与粒组性质变化及分析方法相适应，并按照一定的比例递减关系来划分。对粒组的划分，不同国家、不同行业都有不同的规定。表 1-1 是国家标准《土的工程分类标准》(GB/T 50145—2007)中规定的土粒粒径范围划分方法，其根据界限粒径 60 mm 和 0.075 mm 把土粒划分为巨粒、粗粒和细粒，而巨粒进一步划分为漂石（块石）和卵石（碎石），粗粒进一步划分为砾粒和砂粒，细粒进一步划分为粉粒和黏粒。

土颗粒的大小相差悬殊，从大于几十厘米的漂石到小于几微米的胶粒，同时又由于土粒的形状往往是不规则的，因此很难直接测量土粒的大小，故只能用间接的方法来定量分析和描述土粒的大小以及各种颗粒的相对含量。常用的方法有两种：对于粒径大于 0.075 mm

的土粒常用筛分析的方法，而对粒径小于 0.075 mm 的土粒则用沉降分析的方法或者采用激光粒度仪进行分析。

表 1-1　粒组划分

粒组	颗粒名称		粒径 d/mm
巨粒	漂石（块石）		$d>200$
	卵石（碎石）		$60<d\leqslant 200$
粗粒	砾粒	粗砾	$20<d\leqslant 60$
		中砾	$5<d\leqslant 20$
		细砾	$2<d\leqslant 5$
	砂粒	粗砂	$0.5<d\leqslant 2$
		中砂	$0.25<d\leqslant 0.5$
		细砂	$0.075<d\leqslant 0.25$
细粒	粉粒		$0.005<d\leqslant 0.075$
	黏粒		$d\leqslant 0.005$

二、土的粒度成分及表示方法

土的粒度成分是指土中各种不同粒组的相对含量，亦称颗粒级配，以干土质量的百分比表示。它可以用来描述土中不同粒径土粒的分布特征。

$$x=\frac{m_a}{m_b}\times 100\% \tag{1-1}$$

式中　x ——某粒组的质量百分数，%；

m_a ——干土中某粒组的质量，g；

m_b ——干土总质量，g。

常用的土的颗粒级配的表示方法有表格法、累计曲线法和三角坐标法。

（一）表格法

表格法是以列表形式直接表达各粒组的相对含量，它用于土的颗粒分析时十分方便。表格法有两种不同的表示方法：一种是以粒组表示的，如表 1-2 所示；另一种是以累计含量百分比表示的，如表 1-3 所示。累计百分含量是直接由试验求得的结果，而以粒组表示的土粒分析结果则是由相邻两个粒径的累积百分含量之差求得的。

表 1-2　颗粒分析的粒组表示法

粒组/mm	粒组的质量百分数/%		
	土样 1	土样 2	土样 3
5～20	—	25.1	—
2～5	2.1	22.1	—
0.5～2	19.7	18.0	2.0
0.25～0.5	38.6	5.7	18.2

表 1-2(续)

粒组/mm	粒组的质量百分数/%		
	土样 1	土样 2	土样 3
0.075～0.25	25.3	6.9	4.6
0.005～0.075	14.3	14.3	52.9
<0.005	—	7.9	22.3

表 1-3　颗粒分析的累计百分含量表示法

粒径 d_x /mm	粒度小于等于 d_x 的累计百分含量 x_d /%		
	土样 1	土样 2	土样 3
20	—	—	—
5	—	74.9	—
2	97.9	52.8	—
0.5	78.2	34.8	98.0
0.25	39.6	29.1	79.8
0.075	14.3	22.2	75.2
0.005	—	7.9	22.3

（二）累计曲线法

累计曲线法是一种图示的方法，通常用半对数纸绘制，横坐标（按对数比例尺）表示某一粒径，纵坐标表示小于某一粒径的土粒的累计百分含量。表 1-3 的三种土的粒度成分累计曲线如图 1-3 所示。

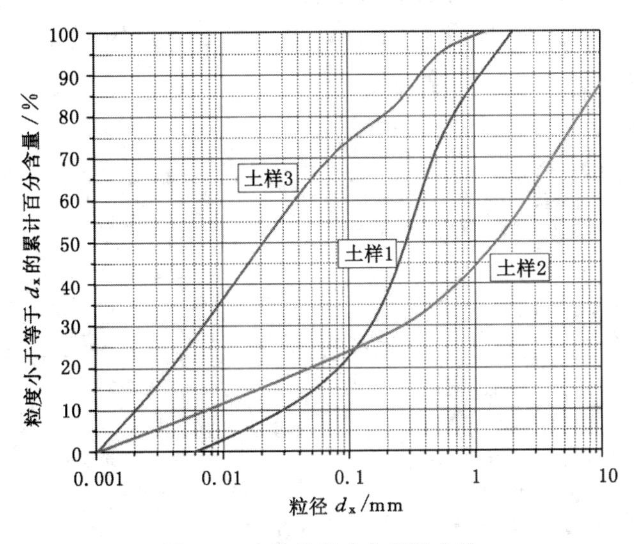

图 1-3　土的粒度成分累计曲线

通过累计曲线，可以初步判断各粒组的分布情况，若曲线陡，粒度变化范围窄，颗粒均匀，则级配不好；若曲线缓，粒度变化范围宽，颗粒不均匀，则级配良好。在累计曲线上，还可以求任一累计百分含量 x_d 对应的粒径 d_x，包括有效粒径 d_{10}、中间粒径 d_{30}、平均粒径 d_{50}、界限粒径 d_{60}。以土样 1 为例：

有效粒径 $d_{10}=0.03$ mm，表示粒径小于 0.03 mm 的颗粒占总质量的 10%；

中间粒径 $d_{30}=0.13$ mm，表示粒径小于 0.13 mm 的颗粒占总质量的 30%；

平均粒径 $d_{50}=0.28$ mm，表示粒径小于 0.28 mm 的颗粒占总质量的 50%；

界限粒径 $d_{60}=0.35$ mm，表示粒径小于 0.35 mm 的颗粒占总质量的 60%；

此外，在累计曲线上还可以确定描述土的颗粒级配的两个指标：

1. 不均匀系数

$$C_u=\frac{d_{60}}{d_{10}} \tag{1-2}$$

2. 曲率系数

$$C_c=d_{30}^2/(d_{10}\cdot d_{60}) \tag{1-3}$$

不均匀系数 C_u 大小反映的是不同粒组的分布情况，C_u 越大，表示粒组分布范围比较广，但如果 C_u 过大，表示可能缺失中间粒径，属不连续级配，故需同时用曲率系数 C_c 来评价。曲率系数 C_c 是描述累计曲线整体形状的指标，$C_u<5$ 的土称为匀粒土，级配不良；$C_u>5$、$1\leqslant C_c\leqslant 3$ 同时满足，级配良好，为不均匀土，当不同时满足时，级配不良。

（三）三角坐标法

表示粒度成分的方法还有三角坐标法，这也是一种图示法，它是利用等边三角形内任意一点至三个边的垂直距离（h_1,h_2,h_3）的总和恒等于三角形之高 H 的原理[图 1-4(a)]，用以表示组成土的三个粒组（一般为砂粒组、粉粒组和黏粒组）的相对含量，即图中的三个垂直距离可以确定一点的位置。三角坐标法只适用于划分为三个粒组的情况。例如，当把土划分为砂粒、粉粒和黏粒三个粒组时，就可以用图 1-4(b)所示的三角坐标图来表示。从图 1-4(b)中的 m 点分别向三条边作平行线，得到 m 点坐标分别为砂粒组含量 29%、粉粒组含量 46%、黏粒组含量 25%，三粒组之和为 100%。

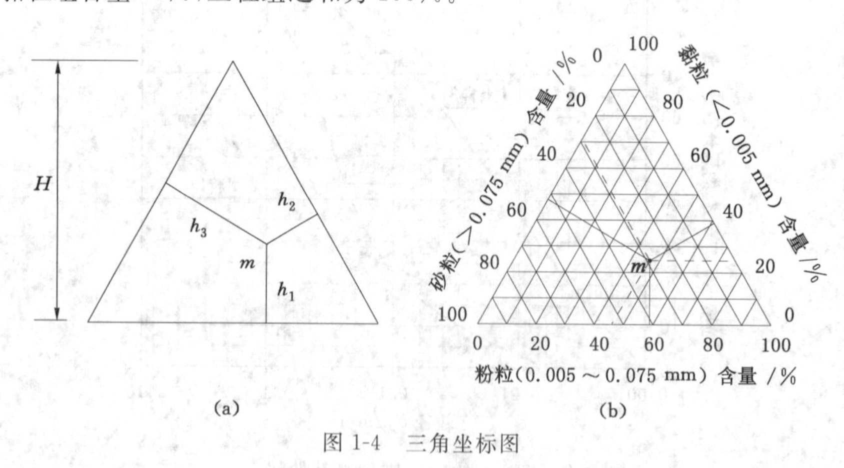

图 1-4　三角坐标图

上述三种土粒组成的表示方法各有特点和适用范围。表格法能很清楚地用数量说明土样各粒组的含量，但对于大量土样之间的比较就显得过于冗长，且无直观概念，使用比较困难。累计曲线法能用一条曲线表示一种土的颗粒组成，而且可以在一张图上同时表示多种土的颗粒组成，能直观地比较各土样之间的颗粒级配状况。目前在土的颗粒分析试验成果整理中大多采用累计曲线法。三角坐标法能用一点表示一种土的颗粒组成，并在一张图上同时表示多种土的颗粒组成，便于进行土料的级配设计。三角坐标图中不同的区域表示不同土的组成，因而，还可以用来确定按颗粒级配分类的土名。

在实际工程中，可根据使用的目的及要求选用合适的粒度成分表示方法。土的粒度成分或颗粒级配特征被广泛应用于估计土的渗透特征、水利工程的反滤层设计、抽水井的过滤器设计以及地下工程注浆设计等。

三、土的粒度成分分析原理

土的颗粒分析可采用土的颗粒分析试验方法，简称颗分试验，其中又可分为筛分析法和沉降分析法。

筛分析法是用一套不同孔径的标准筛把各粒组分离出来，按中国现有的标准，最小孔径的筛为 0.075 mm。通过 0.075 mm 筛的土粒需要采用沉降分析法进行分析。将筛分析法和沉降分析法的结果综合在一起，就可以得到完整的以累计百分含量表示的土的颗粒级配。

沉降分析法是依据斯托克斯定律（Stokes，1845）进行测定的。当土粒在液体中靠自重下沉时，较大的颗粒下沉较快，而较小的颗粒下沉则较慢。一般认为，对于粒径为 0.002～0.2 mm的颗粒，在液体中靠自重下沉时，做等速运动，这符合斯托克斯定律。但实际上，土粒并不是球形颗粒，因此采用斯托克斯定律计算得到的并不是实际土粒的尺寸，而是与实际土粒有相同沉降速度的理想球体的直径，称为水力直径或等效粒径。

沉降分析测定悬液密度的方法有两种，即密度计法（比重计法）和移液管法。密度计法是将一定量的土样（粒径小于 0.075 mm）放入量筒中，然后加纯水，经过搅拌，使土的大小颗粒在水中均匀分布，制成一定量的均匀浓度的悬液（一般为 1 000 mL），静置悬液，使土粒沉降，在土粒下沉过程中，用密度计测出在悬液中对应于不同位置、不同时间的不同悬液密度，根据密度计上读数和土粒下沉的时间，就可以计算出粒径以及小于该颗粒直径的累计百分数。移液管法是根据斯托克斯定律计算出某粒径的颗粒自液面下沉到一定深度所需要的时间，并在此时间间隔用移液管自该深度处取出固定体积的悬液，将取出的悬液蒸发后称干土质量，通过计算此悬液占总悬液的比例来求得此悬液中干土质量占全部试样的百分数。

假设体积为 V，土与水充分混合，土中存在各种粒径的颗粒，悬液中土的质量为 m_s，水的质量为 m_w，水的密度为 ρ_w，土颗粒的重度为 G_s，土颗粒的密度 $\rho_s = G_s\rho_w$，颗粒体积 $V_d = m_d/(G_s \cdot \rho_w)$，水的体积 $V_w = V - V_s$。

根据斯托克斯定律，探究沉降分析法测量原理需要做以下假设：

① 颗粒是球形的，任一颗粒的沉降不受其他颗粒影响。

② 水在广度上是无限的。

③ 颗粒重度均匀，同一颗粒做均匀下沉。

如图 1-5 所示，悬液中有一球状实体，球体自重为 F_g，所受浮力为 F'，则球体在下沉时所受到的拖曳力由斯托克斯定律给出：

$$F = 6\pi\eta r v \tag{1-4}$$

式中　η——动力黏滞系数，kPa·s；

r ——球体半径，m；

v ——球体下降速度，m/s。

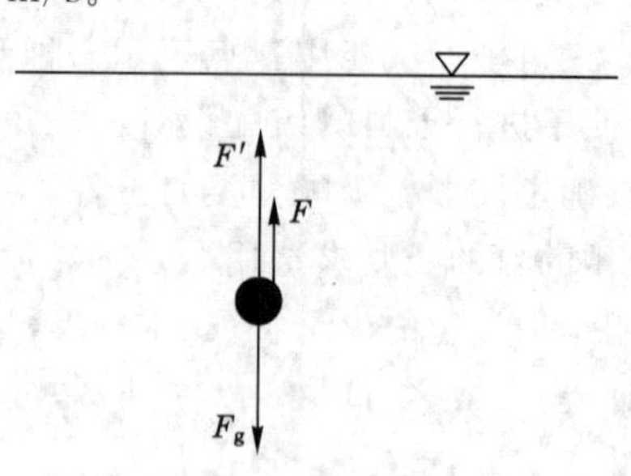

图 1-5　球体下沉模型

一定时间后，小球达到匀速运动，这时有：

$$F_g = F' + F$$

$$\frac{4}{3}\pi r^3 \rho_s g = \frac{4}{3}\pi r^3 \rho_w g + 6\pi\eta r v \tag{1-5}$$

（一）计算粒径

将 $r=\frac{d}{2}$，$v=\frac{L}{t}$ 代入公式(1-5)得：

$$d = \sqrt{\frac{18\eta}{g(\rho_s - \rho_w)} \frac{L}{t}} = K\sqrt{\frac{L}{t}} \tag{1-6}$$

（二）计算累计百分含量

搅拌均匀，$t=0$ 时[图 1-6 (a)]：

$$\rho_0 = \frac{m_w + m_d}{V} = \frac{\rho_w(V - V_s) + \rho_s V_s}{V} = \rho_w + \left(\frac{\rho_s - \rho_w}{V} V_s\right)$$

$$\rho_0 = \rho_w + \left(\frac{\rho_s - \rho_w}{\rho_s}\right)\frac{m_d}{V}$$

$$\rho_{\leqslant d} = \rho_w + \left(\frac{\rho_s - \rho_w}{\rho_s}\right)\frac{x_d m_d}{V}$$

搅拌后经过时间 t[图 1-6 (b)]，粒径大于等于 d_1 的颗粒沉降至 h_1 之下，在 h_1 附近取一单元，只含粒径小于等于 d_1 的颗粒；粒径大于等于 d_2 的颗粒沉降至 h_2 之下，在 h_2 附近取一单元，只含粒径小于等于 d_2 的颗粒；依此类推。

一般地，在 L 附近取一单元只含粒径小于等于 d 的颗粒，由假设，粒径小于等于 d 的颗粒分布与 $t=0$ 时相同(同一粒径颗粒均匀下沉)，即：

$$\rho_t = \rho_{\leqslant d} = \rho_w + \left(\frac{\rho_s - \rho_w}{\rho_s}\right)\frac{x_d m_d}{V}$$

$$x_d = \frac{G_s}{G_s - 1} \cdot \frac{V}{m_d} \cdot (\rho_t - \rho_w) \tag{1-7}$$

即可计算小于某粒径 d 的土颗粒的百分含量。

在实验室测定时，还要考虑到各种因素的影响，对试验测定结果进行校正，当采用甲种比重计测定小于某粒径颗粒的百分含量时，计算公式为：

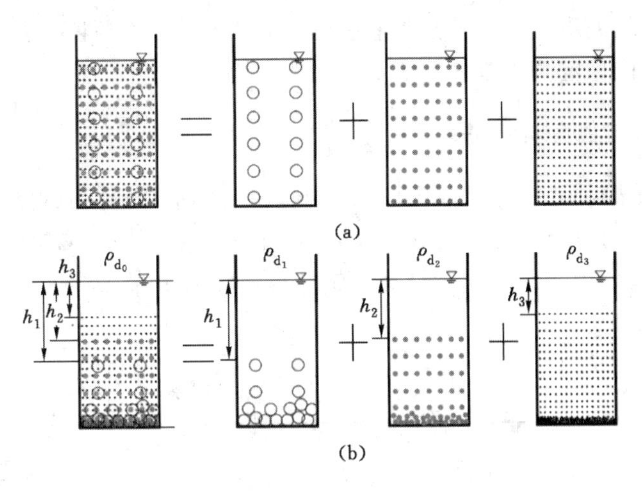

图 1-6　颗粒下降高度变化示意图

$$x_d = \frac{100}{m_d} C_G (R + m_T + n - C_D) \tag{1-8}$$

式中　x_d——小于某粒径 d 的土颗粒的百分含量，%；

m_d——试样干质量，g；

C_G——土粒重度校正值；g/L；

R——甲种比重计读数，g/L；

m_T——悬液温度校正值，g/L；

n——弯液面校正值，g/L；

C_D——分散剂校正值，g/L。

另外，细粒土的粒度成分测量还可以采用激光粒度计等方法。

第三节　土的矿物成分

一、土的矿物类型

土是由岩石经过物理风化和化学风化作用后形成的松散沉积物，土中的无机矿物成分可以分为原生矿物和次生矿物两大类。

原生矿物是岩浆在冷凝过程中形成的矿物，原生矿物与母岩相同，常见的有石英、长石、云母、闪石和辉石等。由物理风化生成的土颗粒通常由一种或几种原生矿物构成，其颗粒一般较粗，物理化学性质较稳定，吸附水的能力弱，无塑性。

次生矿物是由原生矿物经过化学风化后形成的新矿物，成分与母岩完全不同。土中的次生矿物主要是黏土矿物，黏土矿物是很细小的扁平颗粒，表面具有极强与水相互作用的能力，颗粒越细，比表面积越大，亲水能力就越强，对土的工程性质的影响也越大。此外，还有无定形氧化物胶体和可溶盐(如 NaCl、$CaSO_4$ 等)。次生矿物按其与水的作用强度可分为易溶的、难溶的和不溶的，次生矿物的水溶液对土的性质有重要的影响。

在生物风化过程中，由于微生物作用，土中会产生复杂的腐殖质矿物，此外还会有动植物残体等有机物,如泥炭等。有机颗粒紧紧地吸附在无机矿物颗粒的表面,形成了颗粒间的联结,但这种联结的稳定性较差。

二、矿物成分与粒度成分的关系

粒径较大的土颗粒基本都保持着与母岩相同的矿物成分,矿物成分比较复杂,而粒径较小的矿物颗粒含有的成分种类比较单一。从漂石粒到黏粒,随着颗粒变小,土的矿物成分逐渐有规律性地发生变化。土中常见的矿物成分和颗粒大小存在着一定的关系,表 1-4 概略地表示了这种关系。

表 1-4　矿物成分与粒径关系

常见的矿物			土粒组/mm					
			漂石、卵石、砾石、块石、碎石	砂粒组	粉粒组	黏粒组		
						粗	中	细
			＞2	2～0.075	0.075～0.005	0.005～0.001	0.001～0.0001	＜0.0001
原生矿物	母岩碎屑(多矿物颗粒)							
	单颗粒矿物	石英						
		长石						
		云母						
次生矿物	次生二氧化硅(SiO_2)							
	黏土矿物	高岭石						
		伊利石						
		蒙脱石						
	倍半氧化物 Al_2O_3、Fe_2O_3							
	难溶盐 $CaCO_3$、$MgCO_3$							
腐殖质								

注:据张咸恭,工程地质学(上册),地质出版社,1979。

由表 1-4 可知,矿物成分与粒度的关系比较明显,原生矿物多分布在粗颗粒组中,粒径较大的漂石和卵石以母岩碎屑为主,碎石、角砾和砂砾组等矿物成分以石英、长石和云母为主,因石英物理化学性质稳定,在粉粒组中也会存在;以高岭石、蒙脱石为主的黏土矿物主要存在于粒径较小的黏粒组中。矿物成分随矿物粒径的变化情况综合反映了矿物从以物理风化为主到以化学风化为主的变化过程。

三、黏土矿物的结晶结构及基本特征

矿物按照化学元素可以分为碳酸盐、磷酸盐、氧化物、硅酸盐等。由于黏土矿物大多属于层状硅酸盐,晶体的原子排列与矿物颗粒的物理性质、光学性质和化学性质有着非常密切的关系。有了对黏土矿物结晶结构的了解,可以更好地掌握黏土的工程性质。黏土矿物主要由三组组成,分别是蒙脱石组(M-Montmorillonite)、高岭石组(K-Kaolinite)和伊利石组(I-Illite)。

（一）基本结构单元

黏土矿物大多具有云母片状结晶格架，这种层状结晶格架由硅氧四面体（T）与铝氧八面体（O）两个基本结构单元组成。根据不同结晶格架，可形成多种类的黏土矿物，其中分布较广且对土性质影响较大的是蒙脱石、高岭石和伊利石（或水云母）三种。

硅氧四面体晶体单元如图 1-7 所示，四个氧原子构成一个等边的四面体，且四个面均为等边三角形，硅原子处于四面体中心位置。每一个四面体底面上的三个氧原子与相邻的四面体共用，并以共价键的形式相互联结，形成一个顶尖向上的四面体片，用简图⏢表示。

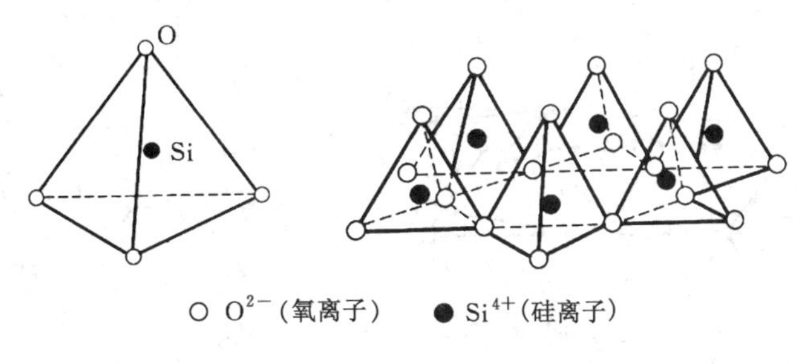

图 1-7　硅氧四面体晶体结构

铝氧八面体（Al-O-OH 八面体）结晶单元是由 6 个氧或氢氧根离子以相等的距离排列而成，铝离子居中。同样，八面体亦排列成网格层状结构，成为八面体片，以简图▭表示，如图 1-8 所示。

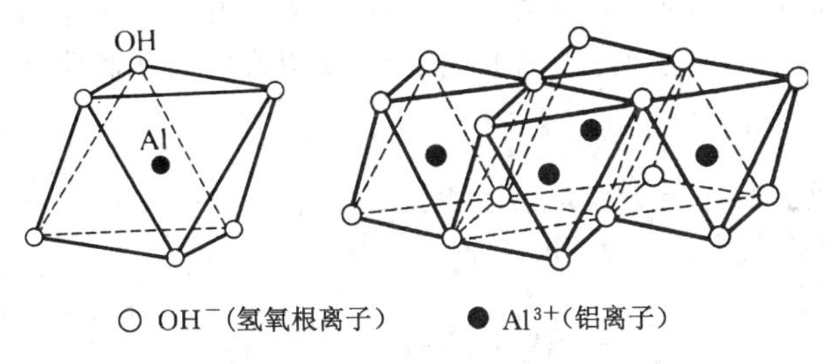

图 1-8　铝氧八面体晶体结构

（二）黏土矿物的结晶结构

蒙脱石晶格由很多互相平行的晶层构成，每个晶层顶、底为硅氧四面体，中间为铝氧八面体层，如图 1-9 所示，称为 2∶1 型结构单位层，亦称三层结构型（T-O-T）。结构单位层间为氧与氧联结，其键力很弱，易被具有氢键的强极化水分子楔入而分开。此外，八面体中的铝离子（Al^{3+}）常被低价的其他离子如镁离子（Mg^{2+}）所置换，由此在八面体片层面上就会出现多余的负电荷，多余的负电荷可以吸附水中的阳离子如 Na^+、Ca^{2+} 来补偿，这种阳离子吸引极化水分子成为水化阳离子，水化阳离子进入结构单位层之间，使层间距离增大。因此，蒙脱石的晶格活动性极大，表现出来的工程特性是膨胀性及压缩性都比高岭石大得多。在渗透性较好的土层中加入钠蒙脱石，可以大幅度降低渗透系数，以达到隔水的目的。

高岭石的晶格也是由互相平行的晶层重复堆叠构成。每个晶层由一个硅氧四面体和一个铝氧八面体层构成，如图 1-10 所示，称为 1∶1 型结构单位层，亦称二层型（T-O-T-O）。晶层之间为氧与氢氧联结或氢氧与氢氧联结，单位层与单位层之间除范德瓦耳斯键外，还存

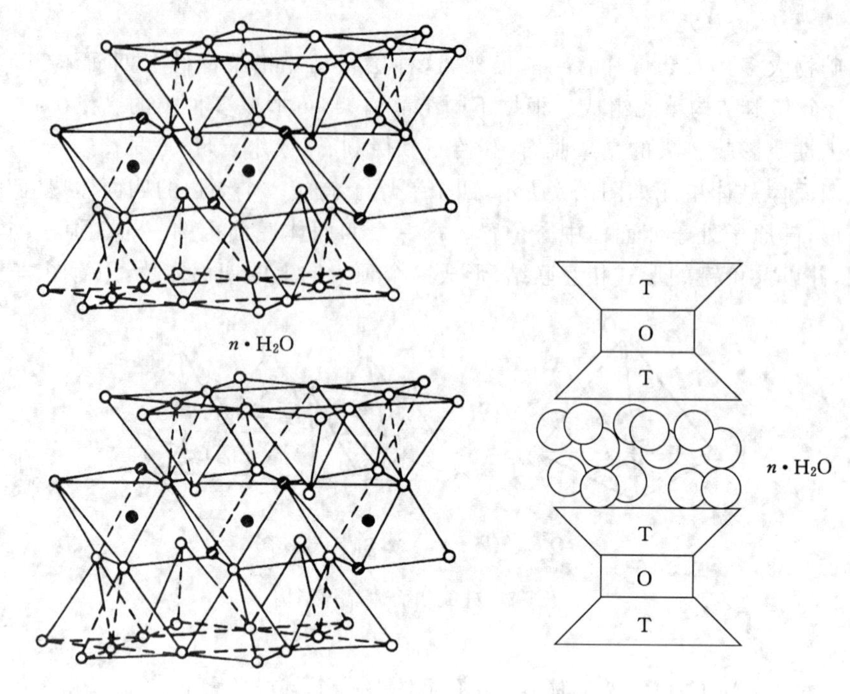

图 1-9　蒙脱石晶层构造示意图

在氢键，给单位层间提供了较强的联结力，故高岭石在水中结构单位层之间不会分散，晶格活动性小，浸水后结构单位层间的距离变化很小，所以高岭石的膨胀性和压缩性都较小。

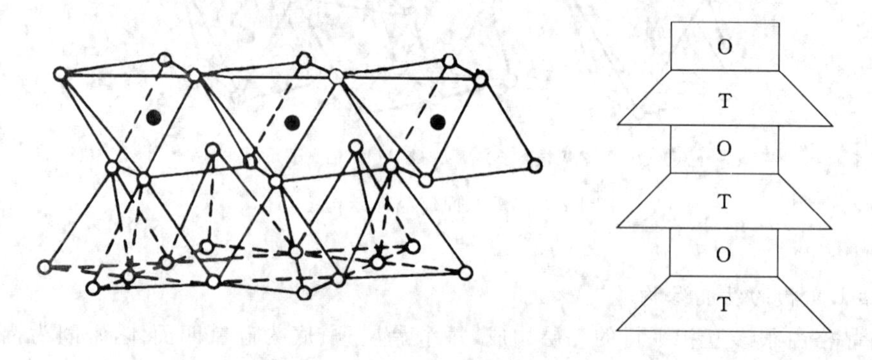

图 1-10　高岭石晶层构造示意图

伊利石的晶格结构与蒙脱石相似，如图 1-11 所示，同属 2∶1 型结构单位层（T-O-T），相邻两晶层间也能吸收不定量的水分子，但是硅氧四面体中的 Si^{4+} 可以被 Fe^{3+}、Al^{3+} 取代，从而产生过多的负电荷。为了补偿晶层中正电荷的不足，在晶层之间常出现一价正离子（K^{+}）。由于一价正离子在晶层间起一定的联结作用，而且 K^{+} 一般是不可交换的，故伊利石晶层间的联结力介于蒙脱石和高岭石之间，其表现出来的膨胀性和压缩性也介于高岭石和蒙脱石之间。

从上面的晶格结构中可以看出，三大类黏土矿物中，高岭石晶层之间联结牢固，水不能

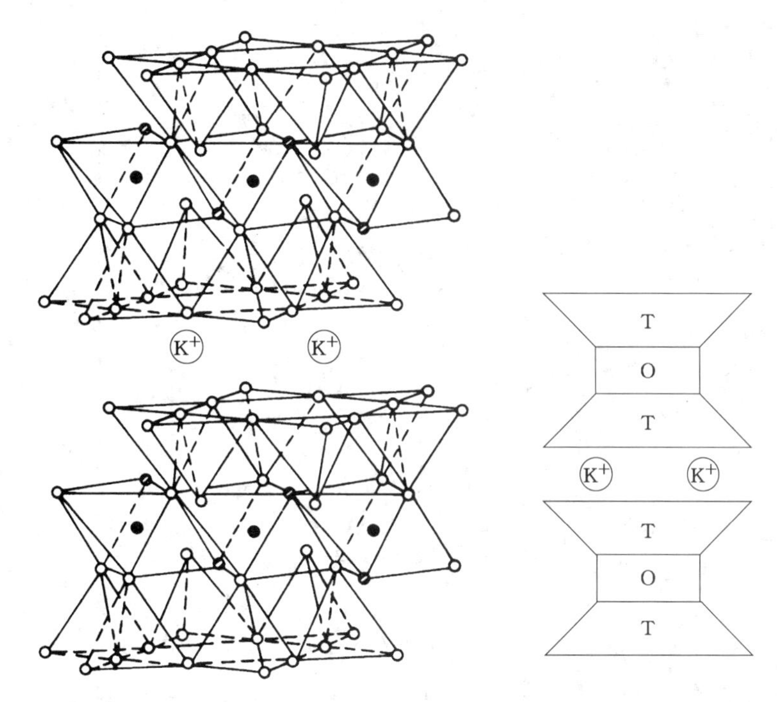

图 1-11　伊利石晶层构造示意图

自由渗入，故其亲水性差，可塑性低，胀缩性弱；蒙脱石则反之，晶胞之间联结微弱，活动自由，亲水性强，胀缩性亦强；伊利石的性质介于两者之间。不同类型的黏土矿物由于其结晶结构不同，表现出工程性质的巨大差异，因此，对于黏性土要进行黏土矿物的分析，以准确认识其工程性质。

（三）黏土矿物的微观分析方法

1. X 射线衍射分析

X 射线衍射分析仪（图 1-12）是利用晶体形成的 X 射线衍射，对物质的内部原子进行空间分布状况的结构分析。不同矿物所衍射出的图谱不同，如图 1-13 所示，图中 θ 角指的是 X 射线进入晶胞的衍射角，图谱中的峰值代表了晶胞的大小。

图 1-12　X 射线衍射分析仪

2. 差热分析

进行差热分析的试验仪器如图 1-14 所示。将矿物与中性体（标准物质）在同样条件下加热，矿物在加热过程中发生脱水、分解、熔化、晶相转化等变化，即产生吸热反应；若矿物在加热过程中发生氧化、重结晶等变化，则产生放热反应。因不同矿物成分在加热过程中所表现出来的特征不同，会使差热曲线中吸热谷和放热谷出现的位置不同，以此为依据来分析未知矿物成分。例如，图1-15是蒙脱石与高岭石按不同比例混合加热的差热曲线。

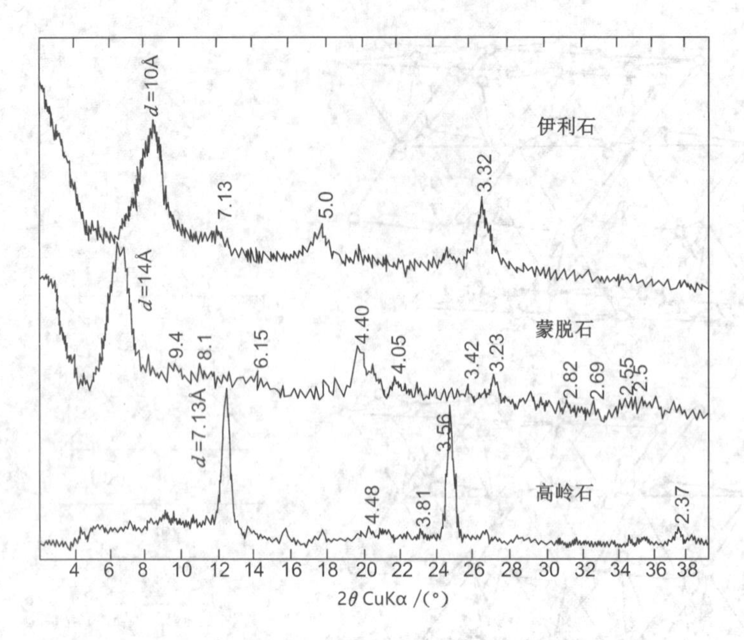

图 1-13　典型黏土矿物的 X 射线图谱

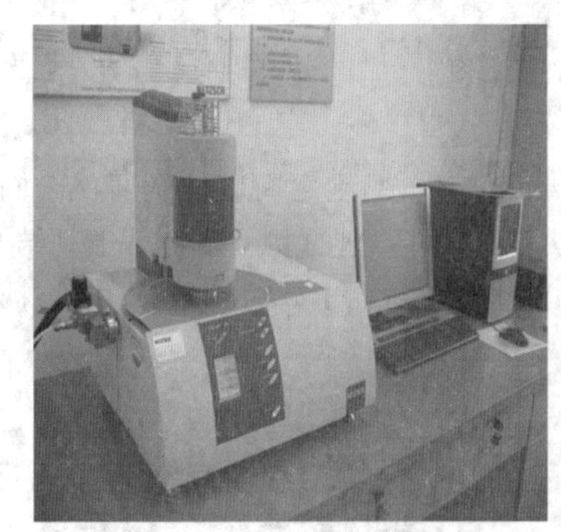

图 1-14　差热分析仪

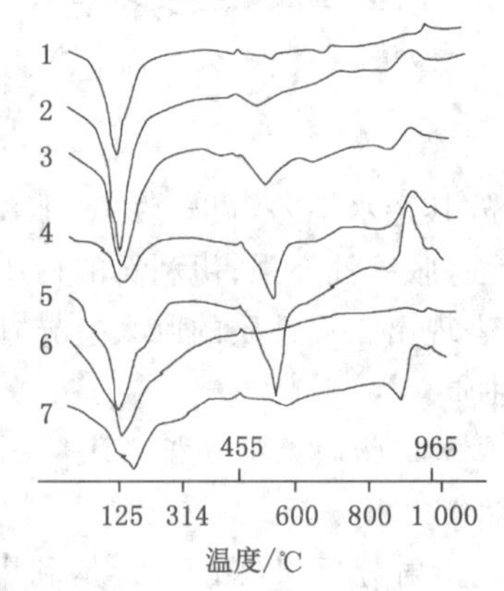

图 1-15　差热分析曲线(据 Barshad,1965)

1——纯蒙脱石;2——蒙脱石＋5%高岭石;3——蒙脱石＋10%高岭石;4——蒙脱石和多水高岭石(1∶1);5——蒙脱石和高岭石(2∶1);6——水铝英石;7——蒙脱石和蛭石(1∶1)

3. 扫描电镜分析

环境扫描电镜(图 1-16)可以保持土样在外界条件(温度、湿度等)不变的条件下直接扫描观测其微观结构,更为方便快捷,避免了改变外界条件对结果的影响。图 1-17 为黏土矿物的电镜图像。另外,还可以采用透射电镜分析黏性土的形貌特征。

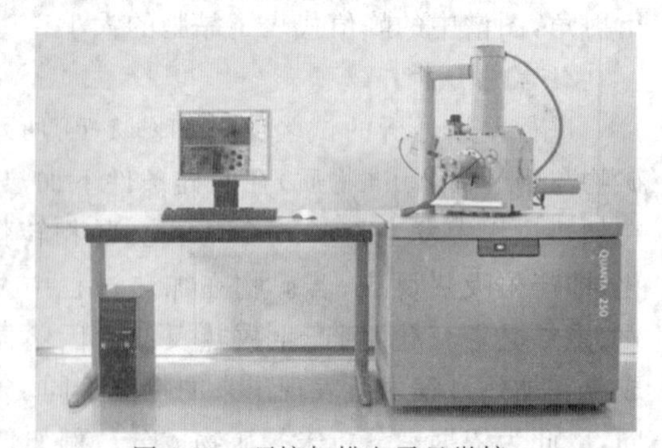

图 1-16　环境扫描电子显微镜

四、钙质砂

钙质砂是由海洋生物(珊瑚、海藻、贝壳

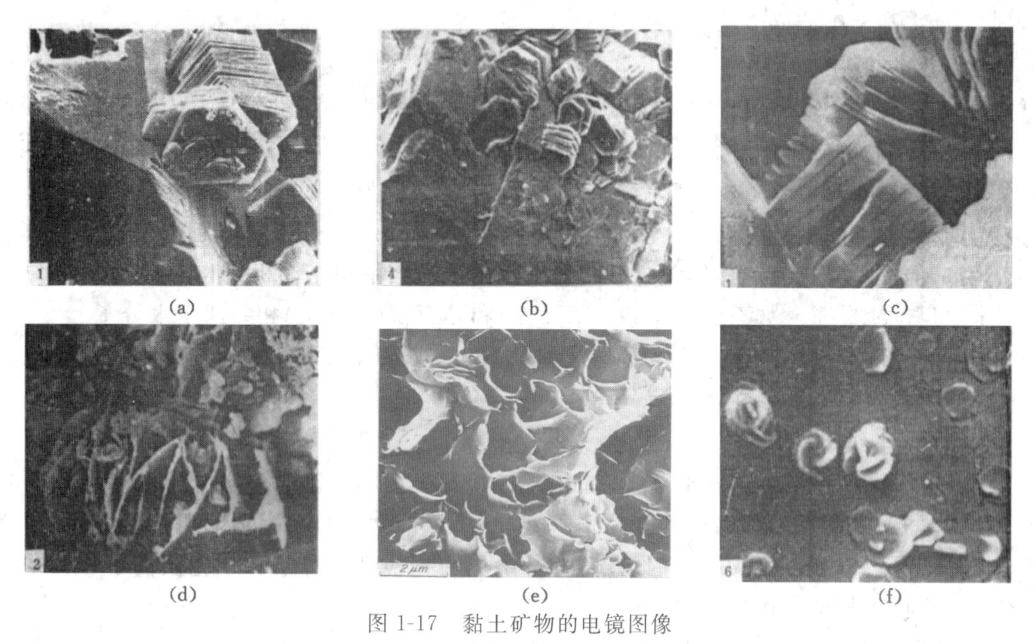

图 1-17　黏土矿物的电镜图像

(a) 石英＋高岭石；(b) 碳酸盐岩＋高岭石；(c) 高岭石；(d) 伊利石(鳞片状)；(e) 蒙脱石；(f) 绿泥石

等)形成且富含碳酸钙或其他难溶碳酸盐类物质的特殊岩土，钙质砂中碳酸钙含量一般超过50%。全球钙质砂的分布与珊瑚礁的分布基本一致，主要分布在南纬30°和北纬30°之间热带或亚热带气候的大陆架和海岸线一带，钙质砂在我国主要分布于南沙群岛。从微观结构上看，钙质砂具有棱角度高、多孔隙(含有内孔隙)、形状不规则、强度低、易破碎等特点，使得其工程力学特性与一般的陆相、海相沉积物有很大的差异。

钙质砂颗粒的强度低于石英砂，在常应力水平下即能发生颗粒破碎，其压缩特性类似于正常固结黏性土；钙质砂的应力—应变关系受应力路径影响，在低应力水平时，抗剪性类似于陆源砂，在中—高应力水平由于颗粒破碎，其抗剪性类似于干砂。

在建设海洋平台时，基础类型往往选用桩基。当基础位于钙质砂地层中时，虽然钙质砂内摩擦角较大，但是钙质砂地层中桩侧摩阻力、桩端阻力非常小，而且承载力受钙质砂胶结程度影响较大。因此，有学者提出了考虑钙质砂特性的桩基沉降计算方法，弥补原位测试的不足，进一步完善了钙质砂中桩基性能的研究。

第四节　土中的水和气

土的液相是指存在于土孔隙中的水。土中水与固体之间并不是机械地混合，而是有机地参与土的结构，是一种复杂的物理化学作用。水的不同赋存状态直接影响了土的工程性质，而水又是一种含有多种离子的电解质溶液，它与亲水性的矿物颗粒表面有着复杂的物理化学作用，如要更准确地认识土中的水，还需掌握黏粒与水溶液的离子交换机理。

一、土中水

按照水与土相互作用的强弱以及赋存位置，可将水分为矿物内部结合水、矿物表面结合水、非结合水和土中冰四大类。

（一）矿物内部结合水

① 结构水，指的是以 H^+、OH^-、H_3O^+ 等形式参加矿物晶格，存在于矿物内部结构的水。只有在较高的温度（一般在数百摄氏度到 1 000 ℃之间）下，晶格发生破坏时，它们才组成水分子从矿物中析出。含有结构水的矿物以含 OH^- 最为常见，如纤铁矿、高岭石。

② 结晶水，指的是存在于矿物结晶格架中的水分子，它们并不是液态水。很多晶体含有结晶水，但并不是所有的晶体都含有结晶水。溶质从溶液里结晶析出时，晶体里往往结合着一定数目的水分子。如石膏（$CaSO_4 \cdot 2H_2O$）和硬石膏（$CaSO_4$）相差两个水分子。

③ 沸石水，指的是存在于矿物晶胞之间的水。如图 1-9 所示，蒙脱石膨胀后晶胞吸收的水即为沸石水。

（二）矿物表面结合水

① 强结合，水是指最靠近土颗粒表面的水，具有很强的吸附力。水分子和水化离子排列得非常紧密，定向性强，以致其密度大于 1 g/cm³，并有过冷现象（即温度降到零度以下而不结冰的现象），温度高于 100 ℃时可蒸发，静电引力把极性水分子和水化阳离子牢固地吸附在颗粒表面上形成固体层。

② 弱结合水，是指存在于距土颗粒表面较远的结合水，或者说是位于强结合水层的外围、电场引力作用范围之内的水。由于引力减小，弱结合水的水分子排列不如强结合水紧密，在外力作用下可以移动，但有一定的黏滞性、弹性和抗剪强度，不会因重力而移动，称其为扩散层。固定层和扩散层与土粒表面负电荷一起构成双电层。

如图 1-18 所示，强结合水和弱结合水均在电场引力范围之内，可以看出，强结合水具有很强的吸附力，最为靠近土颗粒表面，弱结合水则相对较弱；位于电场引力范围之外的便是

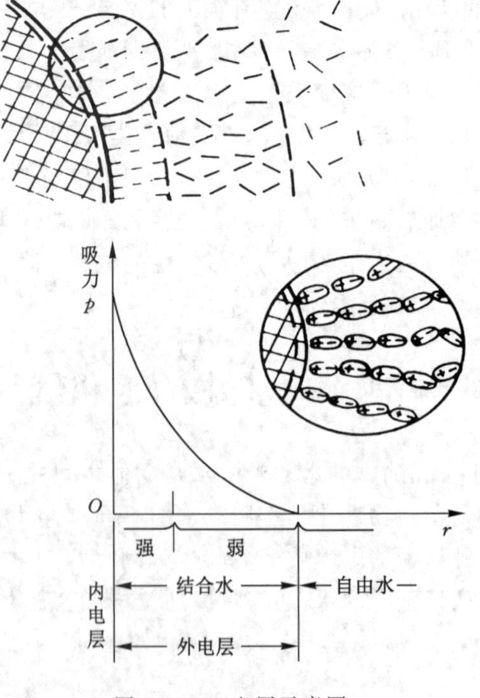

图 1-18 双电层示意图

自由水，距离土颗粒表面较远，仅受重力或表面张力影响。

固体层和扩散层会在颗粒表面形成一层水化膜，如图 1-19 所示，两个片状黏土矿物颗粒表面带有负电荷，便会在颗粒外围吸收一些水分子或水化阳离子，两水化膜之间的联结力会把两个颗粒联结起来，形成一层公共水化膜，这种联结称为水胶联结。比如干燥的黏性土因水胶联结则会呈现出一定的强度。联结强度与颗粒的比表面积有关，假设矿物颗粒为球状，比表面积可用式(1-9)表示。颗粒越小，比表面积越大，联结力就会越强。

$$比表面积=\frac{土粒的表面积}{土粒的体积}=\frac{\pi d^2}{\frac{1}{6}\pi d^3}=\frac{6}{d} \tag{1-9}$$

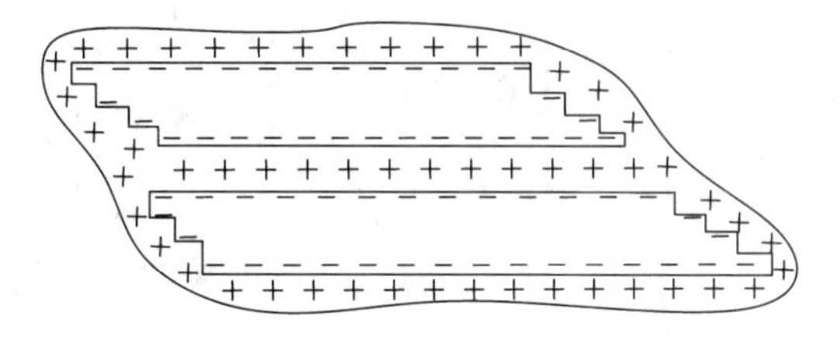

图 1-19　公共水化膜

（三）非结合水（自由水）

非结合水是指土粒孔隙中超出土粒表面静电引力作用范围的普通液态水。主要受重力作用控制，能传导压力，溶解盐分，在摄氏零度结冰，其典型代表是重力水。介于重力水与结合水之间的过渡类型是毛细水。

1. 毛细水

毛细水是指存在于固、气之间，在重力与表面张力作用下可在土粒间孔隙中自由移动的水。分布在土粒内部相互贯通的孔隙，可以看成是许多形状不一、直径各异、彼此连通的毛细管。

毛细现象是指液体在细管状物体内侧，由于黏聚力与附着力的差异、克服重力而上升的现象。土中存在毛细孔隙，且孔隙不均匀，在毛细力的作用下也会产生毛细现象。孔隙大小的不同会影响毛细现象的产生，所以按照毛细水和毛细现象可以对孔隙大小进行分类，如表 1-5 所示。

表 1-5　按毛细水和毛细现象对孔隙大小的分类

孔隙名称	孔径/mm	毛细水	毛细现象
亚毛细孔隙	＜0.002	无	有
毛细孔隙	0.002～0.5	有	有
超毛细孔隙	＞0.5	有	无

在毛细管周壁，水膜与空气的分界处存在着界面张力 T（T 为线荷载），其作用方向与毛细管壁成 α 角。由于界面张力的作用，毛细管内水被提升到自由水面以上高度 h_c 处，如图 1-20 所示。以毛细管内高度为 h_c 的水柱作为受力对象进行分析，毛细管内水面处压力

$p_a=0$(以大气压力为基准),根据竖向力的平衡可得:

$$\pi r^2 h_c \gamma_w = 2\pi r T \cos\alpha \tag{1-10}$$

$$h_c = \frac{2T\cos\alpha}{r\gamma_w} \tag{1-11}$$

式中 r ——毛细管的半径,m;

γ_w ——水的重度,kN/m³;

α ——湿润角,(°)。

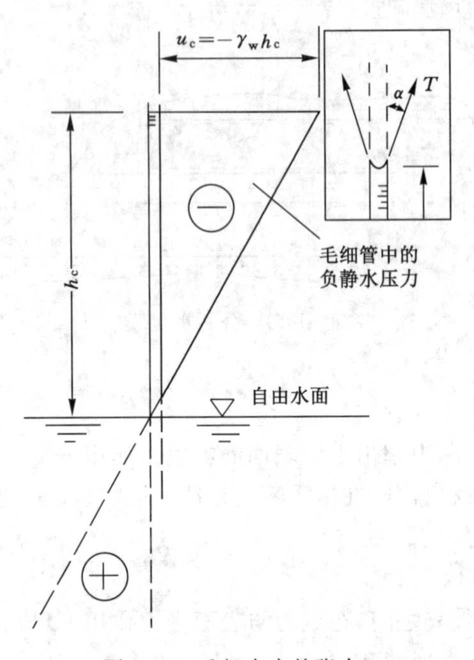

图 1-20 毛细水中的张力

式(1-11)表明,毛细水上升高度 h_c 与毛细管半径成反比。显然,土颗粒的粒径越小,孔隙的尺寸也越小,毛细水的上升高度越大。不同类别的土,土中毛细水的高度也不同。砾类与粗砂中毛细水上升的高度很小,粉细砂和粉土中毛细水上升的高度大,而黏性土由于颗粒电场力的存在,毛细水在上升时受到很大阻力,上升高度受到影响,不能简单地由式(1-11)计算得到。

若弯液面处毛细水的压力为 u_c,分析该处水膜的受力。根据水膜竖向力的平衡可得:

$$2\pi r T\cos\alpha + u_c \pi r^2 = 0 \tag{1-12}$$

将式(1-10)代入式(1-12),得:

$$u_c = -\gamma_w h_c \tag{1-13}$$

式(1-13)表明,毛细水区域内的孔隙水压力与水头高度 h_c 成正比,负号表示孔隙水压力为小于大气压的负压。自由水位以下为压力,自由水位以上、毛细水区域内为负压,自由水位处作用力为 0。颗粒骨架承受水的反作用力,因此在自由水位以下,土骨架受孔隙水的压力作用,颗粒间压力减小;在毛细水区域内,土骨架受毛细水的压力作用,颗粒间压力增大。

如果土骨架的孔隙内不完全充满水,这时水大多集中在颗粒间的缝隙处,由于水和空气的界面存在界面张力,形成如图 1-21 所示的弯液面,此时孔隙中的水称为毛细角边水。毛细角边水的压力为负，它促使颗粒互相靠拢，联结在一起，这正是稍湿的砂土存在某种黏聚力的原因。但这种黏聚力并不像黏土一样是由颗粒间的分子力引起的，而是由毛细力引起的，当土中的孔隙被水充满变成饱和土，或者水蒸发变成干土，毛细角边水将消失，这种毛细黏聚力也将消失。因此，在海滩中，处于毛细区的砂土承载力高于完全干或完全饱和的砂土。

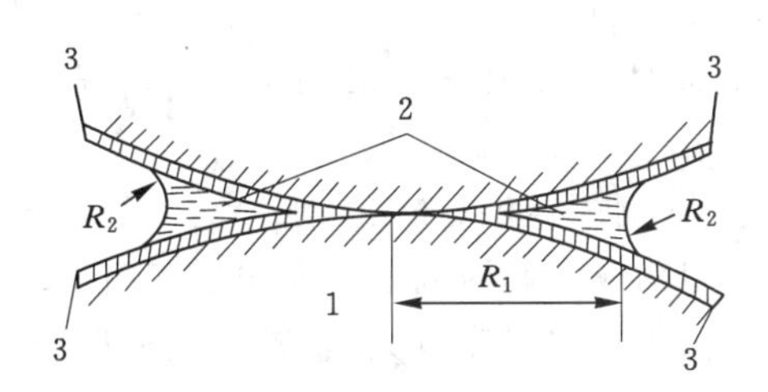

图 1-21　弯液面

1——土粒；2——毛细角边水；3——结合水；R_1、R_2——弯液面半径

2. 重力水

重力水是指在重力作用下能自由运动的水。这部分水能传递静水压力，对土颗粒有浮力作用，具有溶解能力，而且易于流动。泉水、井水和矿坑涌水都是重力水，是水文地质学研究的主要对象。重力水在土中的运动及对土颗粒的作用在工程中有至关重要的影响，是许多工程失稳的主要因素。

（四）土中冰

土中冰是指由自由水冻结而形成的固态水。常压下，当温度低于 0 ℃时，孔隙中的自由水冻结成固态，往往以冰夹层、冰透镜体、细小的冰晶体等形式存在于土中。冰在土中起暂时胶结的作用，提高了土的强度，但解冻后土体的强度反而会降低，因为从液态水转为固态水时，水体积膨胀，使土中孔隙增大，解冻后土的结构变得松散。对于冻土，土中冰可以作为一种特殊的相，可能会产生冻胀、融陷等现象，增加工程施工的难度，并对建筑物安全构成一定威胁。

二、土中气

土中的气体存在于土孔隙中未被水所占据的部位，也有些气体溶解于孔隙水中。在粗颗粒沉积物中，常见到与大气相连通的气体，在外力作用下连通气体极易排出，它对土的性质影响不大。在细粒土中，土中的气体则常存在于与大气隔绝的封闭气泡中，在外力作用下土中的封闭气体极易溶解于水，外力卸除后，溶解的气体又重新释放出来，使得土的弹性增加，透水性减小。

相比较大气，土中气含有更多的 CO_2，较少的 O_2，较多的 N_2。土中气与大气的交换越困难，两者差别越大。与大气连通不畅的地下工程施工中，尤其应注意氧气的补给，以保证施工人员的安全。

对于淤泥和泥炭等有机质土，由于微生物（嫌气细菌）的分解作用，在土中蓄积了某种可燃气体（如硫化氢、甲烷等），使土层在自重作用下长期得不到压密，从而形成高压缩性土层。

三、黏粒与水溶液的离子交换

土中的水是复杂的电解质溶液，吸附在黏粒表面上的阳离子(或阴离子)可以与水溶液中的阳离子(或阴离子)进行交换，这种现象称为离子交换。表征离子交换量的指标有离子交换容量和标准交换容量。离子交换容量(CEC)指的是在一定条件下，一定量土中所有土颗粒的反离子层内具有交换能力的离子总数，一般以 100 g 干土中交换离子的摩尔数(或毫摩尔数)来表示；标准交换容量指的是在 pH 值为 6.5 的情况下，浓度为 0.05 mol/dm^3 的 $BaCl_2$溶液反复作用于 1 000 g 土中测得的交换容量。

黏土颗粒表面带有负电荷，而固定层(强结合水)和扩散层(弱结合水)中含有水化的阳离子，并带有正电荷，三者一起构成了黏粒周围的双电层(见图 1-18)。扩散层厚度越小，颗粒之间的距离越小，强度越高；扩散层厚度越大，颗粒之间的距离越大，强度便会越低；如果达到一定厚度，固定层和松散层之间便不会联结，就会发生崩解。

假定扩散层厚度用 X 表示，扩散层厚度与阳离子价(V)、阳离子浓度(n_0)的关系可用下式表示：

$$X \propto \frac{1}{V}\left(\frac{DT}{n_0}\right)^{\frac{1}{2}} \tag{1-14}$$

从式(1-14)可知，扩散层厚度与阳离子价(V)成反比，与阳离子浓度(n_0)的平方成反比，即离子价越高，厚度越小，离子浓度越高，厚度也越小。因此，可以通过黏粒间的离子交换改变离子价和离子浓度来改变扩散层厚度，从而改善土的工程性质。

阳离子交换能力为：$Fe^{3+} > Al^{3+} > H^+ > Ba^{2+} > Ca^{2+} > Mg^{2+} > K^+ > Na^+ > Li^+$，阴离子交换能力为：$OH^- > PO_4^{3-} > SiO_3^{2-} > SO_4^{2-} > Cl^-$。例如，在黏土中加入石灰，是利用生石灰中的 Ca^{2+} 取代黏土中的 Na^+ 和 K^+，使扩散层中高价阳离子的浓度增加，厚度变小，土颗粒间联结紧密，从而增加了土的强度与稳定性，减小了膨胀性。

第五节　土体结构及赋存环境

前已述及，土体指的是固体颗粒间无联结或有微弱联结、具有天然结构，通常含有天然结构面，赋存在一定地质环境中的地质体。

土体首先是地质体。土体是在地质历史过程中经历长期地质作用形成的地质体，因此，地质工程师和岩土工程师对于土体的形成时代、成因、应力历史、产状、分布、厚度变化等地质特征，必须进行相应的调查和研究。范士凯在岩体结构控制论思想的基础上，提出了以地貌单元、地层时代和地层组合决定土体工程性质的“土体工程地质的宏观控制论”。吴恒提出了地层组合模型，以土体中结构面对工程地质性状进行归并组合，由此构成土体结构模型。

土体又是工程依托体，比如，地基土体是基础工程的依托体，坝基土体是大坝工程的依托体，边坡土体是边坡工程的依托体，洞室围岩(土)是洞室工程的依托体，因此，在实际施工之前，必须清楚土体的工程性质、物理化学性质、水理性质、力学性质等。

一、土的结构类型

土的结构是指由土粒单元的大小、性状、相互排列及其联结关系等因素形成的综合特征，一般分为单粒结构、蜂窝状结构和絮状结构三种基本类型。

单粒结构：由粗大土粒在水中或空气中下沉形成的、全部由砂粒及更粗土粒组成的土都具有单粒结构，如图1-22(a)所示。因其颗粒较大、土粒间的分子吸引力相对很小，即土粒在沉积过程中主要受重力控制。这种结构的特征是土粒之间以点与点接触为主，粒间力以重力为主，颗粒间无联结或只有微弱的水联结。

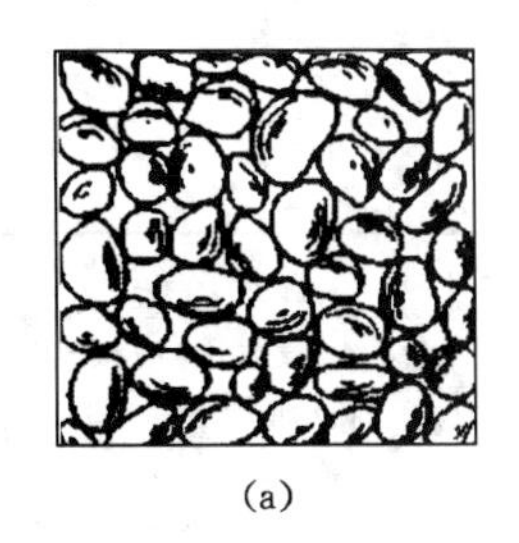
(a)

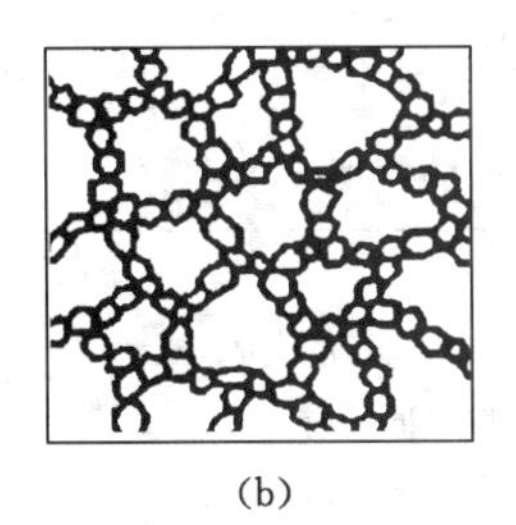
(b)

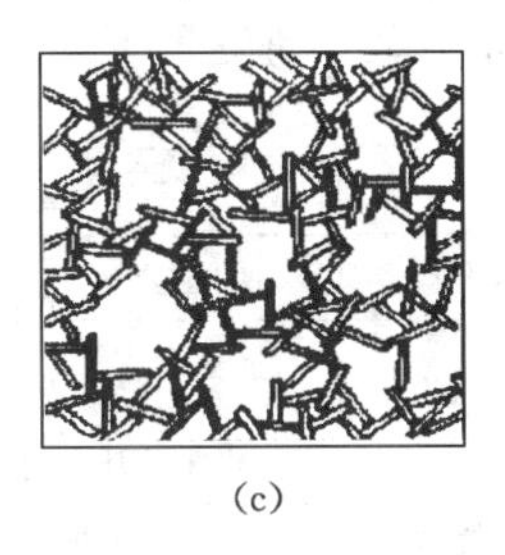
(c)

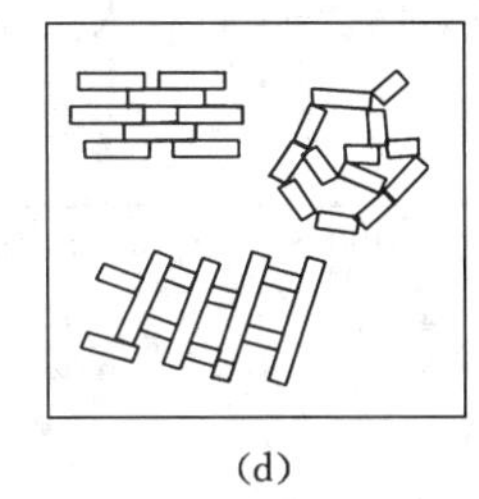
(d)

图1-22　土的结构类型

(a)单粒结构；(b)蜂窝结构；(c)絮状结构；(d)片状颗粒接触形式

根据排列情况，单粒结构的土分为疏松的和紧密的。紧密状单粒结构的土，强度较大，压缩性较小，是良好的天然地基。疏松单粒结构的土，其骨架是不稳定的，强度小，压缩性大，当受到震动及其他外力作用时，土粒易发生移动，引起土的大变形。对于饱和松散的粉细砂，当受到地震等动力荷载作用时，容易发生砂土液化。

蜂窝状结构：主要是由粉粒(0.075～0.005 mm)组成的土的结构形式，粒径在0.075～0.005 mm的土粒在水中沉积时，当碰上已沉积的土粒，由于它们之间的相互引力大于其重力，因此土粒就停留在最初的接触点上不再下沉，形成具有很大孔隙的蜂窝状结构，如图1-22(b)所示。蜂窝状结构的土具有一定程度的粒间连接，可承受一定水平的静荷载，但当承受较高水平的静荷载和动力荷载时，其结构将破坏。

絮状结构：由黏粒(<0.005 mm)集合体组成的土的结构形式。黏粒能够在水中长期悬浮，不因自重而下沉。当这些悬浮在水中的黏粒被带到电解质浓度较大的环境中(如海水)，黏粒凝聚成絮状的集粒(黏粒集合体)而下沉，并相继和已沉积的絮状集粒接触，而形成类似蜂窝而孔隙很大的絮状结构，如图1-22(c)所示。黏土矿物或其集合体可形成边—边、边—面和面—面等基本接触形式，构成细粒土体各种微观结构形态的基本要素，如图1-22(d)所示。

土在形成过程中以及形成之后，当外界条件发生变化时(如荷载、湿度、温度或介质条件)，都会使土的结构发生变化。土体失水干缩，会使土粒间的联结增强；土体在外力(压力或剪力)作用下，絮状结构会趋于平行排列的定向结构，使土的强度及压缩性都随之发生变化。具有蜂窝状结构和絮状结构的黏性土，其土粒间的联结强度(结构强度)往往由于长期的压密作用和胶结作用而得到加强。

二、土体中的结构面

天然土体中普遍存在着不同成因和不同展布的结构面，从而使土体具有各种宏观结构形态。

按照成因，可将土体中的结构面分为原生和次生两大基本类型。原生结构面主要是分布较普遍的层面、层理和夹层，次生结构面包括内动力产生的断层和构造裂隙以及各种外动力产生的各种结构面，其主要特征见表 1-6。次生结构面仅发育于细粒土体中，从表 1-6 中可以看出，因其成因的不同，一般分别分布在特定地区或土体的特定部位。它们都因其本身的特点（主要是规模、密度、产状和性质）、相互组合情况、分布的部位及其与建筑物的关系以及环境条件而对人类的工程活动发生不同程度的影响。

表 1-6　土体中结构面的主要类型和特征

成因类型		地质作用	分布的主要部位	主要特征
原生	层面、层理和夹层	沉积间断或物质变化	普遍存在于沉积土体中	展布广，彼此平行或近于平行；层面产状一般水平，有时因原始地形或构造运动而使其呈缓倾斜；层理一般与层面平行，但也有斜层理或交错层理
次生	风化裂隙	主要是干、湿变化引起的胀、缩作用	土体表面	规模小，纵横交叉无规律，近于垂直；因其延伸较浅，多在建筑基坑开挖范围内，对工程建设影响不大
	滑动面	重力作用	滑体下部	规模不等，长度有时可达百米以上，面积可达上万平方米
	滑坡裂隙	滑坡运动中的挤压或拉伸作用	滑坡体的前、后、侧部	力学性质复杂，随滑坡体不同部位的受力状态而定
	卸荷裂隙	侧向侵蚀，水平方向卸荷	斜坡顶部	平行于坡顶走向展布，垂直或陡倾，自浅部向深部发展，常为滑坡的前奏迹象
		地表剥蚀，垂直方向卸荷	地下浅部	平行于地表，产状基本水平，有时呈波状起伏，延伸较长
		剥蚀与侵蚀联合作用	水平卸荷裂隙以下、一定深度范围之内	倾斜，产状规律性强；裂隙面光滑，有时有擦痕；其产状一般与冲沟方向有关
	断层和构造裂隙	构造应力	新构造强烈活动地区	较大规模的断层一般与下伏基岩断层一致，小断层和裂隙与现代地应力场相适应

据张咸恭等，中国工程地质学，科学出版社，2000。

黏土体是一种软弱的地质体，然而在某些黏土体中还时常夹有比主体黏土更软弱的薄层。

三、土体赋存的环境

土体的工程性质不仅取决于其物质组成与结构，还和赋存的地质环境密切相关。地应力、地温、地下水等地质环境要素对土体的性质影响很大。

土体沉积以后，在自重应力作用下，一直经历着自然条件下的固结压密历史，弄清楚土体赋存的初始应力状态，是对未来工程作用下土体力学行为预测的基础，因此，土体赋存的应力状态及其在地质历史和工程作用下的变化是土体研究的重要内容。

土体的温度变化会使土体的物理力学性质发生变化，我们通过认识土的热学性质和地温变化规律，既要充分认识温度变化带来的工程地质问题，又要充分利用温度改变对土体性质有利的一面，预防工程灾害和为工程建设服务。例如，在矿山建设和城市地下工程建设中，采用的冻结法就是改变土体赋存环境从而改变土体性能的范例。

土体中的流体(地下水和气)在工程过程或者自然过程中起着非常重要的作用,在土体固结、渗透变形等过程中,水和气体都是非常活跃的因素。孔隙水压力一直是土力学的核心问题。

另外,影响土体自然特性和工程行为的环境因素还有气候、时间、动力过程、自然灾害等,这些因素不仅影响着外动力地质作用过程的类型和强度,而且对工程建设安全性也影响巨大。气候因素,如气温、降水等对土体工程性质的影响很大。例如,降雨往往是自然边坡等失稳的诱发因素;气候变化导致地下水位的升降,从而影响到土体的性质;气温的变化影响冻融,会对土体的强度造成影响以至于影响工程建筑的稳定性。极端气候和降雨对土体性质影响更大,要引起充分注意。时间因素对土体工程性质的改变是不容忽视的,例如常见的风化作用,我们不仅要考虑其短期的稳定性,还要考虑工程全寿命周期的稳定性。自然灾害,例如洪水、风暴、火山喷发、地震、地质体移动(崩塌、滑坡、泥石流等)以及人为灾害等,也是在工程研究和实际工作中必须考虑的重要自然环境因素。

第六节　土的物理性质

土是由固体颗粒(固相)、水(液相)和气体(气相)三部分组成的,随着三相物质的质量和体积比例的不同,土的性质也随之改变。土的固相物质包括无机矿物颗粒和(或)有机质,是构成土骨架最基本的物质;土的液相是指存在于孔隙中的水,是一种成分复杂的电解质水溶液;土的气相是指充填在土孔隙中的气体,包括与大气连通和不连通的两类气体。土的结构是指土粒或土粒集合体的大小、形状、表面特征、相互排列及粒间联结关系。

土的三相组成在体积和质量上的比例关系决定了土的三相比例指标,通过这些指标可以反映土的轻重、干湿、松密等物理性质,是评价土的工程性质最基本的物理性质指标。

为了定义土的物理性质指标,通常把在土体中实际上处于分散状态的三相物质理想化地集中在一起,构成如图 1-23 所示的三相图。在图中,右边注明的是土中各相的体积,左边注明的是土中各相的质量。土样的体积 V 为土中空气的体积 V_a、水的体积 V_w 和土粒的体积 V_s 之和;孔隙体积 $V_v = V_a + V_w$;土样的质量 m 为土中空气的质量 m_a、水的质量 m_w 和土粒的质量 m_s 之和;通常认为空气的质量可以忽略,则土样质量就仅为水的质量和土粒质

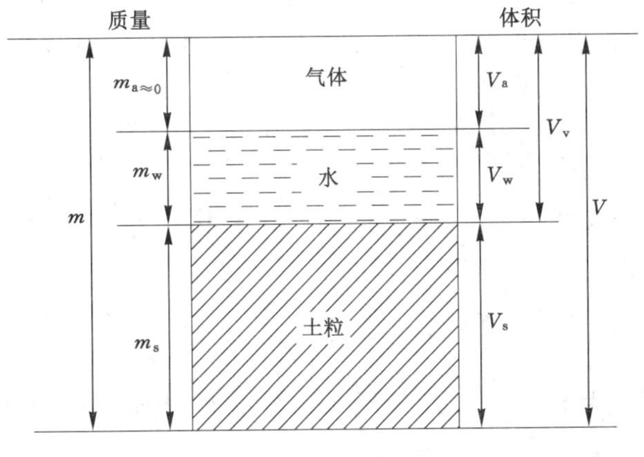

图 1-23　土的三相图(1)

量之和。

土的基本物理性质指标有7个，其中反映土的松散密实程度的指标有孔隙比、孔隙率；反映土的含水程度的指标有含水率(含水量)、饱和度；反映土的质量和重量的指标有土粒比重、密度(重度)、干密度(干重度)。在这些指标中，密度、土粒比重和含水率是土的三个基本物理性质指标，可以通过试验直接测定，也称为基本实测指标；而其他四个指标都可以用基本指标间接换算得到，称为基本导出指标。

一、土的质量和重量

(一) 土粒比重

土粒比重为土粒质量 m_s 与同体积 4 ℃(密度 1 g/cm^3)时蒸馏水的质量之比：

$$G_s = \frac{m_s}{V_s \rho_{w4℃}} = \frac{\rho_s}{\rho_{w4℃}} \tag{1-15}$$

土粒比重在数值上等于土粒密度(g/cm^3)，但土粒比重无量纲，可采用比重瓶法测定。土粒比重主要取决于土的矿物成分，不同土类的比重变化幅度并不大。

(二) 土的密度

1. 天然密度 ρ 和重力密度 γ

天然密度指的是单位体积土的质量，为土中的水的质量 m_w 和颗粒质量 m_s 之和与总体积 V 之比，也称质量密度，单位符号为 g/cm^3，其表达式为：

$$\rho = m/V = (m_s + m_w)/(V_s + V_v) \tag{1-16}$$

重力密度简称重度，指的是单位体积土的重量，为质量密度与重力加速度的乘积，也称容重，单位符号为 kN/m^3，其表达式为：

$$\gamma = W/V = mg/V = \rho g = 9.81\rho \tag{1-17}$$

式中，g 为重力加速度，m/s^2，常取值 9.81 m/s^2。

2. 饱和密度 ρ_{sat} 和饱和重度 γ_{sat}

土的饱和密度是指当土的孔隙全部为水所充满时的密度，即全部充满孔隙的水的质量 m_w 与颗粒质量 m_s 之和与土的体积 V 之比，单位符号为 g/cm^3，其表达式为：

$$\rho_{sat} = \frac{m_s + V_v \rho_w}{V} \tag{1-18}$$

饱和重度等于饱和密度与重力加速度的乘积，用符号 γ_{sat} 表示，单位符号为 kN/m^3，其表达式为：

$$\gamma_{sat} = \rho_{sat} g \tag{1-19}$$

3. 干密度 ρ_d 和干重度 γ_d

土的干密度是单位体积内固体颗粒的质量，用符号 ρ_d 表示，单位符号为 g/cm^3。土的干密度越大，土越密实。其表达式为：

$$\rho_d = \frac{m_s}{V} \tag{1-20}$$

干重度等于干密度与重力加速度的乘积，用符号 γ_d 表示，单位符号为 kN/m^3，其表达式为：

$$\gamma_d = \rho_d g \tag{1-21}$$

4. 有效重度(浮重度) γ'

当土浸没在水中时,土的颗粒受到水的浮力作用,因而有效重力减小。有效重度是单位体积内固体颗粒重量与同体积水的重量之差,单位符号为 kN/m^3,其表达式为:

$$\gamma' = \frac{W_s - \gamma_w V_s}{V} = \gamma_{sat} - \gamma_w = (\rho_{sat} - \rho_w)g \tag{1-22}$$

二、土的含水性

1. 含水率 w

土的含水率(或称含水量)为土中水的质量 m_w 与土粒质量 m_s 之比,以百分数表示,其表达式为:

$$w = \frac{m_w}{m_s} \times 100\% \tag{1-23}$$

土的含水率是描述土的干湿程度的重要指标,土的天然含水率变化范围很大,含水率的影响因素包括土层所处的自然条件以及土的孔隙体积数量等。含水率一般采用烘干法测定,也可采用酒精燃烧法和炒干法测定。

2. 饱和度 S_r

土的饱和度是指孔隙中水的体积 V_w 与孔隙体积 V_v 之比,常以百分数或小数计,其表达式为:

$$S_r = \frac{V_w}{V_v} \times 100\% \tag{1-24}$$

饱和度是反映土中孔隙充水程度的指标。砂土湿度按饱和度可以分为三类,如表 1-7 所示。

表 1-7　砂土按饱和度分类

饱和度 S_r	类别
$S_r \leqslant 50\%$	稍湿的
$50\% < S_r \leqslant 80\%$	湿的
$S_r > 80\%$	饱和的

三、土的孔隙性

1. 孔隙率 n

土的孔隙率为土中孔隙的体积 V_v 与土的总体积 V 之比,常以百分数计,其表达式为:

$$n = \frac{V_v}{V} \times 100\% \tag{1-25}$$

2. 孔隙比 e

土的孔隙比为土中孔隙的体积 V_v 与固体颗粒体积 V_s 之比,以小数计,其表达式为:

$$e = \frac{V_v}{V_s} \tag{1-26}$$

土的孔隙比和孔隙率都是反映土的松密程度的指标。对于同一种土，孔隙比或孔隙率越大则表明土越疏松。孔隙比和孔隙率存在如下换算关系：

$$e=\frac{n}{1-n}\text{ 或 }n=\frac{e}{1+e}\times 100\% \tag{1-27}$$

砂土和粉土可以按孔隙比进行密实度分类，见表1-8所示。

表1-8　砂土和粉土按孔隙比 e 的密实度分类

密实度	密实	中密	稍密	松散
砾砂、粗砂、中砂	$e<0.60$	$0.60\leqslant e\leqslant 0.75$	$0.75<e\leqslant 0.85$	$e>0.85$
细砂、粉砂	$e<0.70$	$0.70\leqslant e\leqslant 0.85$	$0.85<e\leqslant 0.95$	$e>0.95$
粉土	$e<0.75$	$0.75\leqslant e\leqslant 0.9$	$e>0.90$	—

3. 比体积 v

土的比体积为土的总体积 V 与固体颗粒体积 V_s 之比，以小数计，其表达式为：

$$v=(V_s+V_v)/V_s=1+e \tag{1-28}$$

4. 砂土的相对密度 D_r

一般可以用孔隙比来描述土的密实程度，但砂土的密实程度并不仅仅取决于孔隙比，还取决于土的颗粒级配情况。颗粒级配不同的砂土即使有相同的孔隙比，由于颗粒大小不同，颗粒排列不同，所处的密实状态也会不同。为了更确切表达砂土的密实程度，引入了砂土相对密度的概念。

当砂土处于最密实状态时，其孔隙比称为最小孔隙比 e_{min}；砂土处于最疏松状态时，其孔隙比为最大孔隙比 e_{max}。砂土相对密度是砂土处于最疏松状态的孔隙比与天然状态孔隙比之差和最疏松状态的孔隙比与最密实状态下的孔隙比之差的比值，可按下式计算：

$$D_r=\frac{e_{max}-e}{e_{max}-e_{min}} \tag{1-29}$$

相对密度也可通过干密度计算得到：

$$D_r=\frac{\rho_{dmax}(\rho_d-\rho_{dmin})}{\rho_d(\rho_{dmax}-\rho_{dmin})} \tag{1-30}$$

从上式可以看出，当砂土的天然孔隙比接近于最小孔隙比时，相对密度接近于1，表明砂土接近于最密实的状态；而当天然孔隙比接近于最大孔隙比，则表明砂土处于最松散的状态，其相对密度接近于0。根据砂土的相对密度，可以按表1-9将砂土划分为密实、中密和松散三种密实度。

表1-9　砂土按相对密度 D_r 分类

密实度	密实	中密	松散
相对密度	1～0.67	0.67～0.33	0.33～0

四、土的物理性质指标换算

土的物理性质指标之间可以相互换算，根据土的密度、土粒比重和含水率三个实测指标，可以换算求得全部计算指标，也可以用某几个指标换算其他指标。图 1-24 所示是土的三相图，假定土的颗粒体积 $V_s=1$，并假定 $\rho_{w4℃}=\rho_w$，则孔隙体积 $V_v=e$，总体积 $V=1+e$，颗粒质量 $m_s=V_sG_s\rho_{w4℃}=G_s\rho_w$，水的质量 $m_w=wm_s=wG_s\rho_w$，总质量 $m=G_s(1+w)\rho_w$，于是根据定义有：

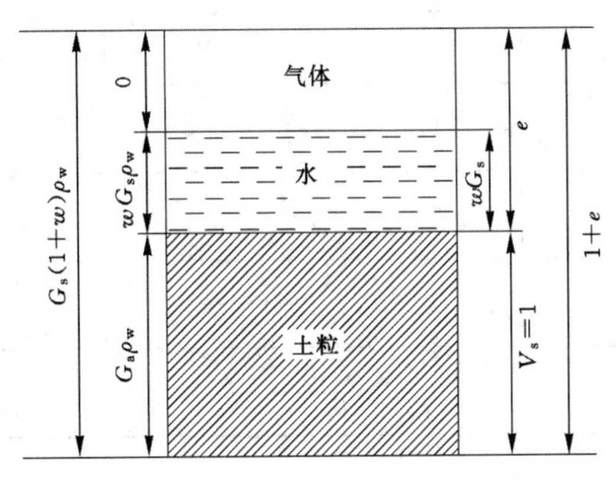

图 1-24　土的三相图(2)

$$\rho=\frac{m}{V}=\frac{G_s(1+w)\rho_w}{1+e} \tag{1-31}$$

$$\rho_d=\frac{m_s}{V}=\frac{G_s\rho_w}{1+e}=\frac{\rho}{1+w} \tag{1-32}$$

$$e=\frac{G_s\rho_w}{\rho_d}-1=\frac{G_s(1+w)\rho_w}{\rho}-1 \tag{1-33}$$

$$\rho_{sat}=\frac{m_s+V_v\rho_w}{V}=\frac{(G_s+e)\rho_w}{1+e} \tag{1-34}$$

$$\gamma'=\frac{m_sg-V_s\gamma_w}{V}=\frac{m_sg-(V-V_v)\gamma_w}{V}$$

$$=\frac{(G_s+e)\gamma_w}{1+e}-\gamma_w=\frac{(G_s-1)\gamma_w}{1+e} \tag{1-35}$$

$$n=\frac{V_v}{V}=\frac{e}{1+e} \tag{1-36}$$

$$e=\frac{n}{1-n} \tag{1-37}$$

$$S_r=\frac{V_w}{V_v}=\frac{\dfrac{m_w}{\rho_w}}{e}=\frac{\dfrac{wG_s\rho_w}{\rho_w}}{e}=\frac{wG_s}{e} \tag{1-38}$$

土的三相比例指标换算公式一并列于表 1-10 中。

表 1-10 土的三相比例换算关系

换算指标	用实测指标计算的公式	用其他指标计算的公式
孔隙比 e	$e=\frac{G_s(1+w)\gamma_w}{\gamma}-1$	$e=\frac{G_s\gamma_w}{\gamma_d}-1$ $e=\frac{wG_s}{S_r}$
饱和重度 γ_{sat}	$\gamma_{sat}=\frac{\gamma(G_s-1)}{G_s(1+w)}+\gamma_w$	$\gamma_{sat}=\frac{G_S+e}{1+e}\gamma_w$ $\gamma_{sat}=\gamma'+\gamma_w$
饱和度 S_r	$S_r=\frac{\gamma G_s w}{G_s(1+w)\gamma_w-\gamma}$	$S_r=\frac{wG_s}{e}$
干重度 γ_d	$\gamma_d=\frac{\gamma}{1+w}$	$\gamma_d=\frac{G_s}{1+e}\gamma_w$
孔隙率 n	$n=1-\frac{\gamma}{G_s(1+w)\gamma_w}$	$n=\frac{e}{1+e}$
有效重度 γ'	$\gamma'=\frac{\gamma(G_s-1)}{G_s(1+w)}$	$\gamma'=\gamma_{sat}-\gamma_w$

【例题 1-1】 由环刀中取出的饱水黏土试样的总质量为 152.6 g,干土质量为 105.3 g,固体颗粒的比重为 2.7。确定这个试样的含水率、孔隙比、孔隙率和重力密度。

解:

$$w=\frac{m_w}{m_s}\times 100\%=\frac{152.6-105.3}{105.3}\times 100\%\approx 44.9\%$$

$$S_r e=G_s w$$

$$e=\frac{G_s w}{S_r}=\frac{2.7\times 0.449}{1}=1.212$$

$$n=\frac{e}{1+e}=\frac{1.212}{1+1.212}\times 100\%=54.8\%$$

$$\gamma=\frac{W}{V}=\frac{m_s(1+w)}{V_s(1+e)}g=\frac{G_s(1+w)}{1+e}\rho_w g$$

$$=\frac{2.7(1+0.449)}{1+1.212}\times 1\times 9.81$$

$$=17.35\ (\mathrm{kN/m^3})$$

【例题 1-2】 有一密度为 1.54 g/cm^3、含水率为 80%的饱和土试样,试求此试样的孔隙比和土粒比重(提示:可用三相图求解,可假设 $V_s=1$)。

解: 已知 $\rho=1.54\ g/cm^3$, $w=80\%$, $S_r=100\%$,求 e 和 G_s。

设 $V_s=1$,画三相图(图 1-25), $V_v=eV_s=e$。

$$\begin{cases} S_r e=G_s w \\ \rho=\frac{m}{V}=\frac{G_s\rho_w(1+w)}{1+e} \end{cases}$$

$S_r=1$,代入得:

$$\rho=\frac{m}{V}=\frac{G_s\rho_w(1+w)}{1+G_sw}$$

所以：

$$G_s=\frac{\rho}{\rho_w(1+w)-\rho_w}=2.71$$

$$e=G_sw=2.71\times0.8=2.17$$

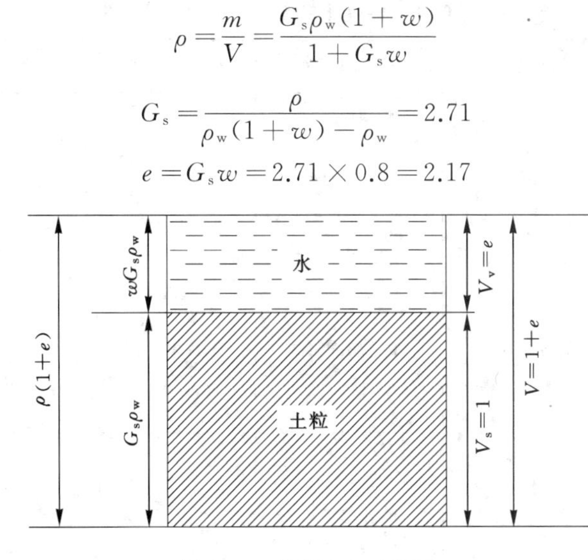

图 1-25　例题 1-2 三相图

第七节　黏性土的界限含水率及可塑性

黏性土的含水率对土的工程性质影响很大。随着含水率的增大，黏性土的状态可由坚硬到可塑甚至到流动状态。

一、黏性土的界限含水率

黏性土由于含水率变化而表现出的稀稠程度称为稠度。含水率很大时土就成为泥浆，是一种黏滞流动的液体，称为流动状态。含水率逐渐减小时，黏滞流动的特点渐渐消失而显示出可塑性，称为可塑状态。所谓可塑性就是指土可以塑成任何形状而不发生裂缝，并在外力解除以后保持已有的形状而不恢复原状的性质。黏性土的可塑性是一个十分重要的性质，对于工程有着重要的意义。当含水率继续减小时，土的可塑性逐渐消失，从可塑状态变为半固体状态。如果同时测定含水率减小过程中土的体积变化，则可发现土的体积随含水率的减小而减小，但当含水率很小的时候，土的体积不再随含水率的减小而减小了，这种状态称为半固体状态。

黏性土从一种稠度状态向另一种稠度状态转变点的含水率称为界限含水率，也称阿太堡(Atterberg)界限。土由可塑状态过渡到流动状态的界限含水率称为液限 w_L，土由可塑状态过渡到半固体状态的界限含水率称为塑限 w_P，土由半固态过渡到固体状态的界限含水率称为缩限(收缩限) w_s。黏性土稠度状态及其特征如表 1-11 所示。对于黏性土塑限的本质，太沙基认为当含水率降低到塑限以下时，孔隙中不再有自由水(Terzaghi，1952)。Mitchell 则认为不管水的结构情况和粒间力如何，塑限是当土内表现出塑性性能时的含水范围的下限，也就是说，在塑限之上，土的变形可以没有体积变化或裂纹的产生，将保持它已有的变形形状。

表 1-11　黏性土稠度状态微观分析

微观图像	稠度状态	相邻粒间	孔隙中心	土粒与其他物体间
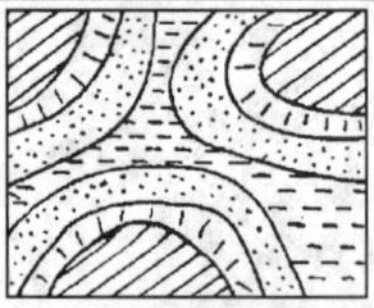	液流状态	自由溶液	自由溶液	自由溶液
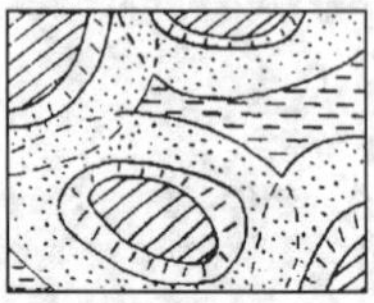	黏流状态	扩散层重叠	自由溶液	扩散层重叠
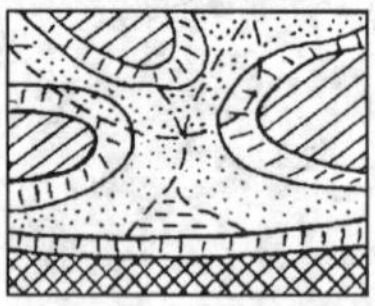	黏塑状态	扩散层重叠	扩散层重叠	扩散层重叠
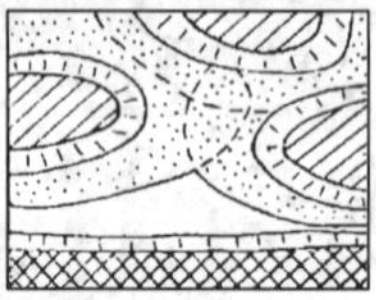	稠塑状态	扩散层重叠	扩散层重叠	浓缩扩散层及气体
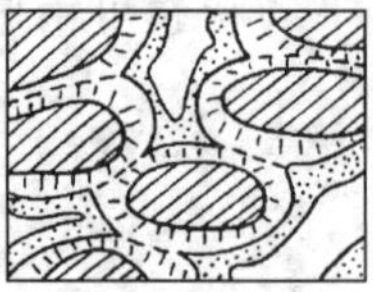	半固体状态	固定层及浓缩扩散层	气体（扩散层开始浓缩）	气体
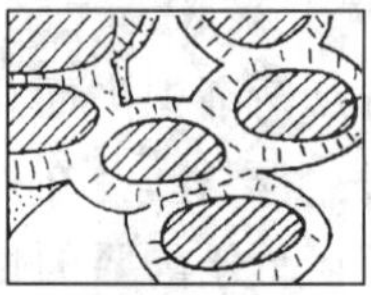	固体状态	固定层重叠	气体（扩散层很浓）	气体

测定黏性土的塑限的试验方法主要是滚搓法，把可塑状态的土放在毛玻璃上用手掌滚搓，滚搓时手掌的压力要均匀地施加在土条上，土条内的水分渐渐蒸发，如搓到土条的直径为 3 mm 左右时产生裂缝并开始断裂，此时试样的含水率即为塑限 w_P 。

测定黏性土的液限的实验方法主要有圆锥仪法和碟式仪法，也可采用液塑限联合测定法测定。在欧美等国家，大多采用卡萨格兰德（Casagrande）碟式液限仪测定液限，仪器构造见图 1-26 所示。试验时，将土膏分层填在圆碟内，表面刮平，使试样中心厚度为 10 mm，然后用刻槽刮刀在土膏上刮出一条底宽 2 mm 的 V 形槽，以每秒 2 次的速度转动摇柄，使圆碟上抬 10 mm 并自由落下，当碟的下落次数为 25 次时，两半土膏在碟底的合拢长度恰好达到 13 mm，此时试样的含水率即为液限，当下落次数不是 25 次时，可以根据多点绘制曲线求得（图1-27），当然也可以采用单点法计算公式：

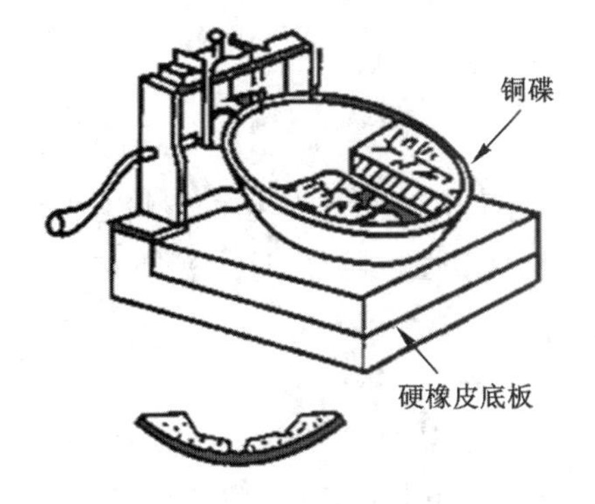

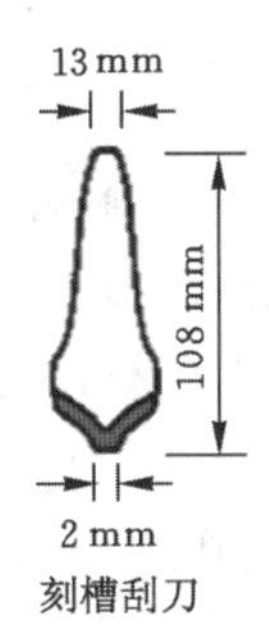

图 1-26　碟式液限仪

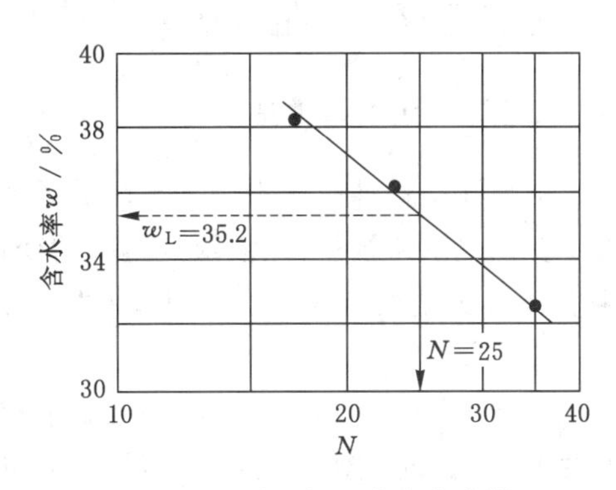

图 1-27　碟式仪法多点求液限

$$w_L = w\left(\frac{N}{25}\right)^{0.121} \tag{1-39}$$

我国多采用圆锥仪法测定液限 w_L，仪器为平衡锥式液限仪，平衡锥质量为 76 g，锥角为30°，试验仪器见图 1-28 所示。试验时使平衡锥在自重作用下沉入土膏，当达到规定的深度时的含水率即为液限 w_L。沉入深度按试验标准有两种规定：《建筑地基基础设计规范》(GB 50007—2011)和《岩土工程勘察规范》(GB 50021—2001)采用的沉入深度为 10 mm；《土的工程分类标准》(GB/T 50145—2007)采用的沉入深度为 17 mm。按两种不同标准得到的液限值是不同的，后一种液限的数值大于前一种液限值；同时，圆锥仪法和碟式仪法测定的液限值也是不同的，应注意区别。

图 1-28　平衡锥式液限仪

《土工试验方法标准》(GB/T 50123—2019)中也采用塑限液限联合测定法，如图 1-29 所示，其锥的质量分别为 76 g，锥角为30°，试验标准与《土的工程分类标准》(GB/T 50145—2007)相同。把土样的沉入深度与含水率的点在双对数坐标系中标出，可以得到一条线性相

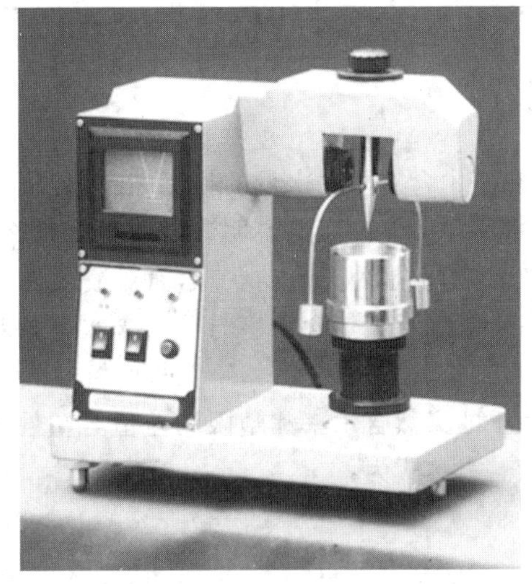

图 1-29　塑限液限联合测定仪

关的直线,从而测得液限和塑限。

二、黏性土的塑性指数

可塑性是黏性土区别于砂土的重要特征。可塑性的大小可用黏性土处在可塑状态的含水率变化范围来衡量,从液限到塑限的变化范围越大,土的可塑性也越好,这个范围称为塑性指数 I_P。塑性指数习惯上用不带"%"的数值表示:

$$I_P = w_L - w_P \tag{1-40}$$

液限和塑限是细粒土颗粒与土中水相互作用的结果。土中黏粒含量越多,黏土矿物亲水性越强,土的可塑性就越大,塑性指数也相应增大。含有机质多时,土的可塑性也会增强。

塑性指数是黏性土最基本和最重要的物理指标之一,它综合反映了土的物质组成,因此广泛应用于土的分类和评价。但由于液限测定标准的差别,同一土类按不同标准可能得到不同的塑性指数,因此,即使塑性指数相同的土,其土类也可能不同。

塑性指数还可以用来估算土坡稳定角。如图 1-30 所示,设坡高为 1,坡体水平距离为 X,则坡高比为 $X:1$。可查阅表 1-12,找出与塑性指数相对应的坡高比,从而确定安全坡角。

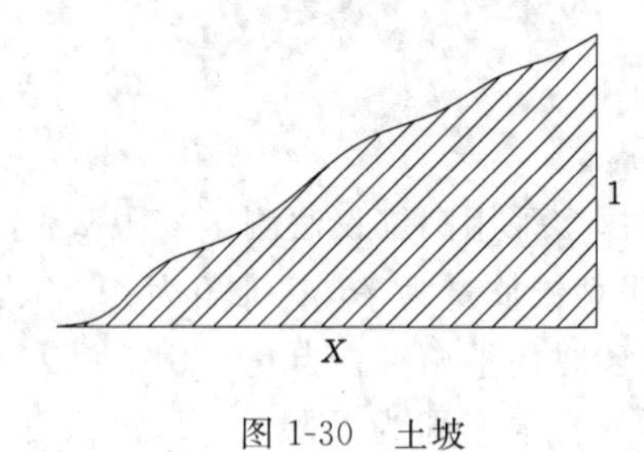

图 1-30　土坡

表 1-12　塑性指数与坡高比对应表

塑性指数	坡高比($X:1$)
<5	2.5 ~ 1
5~20	3.0 ~ 1
20~35	3.5 ~ 1
35~55	4.0 ~ 1
55~85	4.5 ~ 1

三、黏性土的液性指数

土的天然含水率是反映土中含有多少水量的指标,在一定程度上可以说明黏性土的软硬与干湿状况。但仅有含水率还不能确切地说明黏性土处在什么状态。例如,土样的含水率为 32%,则对于液限为 30%的土是处于流动状态,而对液限为 35%的土来说则是处于可塑状态。因此,需要提出一个能表示天然含水率与界限含水率相对关系的指标来描述黏性土的状态。

液性指数 I_L 是指黏性土的天然含水率和塑限的差值与塑性指数之比。液性指数可被用来表示黏性土的软硬状态,表达式为:

$$I_L = \frac{w - w_P}{I_P} = \frac{w - w_P}{w_L - w_P} \tag{1-41}$$

可塑状态的土的液性指数在 0~1 之间,液性指数越大,表示土越软;液性指数大于 1 的土处于流动状态;小于0的土则处于固体状态或半固体状态。

黏性土按液性指数 I_L 划分的稠度状态,见表1-13所示。

表1-13　黏性土状态划分

液性指数 I_L 值	状态	液性指数 I_L 值	状态
$I_L \leqslant 0$	坚硬	$0.75 < I_L \leqslant 1$	软塑
$0 < I_L \leqslant 0.25$	硬塑	$I_L > 1$	流塑
$0.25 < I_L \leqslant 0.75$	可塑		

【例题1-3】 从某现场黏土层取试样进行室内试验,测得其天然含水率为45%,液限为52%,塑限为26%,求该土的塑性指数、液性指数并判断该土处于何种状态。

解: 已知 $w=45\%$, $w_L=52\%$, $w_P=26\%$, 所以:

$$I_P = w_L - w_P = 52 - 26 = 26$$

$$I_L = \frac{w - w_P}{w_L - w_P} = \frac{45\% - 26\%}{52\% - 26\%} = 0.73$$

查表1-13可知,该土处于可塑状态。

液限和塑限是细粒土颗粒与土中水相互物理化学作用的结果。土颗粒越细,可塑性就越大;溶液中的离子类型不同,对塑性也会有不同影响;土中黏粒含量越多,土的可塑性就越大,塑性指数也相应增大,因此引入活动性指数 Ac 来描述黏粒对塑性的影响程度,表达式如下:

$$Ac = \frac{I_P}{C} \tag{1-42}$$

式中,C 为黏粒含量。

如图1-31中曲线,塑性指数与黏粒含量的比值即为活动性指数 Ac,若 Ac 越大,则代表黏粒含量对塑性指数的影响程度越大。表1-14是活动性指数分级表,Skempton 和 Mitchell 等人测出了常见黏土矿物的活动性指数,见表1-15所示。

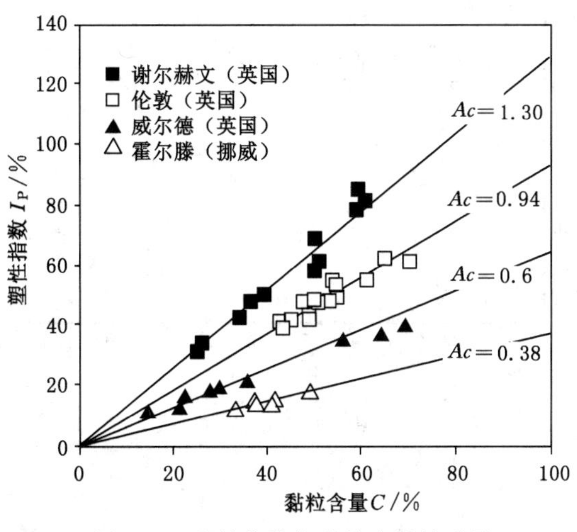

图1-31　塑性指数与黏粒含量关系图

表 1-14 活动性分级表

等　级	活动性指数 Ac
非活动性黏性土	<0.75
正常黏性土	0.75～1.25
活动性黏性土	1.25～2
极活动性黏性土	>2

表 1-15 常见黏土矿物的活动性

矿物种类	活动性指数 Ac	矿物种类	活动性指数 Ac
钠-蒙脱石	4.0～7.0	绿坡缕石	0.5～1.2
钙-蒙脱石	1.5	铝英石	0.5～1.2
伊利石	0.5～1.3	云母	0.2
高岭石	0.3～0.5	方解石	0.2
埃洛石(脱水)	0.5	石英	0
埃洛石(含水)	1.0		

四、塑性图

塑性图分类最早由美国卡萨格兰德提出，是美国试验与材料协会(ASTM)统一分类法体系中细粒土的分类方法，后来为欧洲许多国家所采用。按照中国国家标准《土的工程分类标准》(GB/T 50145—2007)，塑性图以塑性指数为纵坐标，液限为横坐标，当取质量为 76 g、锥角为 30°的液限仪锥尖入土深度为 17 mm 对应的含水率为液限时，按塑性图 1-32 分类。图中有两条经验界限，斜线称为 A 线，按 17 mm 液限时，它的方程为 $I_P=0.73(w_L-20)$，它的作用是区分有机土和无机土、黏土和粉土，A 线上侧是无机黏土，下侧是无机粉土或有机土；竖线称为 B 线，其方程为 $w_L=50\%$，用以区分高液限土和低液限土。

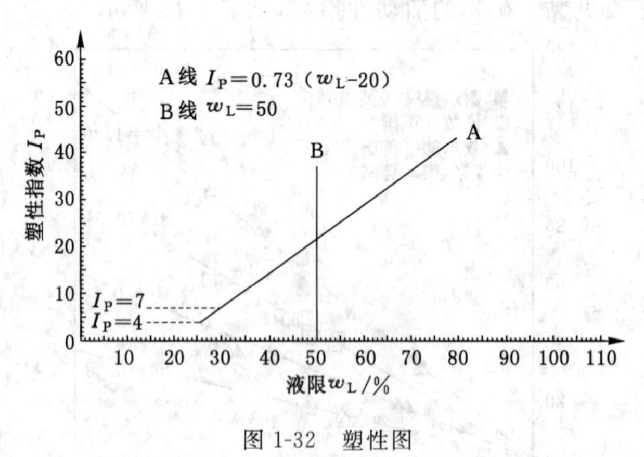

图 1-32 塑性图

第八节　土的胀缩性、崩解性与湿陷性

一、土的胀缩性

(一) 土的膨胀性及其指标

细粒土由于含水率的增加使土体体积增大的性能称为膨胀性。如图 1-33 所示，因细粒土体中含有黏性吸水颗粒，随着含水率的增加，土体体积整体表现为增大趋势；但当土体因含水率减小，状态由半固态转变为固态时，多是土体孔隙中的水分丢失，土体体积基本保持不变。

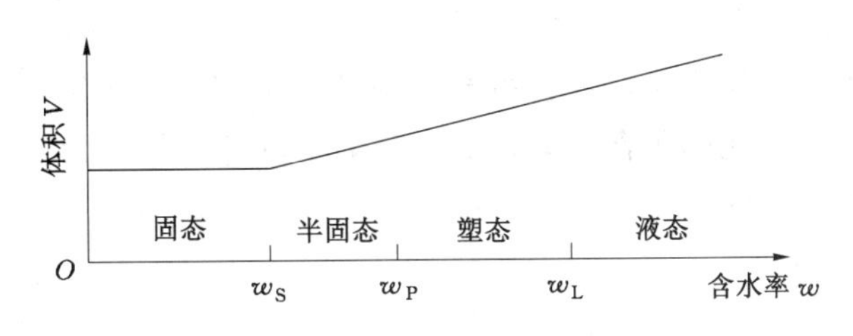

图 1-33　土体体积随含水率变化示意图

表征土的膨胀性的指标主要有自由膨胀率、某荷载下的膨胀率、膨胀力以及膨胀含水率。

(1) 自由膨胀率 δ_{ef}

自由膨胀率指的是人工制备的松散的、干燥的试样，在纯水中膨胀稳定后的体积增量与原体积之比，可表示为：

$$\delta_{ef}=\frac{V_{we}-V_0}{V_0}\times 100\% \tag{1-43}$$

式中　δ_{ef}——自由膨胀率；

V_{we}——试样在水中膨胀后的体积，mL；

V_0——试样初始体积，mL。

自由膨胀率可以表征土粒在无结构力影响下的膨胀特性，其主要受土中黏粒含量和矿物成分影响。黏粒含量越高，矿物亲水性越强，自由膨胀率越大，说明土粒膨胀的可能趋势。

(2) 某荷载下的膨胀率 δ_{ep}

某荷载下的膨胀率指的是原状土在一定压力下，在有侧限条件下膨胀的增量与初始高度之比值，可表示为：

$$\delta_{ep}=\frac{z_P+\lambda-z_0}{h_0}\times 100\% \tag{1-44}$$

式中　δ_{ep}——某荷载下的膨胀率；

z_P——某荷载下膨胀稳定后的位移计读数，mm；

z_0——加荷载前位移计读数，mm；

λ——某荷载下的仪器压缩变形量，mm；

h_0——试样的初始高度，mm。

(3) 膨胀力 P_e

膨胀力是指土体吸水膨胀时所产生的内应力。膨胀力试验是测定试样在体积不变时，由于浸水膨胀而产生的竖向最大内应力，可用于评价黏性土膨胀性的强弱。常采用加荷平衡法测定膨胀力，膨胀力可表示为：

$$P_e = \frac{W}{A} \times 10 \tag{1-45}$$

式中 P_e——膨胀力，kPa；

W——施加在试样上的总平衡荷载，N；

A——试样面积，cm^2。

(4) 膨胀含水率 w_h

膨胀含水率指的是土样膨胀稳定后的含水率，此时扩散层厚度已达最大厚度，结合水含量增至极限状态。通过对比膨胀含水率和天然含水率，可以判断土的膨胀趋势。膨胀含水率可表示为：

$$w_h = \frac{m_w}{m_s} \times 100\% \tag{1-46}$$

式中 m_w——土样膨胀稳定后土中水的质量，g；

m_s——干土样的质量，g。

土的膨胀包括粒内膨胀和粒间膨胀。粒内膨胀指的是某些亲水性较强的黏土矿物晶胞间吸水使体积增大；粒间膨胀指的是黏粒与水作用后，形成的双电层导致扩散层或弱结合水厚度增大，体积增大。土的膨胀是粒内膨胀和粒间膨胀综合作用的结果，因此，影响扩散层和结合水厚度的因素，即影响胀缩性的因素，主要有：

① 土的粒度成分和矿物成分：当亲水性较强的黏粒含量较多时，土体更易膨胀。

② 土的天然含水率：天然含水率高时，吸收水分较少，则膨胀性弱。

③ 土的密实度：比如越密实的细粒土膨胀性越强。

④ 胶结物的成分和含量：当胶结物成分是钙质或铁质时，则会限制土体发生膨胀。

⑤ 时间因素：暴露时间越长，则再吸水膨胀越大。

(二) 土的收缩性

由于含水率的减小而体积减小的性能称为收缩性。一般认为，土的失水收缩主要原因是双电层变薄，导致结合水减少。表征土收缩性的指标有体缩率、线缩率、缩限含水率和收缩系数。

(1) 体缩率 δ_V

体缩率指的是土样失水收缩减少的体积与原体积之比，以百分数表示，其公式为：

$$\delta_V = \frac{V_0 - V_d}{V_0} \times 100\% \tag{1-47}$$

式中 V_0——试样原体积，cm^3；

V_d——试样收缩后的体积，cm^3。

(2) 线缩率 δ_{si}

线缩率指的是土样失水收缩减小的高度与原高度之比，以百分数表示，其公式为：

$$\delta_{si}=\frac{h_0-h_i}{h_0}\times 100\% \tag{1-48}$$

式中　h_0——试样原高度，mm；

h_i——试样收缩后的高度，cm。

(3) 缩限含水率 w_s

如图 1-33 所示，缩限含水率指的是土中水分进一步减少而土体积不再缩小时的含水率，是一种界限含水率，以百分数表示，其公式为：

$$w_s=\frac{m_{wc}}{m_s}\times 100\% \tag{1-49}$$

由图 1-34 得，$V_{wc}=V_1-V_s=V_1-(V_t-V_w)$

$$\begin{aligned} w_s &= m_{wc}/m_s \\ &= (V_1-V_t+V_w)\rho_w/m_s \\ &= w-(V_t-V_1)/m_s \end{aligned} \tag{1-50}$$

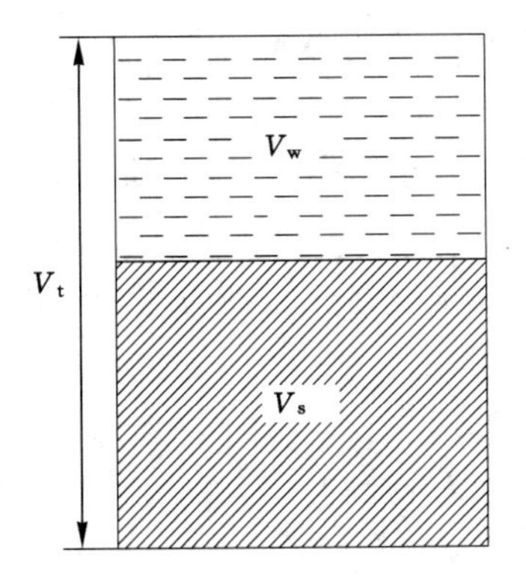

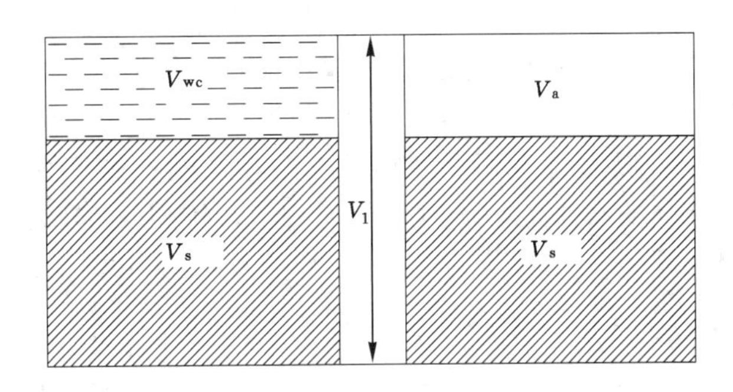

图 1-34　缩限含水率求解图

(4) 收缩系数

收缩系数指的是原状土样在直线收缩阶段，含水率每减少 1% 的竖向线缩率，如图 1-35 所示。

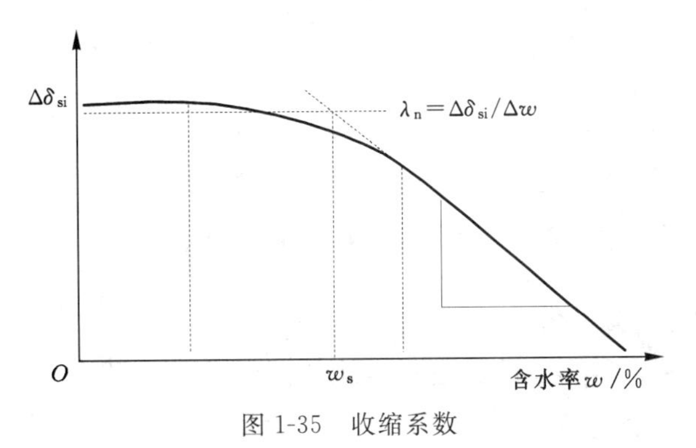

图 1-35　收缩系数

收缩性指标均可通过实验法测得。

$$\lambda_n=\frac{\Delta\delta_{si}}{\Delta w} \tag{1-51}$$

式中 λ_n ——竖向收缩系数；

Δw ——收缩曲线上两点含水率差值,%；

$\Delta\delta_{si}$ ——与 Δw 对应的两点线缩率差值,%。

二、土的崩解性

土的崩解性指的是土由于浸水而产生崩散解体的特性,又叫湿化性。崩解现象的产生是由于土发生水化,使颗粒间联结减弱及部分胶结物溶解而引起的解体。崩解可作为表征土抗水性的指标。

评价黏性土的崩解性采用下列三个指标：

① 崩解时间:一定体积的土样完全崩解所需要的时间。

② 崩解特征:土样在崩解过程中的各种现象。

③ 崩解速度:土样在崩解过程中质量的损失与原土样质量之比和时间的关系。

对于土的崩解机理,普遍认为主要有以下两种原因：

① 土颗粒吸收水分之后,颗粒扩散层变厚,使土颗粒之间联结减弱或失去联结,发生崩解。

② 与土体中水体相连的水槽中的纯水与土体中的水若要处于平衡状态,必须承受一定的压力,这个压力与土体中水承受的大气压力相比是负压力(PF),也可称之为吸力(Suction)。在吸力的作用下,水分进入土体,产生裂隙致使发生崩解。如图 1-36 所示,土体吸收掉的水体的水柱高度为 h(单位为 cm),则吸力可表示为：

$$PF = \lg h \tag{1-52}$$

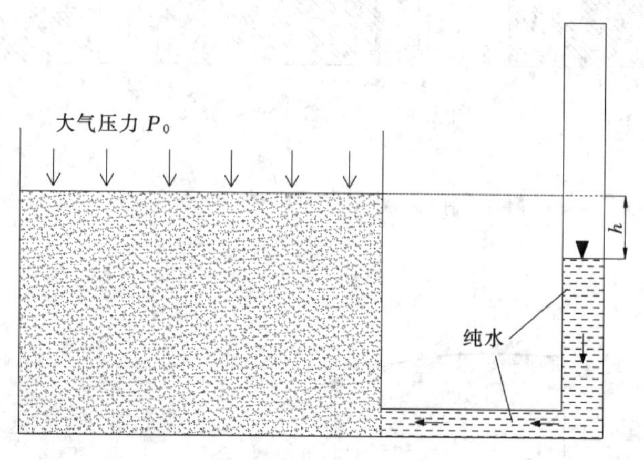

图 1-36　吸力示意图

影响土崩解的因素有很多,土的崩解性在很大程度上与原始含水率有关,比如干土或未饱和土比饱和土崩解要快得多。除此之外,影响因素还包括以下几点：

① 物质成分:矿物成分、粒度成分及交换阳离子成分。

② 土的结构特征(结构连接):孔隙、裂隙不发育,崩解速度慢。

③ 水溶液的成分及浓度。

土的膨胀可造成基坑坑壁隆起或边坡滑移,道路翻浆;土的收缩常伴随裂隙的产生,从而增大了土的透水性,降低了土的强度和斜坡表层土的稳定性;崩解时常造成塌岸现象,影响边坡稳定性。

三、土的湿陷性

湿陷性土因其非均质的骨架式架空结构或因物质成分特点，遇水后会突然下沉产生湿陷。湿陷性在黄土中最为常见，湿陷性黄土是在上覆土的自重压力作用下，或在上覆土的自重压力与附加压力共同作用下，受水浸湿后土的结构迅速破坏而发生显著附加下沉的黄土。

黄土湿陷性的形成原因，内在因素包括黄土的结构特征及其物质组成，外部因素包括水的浸润和压力作用。黄土湿陷性强弱与其微结构特征、颗粒组成、化学成分等因素有关，在同一地区，土的湿陷性又与其天然孔隙比和天然含水率有关，并取决于浸水程度和压力大小。

在黄土地区进行勘察时，湿陷性评价得正确与否将直接影响采取何种设计措施。黄土的湿陷性计算与评价，按一般的工作次序，其内容主要有：

① 判别湿陷性与非湿陷性黄土。

② 判别自重与非自重湿陷性黄土。

③ 判别湿陷性黄土场地的湿陷类型。

④ 判别湿陷等级。

⑤ 确定湿陷起始压力等。

(1) 湿陷性与非湿陷性黄土的判别

黄土的湿陷性试验是在室内的固结仪内进行的，其方法和一般的压缩试验基本相同，不同的只是在规定压力 p 作用下试验达到压缩稳定后，将试样浸水，测出试样在浸水前、后压缩稳定后的高度，按下式计算黄土的湿陷系数 δ_s：

$$\delta_s = \frac{h_p - h'_p}{h_0} \tag{1-53}$$

式中　h_0——原状土样的原始高度，cm；

h_p——原状土样在规定压力下，下沉稳定后的高度，cm；

h_p'——上述加压稳定后的土样，在浸水作用下，下沉稳定后的高度，cm。

黄土按湿陷系数可以分为非湿陷性、弱湿陷性、中等湿陷性和强湿陷性五类，如表 1-16 所示。

表 1-16　湿陷性分类

湿陷性分类	非湿陷性	弱湿陷性	中等湿陷性	强湿陷性
湿陷系数 δ_s	$\delta_s < 0.015$	$0.015 \leqslant \delta_s < 0.03$	$0.03 \leqslant \delta_s < 0.07$	$\delta_s \geqslant 0.07$

(2) 自重与非自重湿陷性黄土的判别

当某一深度处的黄土层被水浸湿后，仅在其上覆土层的饱和自重压力(饱和度 $S_r = 85\%$)下产生湿陷变形的，称自重湿陷性。

当某一深度处的黄土层浸水后，除上覆土的饱和自重外，尚需要一定的附加荷载(压力)才发生湿陷的，称非自重湿陷性。

测定方法：在室内固结仪上进行，即分级加荷至上覆土层的饱和自重压力，当下沉稳定后，使土样浸水湿陷达稳定为止。

自重湿陷系数 δ_{zs} 的计算公式：

$$\delta_{zs}=\frac{h_z-h'_z}{h_0} \tag{1-54}$$

式中 h_0——土样的原始高度，cm；

h_z——原始土样加压至土的饱和自重压力时，下沉稳定后的高度，cm；

h'_z——上述加压稳定后的土样，在浸水作用下，下沉稳定后的高度，cm。

当 $\delta_{zs}<0.015$ 时，为非自重湿陷性黄土；$\delta_{zs}\geqslant0.015$ 时，为自重湿陷性黄土。

黄土的湿陷性一般是自地表以下逐渐减弱，埋深七八米以上的黄土湿陷性较强。不同地区、不同时代的黄土是不同的，这与土的成因、固结成岩作用、所处的环境等条件有关。

(3) 湿陷性黄土场地湿陷类型的划分

在黄土地区地基勘查中，应按照实测自重湿陷量或计算自重湿陷量判定建筑场地的湿陷类型。实测自重湿陷量应根据现场试坑浸水试验确定。

计算自重湿陷量按下列公式计算：

$$\Delta_{zs}=\beta_0\sum_{i=1}^{n}\delta_{zsi}h_i \tag{1-55}$$

式中 δ_{zsi}——第 i 层土在上覆土的饱和（$S_r=85\%$）自重应力作用下的湿陷系数；

h_i——第 i 层土的厚度，cm；

n——总计算厚度内湿陷土层的数目；总计算厚度应从天然地面算起（当挖、填方厚度及面积较大时，自设计地面算起）至其下全部湿陷性黄土层的底面为止，其中 $\delta_{zs}<0.015$ 土层不计；

β_0——修正系数，陕西地区取 1.5，陇东地区取 1.2，关中地区取 0.7，其他地区取 0.5。

实际工程中，当 $\Delta_{zs}\leqslant7$ cm，定为非自重湿陷性黄土场地；$\Delta_{zs}>7$ cm，定为自重湿陷性黄土场地。

(4) 黄土地基的湿陷等级

湿陷等级应根据基底下各土层累积的总湿陷量和计算自重湿陷量的大小等因素按表 1-17 判定。

表 1-17　湿陷性黄土地基的湿陷等级

总湿陷量/cm ＼ 湿陷类型	非自重湿陷性场地	自重湿陷性场地	
计算自重湿陷量/cm	$\Delta_{zs}\leqslant7$	$7<\Delta_{zs}\leqslant35$	$\Delta_{zs}>35$
$\Delta_s\leqslant30$	Ⅰ（轻微）	Ⅱ（中等）	—
$30<\Delta_s\leqslant60$	Ⅱ（中等）	Ⅱ或Ⅲ	Ⅲ（严重）
$\Delta_s>60$	—	Ⅲ（严重）	Ⅳ（很严重）

总湿陷量计算公式：

$$\Delta_s=\beta\sum_{i=1}^{n}\delta_{si}h_i \tag{1-56}$$

式中　δ_{si} ——第 i 层土的湿陷系数；

h_i ——第 i 层土的厚度，cm。计算时，土层厚度自基础底面(初勘时从地面下 1.5 m)算起；对非自重湿陷性黄土地基，累计算至其下 5 m 深度或沉降计算深度为止；对自重湿陷性黄土，应根据建筑物类别和地区建筑经验决定，其中非湿陷性土层不累计。

β ——考虑地基土的侧向挤出和浸水概率等因素的修正系数，在缺乏实测资料时，可按下列规定取值：基底下 5 m(或压缩层)深度内可取 1.5；基底下 5～10 m 深度内取值 1；基底 10 m 以下，在非自重湿陷性黄土场地可不计算，在自重湿陷性黄土场地可按式(1-55)中的 β_0 值取用。

(5) 湿陷起始压力

黄土的湿陷量是压力的函数。事实上存在着一个压力界限值，压力低于这个数值，黄土即使浸了水也只产生压缩变形，而不会出现湿陷现象，这个界限值称为湿陷起始压力 p_{sh}。

湿陷起始压力 p_{sh} 是一个有一定实用价值的指标，可用室内压缩试验或野外载荷试验确定。黄土的湿陷起始压力随着土的密度、湿度、胶结物含量以及土的埋藏深度等增加而增加。

【例题 1-4】 某黄土试样(高度 20 mm)在室内压缩试验时测得在上覆土重及建筑物附加应力下的下沉量为 2 mm，浸水后，累计下沉量为 2.5 mm，求该黄土的湿陷系数并判别其湿陷分类。

解： 已知 $h_0 = 20$ mm，$h_p = 2.5$ mm，$h'_p = 2.0$ mm

$$\delta_s = \frac{h_p - h'_p}{h_0} = \frac{2.5 - 2}{20} = 0.025 > 0.015$$

根据表 1-16 可判别为弱湿陷性。

▶概念与术语

工程地质成因演化论
土体
运积土
残积土
粒度
土的粒度成分(或级配)
黏土矿物
粒组
强结合水
弱结合水
沸石水
毛细水
毛细上升高度
固定层
扩散层
双电层
比表面积
离子交换
离子交换容量(CEC)
标准交换容量
土的物理性质
相
土的三相图
土粒比重
土的密度
土的重力密度
干密度
干重度

饱和重度
有效重度(浮重度)
土的孔隙性
孔隙率
孔隙比
含水率
饱和度
黏性土的稠度
界限含水率(阿太堡界限)
液限
塑限
缩限
塑性指数
液性指数
土的结构
膨胀性
收缩性
自由膨胀率
线膨胀率
膨胀力
膨胀含水率
土的崩解性
土的吸力
湿陷性

▶能力及学习要求

1. 理解土在地质循环过程中的成因演化,松散层分布规律受工程地质条件成因演化的影响。

2. 理解土的三相组成及其各相相互作用对土的物理力学性质的影响;理解土体的概念,理解土体结构赋存环境对土体性质的影响。

3. 掌握土的粒度成分的表格法、三角坐标法和累计曲线法。能从累计曲线上分析土的粒度分布特征、级配特点、不均匀系数、曲率系数,求任一累计百分含量 x_d 对应的粒径 d_x。

4. 理解土的粒度成分分析的筛分析法和沉降分析法的原理和适用条件。

5. 理解高岭石组、蒙脱石组、伊利石组黏土矿物的晶体结构及其对土的物理力学性质的影响,了解黏土矿物的微观分析方法(热分析、X射线衍射、扫描电镜、透射电镜等)。

6. 熟练掌握表征土的物理性质的各个指标的定义、计算公式、各指标的工程含义与应用目的。

7. 明确土的基本物理性质实测指标和基本导出指标的关系,能够用实测指标推导导出指标。

8. 熟练掌握各指标间的换算及计算,包括采用公式法和用三相图方法推导各物理性质指标间的关系。

9. 掌握黏性土的稠度与塑性的基本概念,明确常见的界限含水率(阿太堡界限),例如塑限、液限、收缩限等的物理意义。

10. 熟练掌握塑性指数和液性指数的计算并明确其意义,能够用塑性指数判断土的塑性、用液性指数判断土的状态。

11. 熟练掌握用塑性指数和塑性图对土进行分类定名的方法,掌握根据土的粒度成分和塑性综合确定土名的方法。

12. 掌握土的粒度成分分析的试验技能:筛分法、沉降法颗粒分析;物理性质测试试验技能:比重、重度、含水率测定;土的界限含水率试验技能:塑限、液限测定。

13. 了解土的膨胀崩解特性，理解膨胀率、收缩率、膨胀力等指标的含义，掌握缩限的计算方法。

14. 掌握黄土湿陷性的判别方法。

▶练习题

1-1　在一土样中，小于 1 mm 的颗粒占 98%，小于 0.1 mm 的占 59%，小于 0.01 mm 的占 24%，小于 0.001 mm 的占 11%。绘出粒度累计曲线，并求有效粒径及不均匀系数。

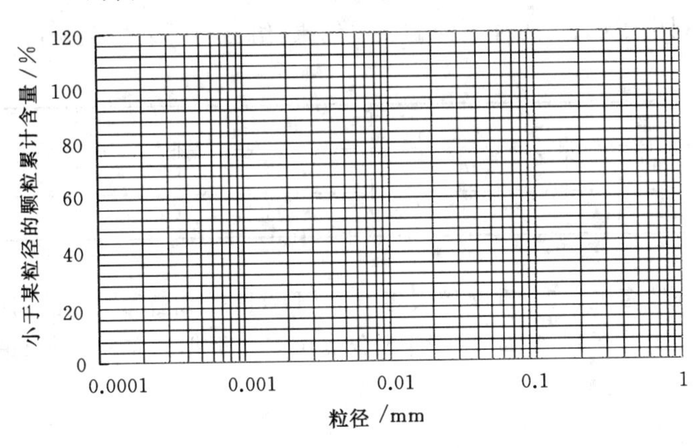

图 1-37　练习题 1-1 图

1-2　取 50 g 小于 0.075 mm 的土样作沉降分析，用比重计在深度 100 mm 处经过 51.6 min 测得的密度为 1.007 8 g/cm³。求测点处的粒径及该粒径的累计百分含量。(ρ_s=2.65 g/cm³，V=1 000 mL，η=0.001 Pa・sec)

1-3　用 100 mL 比重瓶测定土的比重，瓶质量为 20 g，瓶和干土质量为 35 g，水充满比重瓶刻度时土样、瓶、水总质量为 129.5 g(20 ℃)，比重瓶只充满水时质量为 120 g，求 G_s。

1-4　蜡封法可以用来测量土的密度。将已知质量的土块浸入融化的石蜡中，使试样包裹上一层蜡外壳，以保持完整的外形，并起到隔水作用，然后浸入水中可以测出土样(包括蜡外壳)的体积。某次试验采用的土样质量为 683 g，土样和蜡外壳总质量为 690.6 g；浸入水中测出土样和蜡外壳总体积为 350 cm³。接着，测量土样的含水率和土颗粒比重，结果分别为 17%和 2.73。蜡的比重为 0.89。请求出该土样的密度、重力密度、孔隙比和饱和度。

1-5　试求含水率为 35.6%的土饱和度分别为 28%和 65%的孔隙比(土粒比重为 2.65)。

1-6　泥炭中土颗粒的比重往往都在 2 以下，试预测当孔隙比超过 10 时泥炭的重力密度(饱和度为 100%和 50%)。

1-7　试样 A 的含水率是 35%，质量为 800 g，加同质量的试样 B 于试样 A 中，含水率变为 41%，假定在搅拌中失去了 2 g 水，试求试样 B 的含水率。

1-8　已知某地基土试样的孔隙比为 0.7，含水率为 10%，比重为 2.7，求土样的干重度、重度、饱和度，土样是否饱和(饱和度 100%)？若不饱和，每立方米的土需要加多少水才能饱和？

1-9　在某黏土地基($e=4.0$,$S_r=80\%$,$G_s=2.80$)中开挖了纵、横、深度各为 1.0 m 的坑。挖出的土中所含水分蒸发掉一半时,再将此土回填于坑内,且使饱和度达 90%。问坑深被充填多少(百分数表示)?

1-10　含水率为 7.3%的砂的天然密度为 1.71 g/cm^3,将砂烘干后,最松散地放满容器(2000 cm^3),其质量为 2 985 g,最密实地放满容器,其质量为 3 250 g,若已知 $G_s=2.65$,问天然状态下此砂的相对密度和饱和度是多少?

1-11　对一定土样进行试验获得以下结果:液限为 60%,塑限为 30%,缩限为 25%,计算天然含水率为 36%时土的液性指数,判断其状态。

1-12　下面列出了 A、B 两种土样的试验结果,给出与下列各项相适应的是哪个土样?

	w_L/%	w_P/%	w/%	G_s	S_r/%
A	70	40	53	2.69	100
B	22	11	26	2.71	100

(1) 黏粒成分较多者;(2) 重度较大者;(3) 干重度较大者;(4) 孔隙比较大者。

1-13　用塑性图对下列 A、B、C 三种土分类定名。根据其基本特征,说明哪种土作为地基较为适宜。

土样	w_L/%	w_P/%
A	27	12
B	5	3
C	65	42

1-14　已知一黏性土 $I_L=-0.16$,$w_L=37.5\%$,$I_P=13.2$,求其天然含水率。

1-15　饱和黏土样体积为 97 cm^3,质量为 202 g,当完全干燥时,试样体积为 87 cm^3,质量为 167 g。求:(1) 黏土的初始含水率;(2) 黏土的收缩限(缩限);(3) 固体颗粒的比重。

1-16　关中地区某场地详细勘察资料如下表所示,请确定该场地黄土地基的湿陷等级。

层号	层厚/m	自重湿陷系数 δ_{zsi}	湿陷系数 δ_{si}
1	7	0.019	0.028
2	8	0.015	0.018
3	3	0.010	0.016
4	5	0.004	0.014
5	11	0.001	0.004

▶研讨选题参考

1. 土的成因与工程性质的关系。
2. 土体结构与工程性质的关系。
3. 土体工程性质宏观控制论。
4. 黏土矿物成分及含量对土的工程性质的影响。
5. 土的物理性质指标在工程上的应用。
6. 黏性土稠度状态的形成机理。
7. 膨胀和收缩对土的性质的影响。

第二章　土的渗透性和渗流

内容提要

土体中的水是土中活跃的因素，既是土体的组成部分，又构成了土体赋存的重要地质环境之一。在诸多工程实践中遇到的问题，如流砂、管涌、渗透固结、边坡稳定性等，都与土中水的运动有关。

本章重点介绍土的渗透性及其室内外测定方法、渗流方程、土的渗透变形与破坏、流网的绘制与应用、水在非饱和土中的流动等。

第一节　土的渗透性

水的存在及其作用具有重大意义，土的渗透性对工程建设和安全有很大影响。例如，房屋建筑基坑开挖时，为防止渗流对基坑工程的影响，需要了解土的渗透性，计算渗流量，以配置排水设备；在河滩上修筑渗水路堤时，需要考虑路堤材料的渗透性；在计算饱和黏性土上建筑物沉降和时间的关系时，也需要掌握土的渗透性。

一、渗流及渗流模型

（一）渗流

水在土体中的流动称为渗流。根据土体中水头随着时间的变化关系，可将其分为稳定渗流和不稳定渗流。稳定渗流指的是在渗流过程中土体内各点的水头不随时间变化；不稳定渗流又称瞬变流，指的是渗流过程中水头、流量和边界条件随时间变化，并且渗流状态与时间呈函数关系。自然界中存在的渗流大部分都是不稳定渗流。为了简化分析，经常采用稳定渗流近似代替非稳定渗流。

（二）渗流模型

水在土中的渗流是在土颗粒间连通的孔隙中发生的。由于土体孔隙的形状、大小及分布极为复杂，导致渗流水质点的运动轨迹很不规则。图 2-1(a)所示为水流流过片状土颗粒，水流平行于片状颗粒流动时渗透路径短，流动速度较快，垂直于片状颗粒流动时渗透路径较长，流动速度则相对较慢。图 2-1(b)为水流流过集合体状土颗粒的渗流路径。

如果只着眼于这种真实渗流情况的研究，不仅会使理论分析复杂化，同时也会使试验观察变得异常困难。考虑到实际工程中并不需要了解具体孔隙的渗流情况，因而可以对渗流

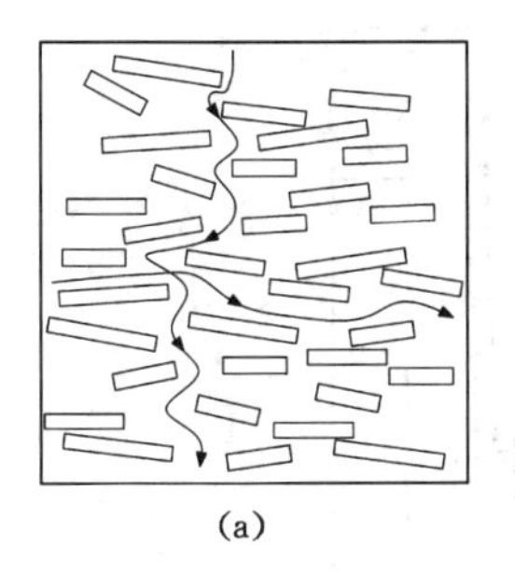
(a)

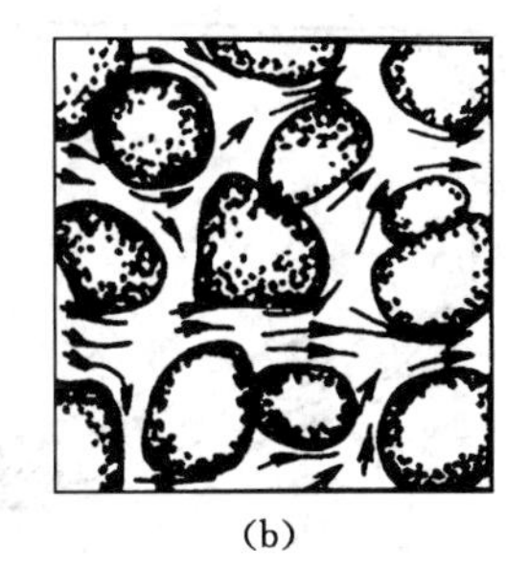
(b)

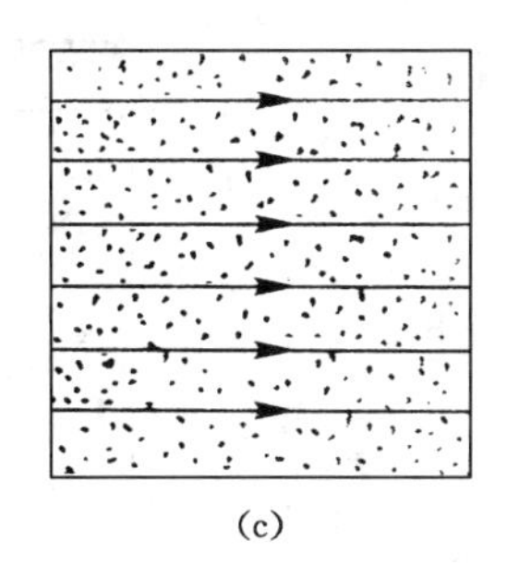
(c)

图 2-1 土的水的渗流轨迹及渗流模型

作出如下的简化：

① 不考虑渗流路径的迂回曲折，只分析它的主要流向。

② 不考虑土体中颗粒的影响，认为孔隙和颗粒所占的空间之总和均为渗流所充满，水是通过整个过水断面的。

作了这种简化后的渗流其实只是一种假想的土体渗流，称之为渗流模型，如图 2-1(c)所示。为了使渗流模型在渗流特性上与真实的渗流相一致，它还应该符合以下条件：

① 在同一过水断面，渗流模型的流量等于真实渗流的流量。

② 在任一界面，渗流模型的压力与真实渗流的压力相等。

③ 在相同体积内，渗流模型所受阻力与真实渗流所受阻力相等。

建立了渗流模型，就可以采用液体运动的有关概念和理论对土体渗流问题进行分析计算。

渗流模型中的流速与真实流速中的流速 v 是有区别的。流速 v 是指单位时间内流过单位土截面的水量，单位为 m/s。在渗流模型中，设过水断面面积为 A(m^2)，单位时间内通过截面积 A 的渗流流量为 q(m^3/s)，则渗流模型的平均流速 v 为：

$$v=\frac{q}{A} \tag{2-1}$$

真实渗流仅发生在过水断面的孔隙中，真实流速 v_0 为：

$$v_0=\frac{q}{nA} \tag{2-2}$$

式中，n 为土的孔隙率。

因为土的孔隙率 $n<1.0$，所以 $v<v_0$，即模型的平均流速要小于真实流速。真实流速很难测定，因此，工程上常采用模型的平均流速 v，在本章及以后的内容中，如果没有特别说明，所说的流速均指模型的平均流速。

二、伯努利方程

饱和土体中的渗流一般为层流运动(即水流流线互相平行的流动)，服从伯努利(Bernoulli)方程，即饱和土体中的渗流总是从能量高处向能量低处流动。

假定水是一种非黏性、不可压缩的流体，如图 2-2 所示，A、B 两点存在水头差 Δh，水由 A 点向 B 点发生渗流。设定一基准面，则基准面的高程 $z=0$ m，压力 $p=0$ kPa，速度 $v=0$ m/s；基准面以上的一点 A，高程为 z，压力为 p，速度为 v；设 A 点水的质量为 m_w，体积为

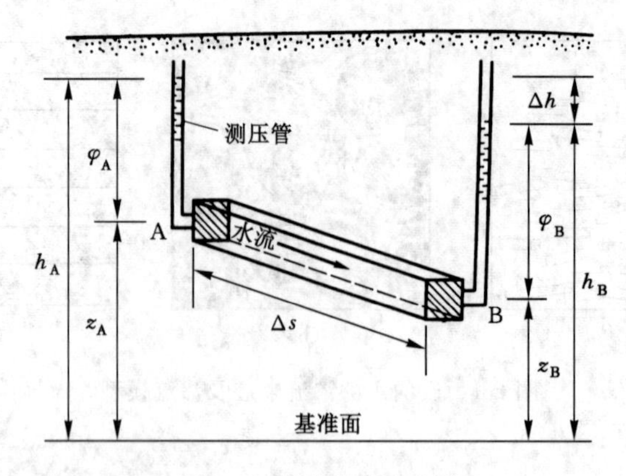

图 2-2　土体渗流示意图

V_w,密度为 ρ_w,则模型中 A 点的能量为:

① 势能(重力能):

$$E_g = m_w g z$$

② 弹性能(压力能):

$$E_p = m_w \int_0^p \frac{dp}{\rho_w} = m_w \frac{p}{\rho_w}$$

③ 动能(速度能):

$$E_v = \frac{1}{2} m_w v^2$$

则 A 点总能量为:

$$E = E_g + E_p + E_v = m_w g z + \frac{m_w p}{\rho_w} + \frac{m_w v^2}{2} \tag{2-3}$$

公式两边同时除以 $m_w g$ 变成单位质量的能量,即"水头",则任一点的水头高度为:

$$h = z + \frac{p}{\gamma_w} + \frac{v^2}{2g} \tag{2-4}$$

式中　h——水中该点的总水头,m;

p——水中该点上的压力,kPa;

γ_w——水的重力密度,kN/m³;

p/γ_w——该点的压力水头,用 φ 表示,m;

$v^2/2g$——速度水头,相对 p、z 较小,常省略不计,m。

则:

$$\varphi + z = h \tag{2-5}$$

如果容器中充满水,水从 A 点向 B 点流动过程中没有能量损失,则总水头 $h_A = h_B$ 。如果容器中是土体,从 A 点到 B 点产生的水头损失为 Δh,则伯努利方程可写为:

$$\frac{p_A}{\gamma_w} + z_A + \frac{v_A^2}{2g} = \frac{p_B}{\gamma_w} + z_B + \frac{v_B^2}{2g} + \Delta h \tag{2-6}$$

可简化为:

$$\varphi_A + z_A = \varphi_B + z_B + \Delta h$$

水头高度 Δh 实际上是流经距离 Δs 的过程中单位能量的损失,它与渗透距离之比即为水头梯度或水力坡度 i，即：

$$i=-\lim_{\Delta s\to 0}\frac{\Delta h}{\Delta s}=-\frac{\mathrm{d}h}{\mathrm{d}s}$$

公式(2-6)又可表示为：

$$\varphi_{A}+z_{A}=\varphi_{B}+z_{B}+i\,\mathrm{d}s$$

三、达西定律

1856 年，法国科学家达西经过大量的试验后，总结得出饱和砂柱中渗流能量损失与渗流速度之间的相互关系，即为达西定律(线性渗透定律)。

在完全饱和的砂土中，水在压力差作用下呈层流运动(或渗流)时，渗流速度与水力坡度呈线性比例关系。

在明确沿水渗流路径总水头降低的情况下，习惯上定义 A、B 两点间的水力坡度为：

$$i=\frac{\Delta h}{L} \tag{2-7}$$

式中　L——A、B 两点间的渗流路径长度(同图 2-2 中的 Δs)，m；

Δh——A、B 两点间的水头差，m；

i——水力坡度，无量纲，表示单位渗透长度的水头损失。

水在饱和砂土中的渗透速度与水力坡度成正比(图 2-3)，可用下式表示：

$$v=k\frac{\Delta h}{L}=ki \tag{2-8}$$

式中　v——渗流速度，m/s；

k——渗透系数，cm/s 或 m/d。

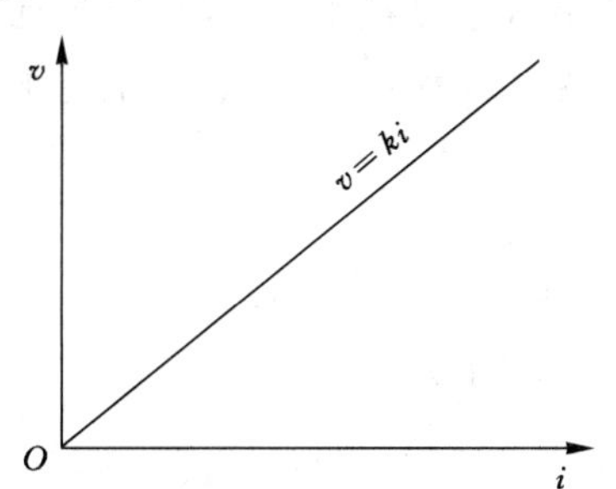

图 2-3　饱和砂土中渗流速度与水力坡度的关系

达西定律只适用于层流的情况，如果水渗流速度较大，不再是层流而是紊流时就需要修正。

在黏土中，土颗粒周围存在着结合水，结合水因受到分子引力作用而呈现黏滞性。因此，黏土中自由水的渗流受到结合水的黏滞作用产生较大阻力，只有克服结合水的抗剪强度后才开始渗流。克服抗剪强度所需要的水力坡度，称为黏土的起始水力坡度 i_0。在黏土中，可按下述修正后的达西定律计算渗流速度：

$$v=k(i-i_0) \tag{2-9}$$

在图 2-4 中，虚线表示砂土的 $v-i$ 关系，它是通过原点的一条直线；实线表示的是黏土

的 $v-i$ 关系，实线与横轴交点的坐标为起始水力坡度，当黏土中水力坡度超过此值后才开始渗流。

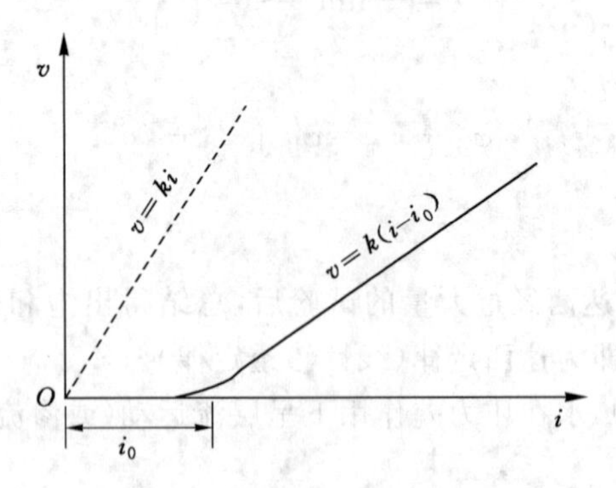

图 2-4　砂土与黏土的渗透定律

四、土的渗透系数测定方法

渗透系数 k 是综合反映土体渗透能力的一个指标，对土体的有关渗透计算有着重要意义。渗透系数可通过实验室或现场试验测定。

（一）室内试验测定法

实验室测定渗透系数 k 值的方法称为室内渗透试验，根据所用试验装置又可分为常水头试验和变水头试验。

1. 常水头渗透试验

常水头渗透试验适用于渗透性较大的砂土，装置如图 2-5 所示。在圆柱形试验筒内装置土样，土样截面积为 A，在整个试验过程中，土样的上界面和下界面水头压力保持不变，这样形成稳定的水头差 Δh，渗透距离为 L，测出 t 时间段内的渗透流量为 V。计算过程如下：

求水力坡度 i：

$$i=\Delta h/L$$

渗透流量 V 与渗透速度 v 的关系为：

$$V=qt=vAt \qquad v=\frac{V}{At}$$

式中，q 为单位时间渗流量，m^3/s。

然后根据达西定律 $v=ki$，求得土样的渗透系数为：

$$k=\frac{VL}{A\Delta ht} \tag{2-10}$$

2. 变水头渗透试验

变水头渗透试验适用于透水性较小的黏性土，装置如图 2-6 所示。在渗透过程中，土样截面积 A、水头管截面积 a 和渗透路径 L 不变，水头管的水头会不断减小，需要测量不同时间段内的水头变化 Δh。计算过程如下：

在时间 $\mathrm{d}t$ 内，水头管内水头降低了 $\mathrm{d}h$，在 $\mathrm{d}t$ 时间内的流入量与流出量相等。

流入量为：

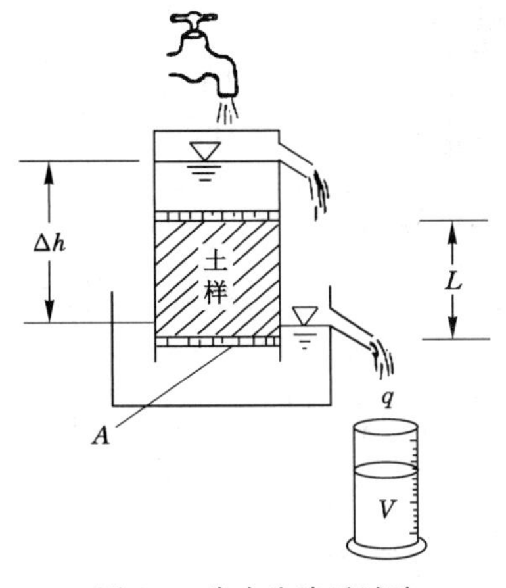

图 2-5　常水头渗透试验

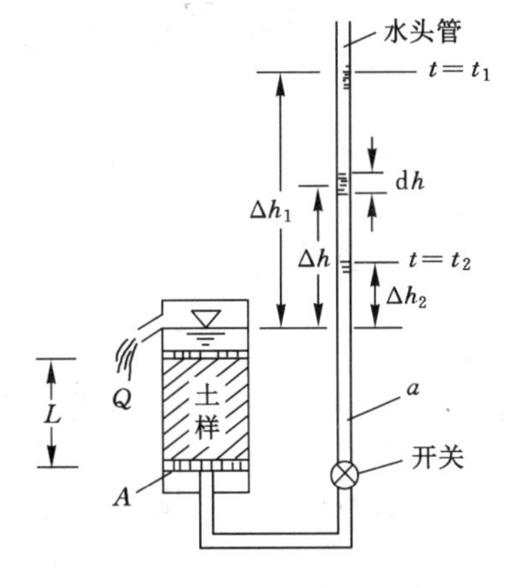

图 2-6　变水头渗透试验

$$dV_e = -a\,dh$$

流出量为：

$$dV_0 = kiA\,dt = k(\Delta h/L)A\,dt$$

两者相等：

$$dV_e = dV_0$$

得：

$$-a\,dh = k(\Delta h/L)A\,dt \qquad dt = -\frac{aL}{kA}\frac{dh}{\Delta h}$$

对 dt 积分，得：

$$\int_0^t dt = -\frac{aL}{kA}\int_{\Delta h_1}^{\Delta h_2}\frac{dh}{\Delta h}$$

由此求得渗透系数：

$$k = \frac{aL}{tA}\ln\frac{\Delta h_1}{\Delta h_2} \tag{2-11}$$

选择几组 Δh_1、Δh_2、t ，计算相应的 k，取其平均值。

（二）现场试验测定方法

室内测定渗透系数的优点是设备简单，费用较低。但是，由于土的渗透性与土的结构有很大的关系，地层中水平方向和垂直方向的渗透性往往不一样；同时，由于扰动不易取得具有代表性的原状土样，特别是砂土。因此，室内试验测出的 k 值常常不能很好地反映现场土的实际渗透性质。

与室内试验相比，现场渗透试验更符合实际土层的渗流情况，测得的渗透系数 k 值为整个渗流区较大范围内土体渗透系数的平均值。因此，对于一些比较重要的工程，需要采用现场渗透试验。现场测定渗透系数的方法较多，常用的有现场抽水试验和注水试验。

1. 现场抽水试验测定渗透系数

如图 2-7 所示，在现场钻一口抽水井，贯穿要测试的土层，并在该井附近设置观测孔。然后在井内用水泵连续匀速排水，记录涌水量，同时观察旁边各孔的水位变化情况。

图 2-7 中 r_1 和 r_2 表示观测孔与抽水孔之见的距离，h_1 和 h_2 表示观测孔的水位高度。分

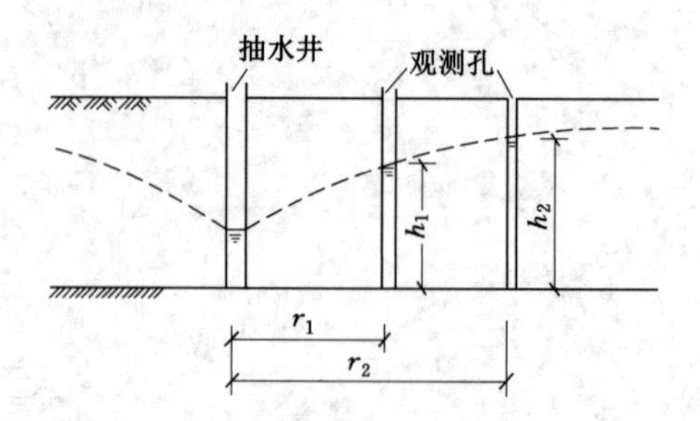

图 2-7　抽水试验测定渗透系数

析时假定井外各点的水力坡度为常数，因此：

$$i=\frac{\mathrm{d}h}{\mathrm{d}r} \tag{2-12}$$

式中，h 为距井中心距离为 r 处的水位高度，m。

除了紧靠抽水井的周围，式(2-12)具有足够的精度。

在距井中心为 r 处的水流经过的面积为 $A=2\pi rh$，应用达西定律，可得单位时间内流入井内或自井内抽出的水量为：

$$q=2\pi rhk\frac{\mathrm{d}h}{\mathrm{d}r}$$

进行积分，即：

$$q\int_{r1}^{r2}\frac{\mathrm{d}r}{r}=2\pi k\int_{h1}^{h2}h\,\mathrm{d}h$$

$$q\ln\left(\frac{r_2}{r_1}\right)=\pi k(h_2^2-h_1^2)$$

故渗透系数为：

$$k=\frac{2.3q\lg\left(\frac{r_2}{r_1}\right)}{\pi(h_2^2-h_1^2)} \tag{2-13}$$

将式(2-13)应用于每一对观测孔，然后取平均值作为试验土层的渗透系数。

上式适用于潜水无压完整井，在承压完整井情况下的 k 值计算可参见有关地下水动力学书籍。

2. 现场试坑注水法测定渗透系数

试坑注水试验是向一定面积的试坑底部注水，并保持一定的水头，以测定土层渗透性的原位试验。试验方法分为单环法和双环法两种。对于毛细力作用不大的砂层、砂卵砾石层等，可采用单环注水法；对于毛细力作用较大的黏性土，宜采用双环注水法。

单环法所需仪器设备包括铁环、水箱、量筒、计时器、供水管路及阀门；双环法所需设备包括铁环、水箱、流量瓶、瓶架、玻璃管和计时器。仪器设备依据相应的规程进行检定和校准。单环法和双环法的试验装置见图 2-8 所示。

(1) 单环法试验步骤

① 试坑开挖。在拟定的试坑位置，挖一圆形或长方形试坑至预定深度，在试坑底部一侧再挖一个注水试坑，深 15～20 cm，坑底应修平，并确保试验土层的结构不被扰动。

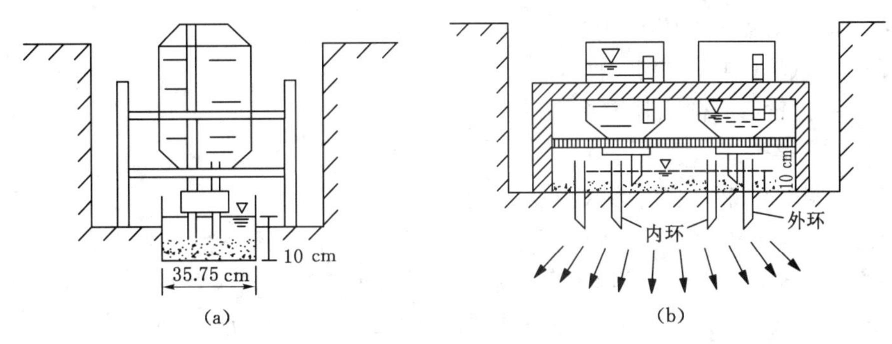

图 2-8　单环法、双环法试验装置示意图

(a) 单环法;(b) 双环法

② 铁环安装。在试坑内放入铁环,使其与试坑紧密接触,外部用黏土填实,确保四周不漏水,在环底铺厚 2～3 cm、粒径为 5～10 mm 的细砾作为缓冲层。

③ 流量观测及结束标准。将量筒放在试坑边,向铁环注水,使环内水头高度保持在 10 cm,观测记录时间和注入水量。开始 5 次观测时间间隔为 5 min,以后每隔 30 min 测记一次,并绘制流量—时间(Q—t)曲线。当观测的注入流量与最后 2 h 的平均流量之差不大于 10%时,试验即可结束。在试验过程中,试验水头波动幅度不得大于 0.5 cm,流量观测精度应达到 0.1 L。

④ 试验数据整理计算。假定水的运动是层流,且水力坡度等于 1,按下式计算土层的渗透系数:

$$k=\frac{Q}{F} \tag{2-14}$$

式中　k——试验土层的渗透系数,cm/min;

Q——注入流量,cm^3/min;

F——铁环的面积,cm^2。

(2) 双环法试验步骤

① 试坑开挖。同单环法。

② 铁环安装。在拟定的试验装置内,将直径分别为 25 cm 和 50 cm 的两个同心圆状铁环压入坑底,深 5～8 cm,并确保试验土层的结构不被扰动。在内环及内、外环之间铺上厚 2～3 cm、粒径为 5～10 mm 的细砾作为缓冲层。

③ 装流量瓶。安装瓶架,将流量瓶装满清水,用带两个孔的胶塞塞住,孔中分别插入长短不等的两根玻璃管(管端切成斜口),短的供水用,长的进气用。

④ 流量观测及结束标准。用两个流量瓶同时向内环和内、外环之间注水,水深为 10 cm。在整个试验过程中必须使内、外环之间的水头保持一致。流量瓶通气孔的玻璃管口距坑底 10 cm,以保持试验水头不变,注入水量由瓶上刻度读出。观测内环的注入水量,开始 5 次观测时间间隔为 5 min,以后每隔 30 min 测记一次,并绘制流量—时间(Q—t)曲线。当观测的注入流量与最后 2 h 的平均流量之差不大于 10%时,试验即可结束。

⑤ 试验数据整理计算。考虑黏性土、粉土的毛细力的影响,采用下式计算渗透系数:

$$k=\frac{Ql}{F(H_k+Z+l)} \tag{2-15}$$

式中 Q——稳定渗入水量，cm^3/min；

F——试坑（内环）渗水面积，cm^2；

Z——试坑（内环）水层高度，cm；

H_k——毛细压力水头，cm；

l——试验结束时水的渗入深度，cm。

单环法试验中的渗流为三维流，测定的是土层的综合渗透系数。双环法由于在内环和内、外环之间同时注水，求得的渗透系数基本上反映土层的垂直渗透性。无论是单环法还是双环法，都要求试验土层是均质、各向同性的，如果试验土层是互层状或者中间存在夹层，使用结果时要注意分析存在的误差。

（三）层状地基的等效渗透系数

自然界的土层都是成层分布的，对于成层地基，如果已知各层的 k_i，可以确定不同渗流方向的等效渗流系数。

1. 水平渗流

如图 2-9 所示，该水坝地基模型有三层土，渗透系数分别是 k_1、k_2 和 k_3，土层厚度依次为 H_1、H_2 和 H_3，水头差均为 Δh。因为各土层的水力坡度相同，总的流量等于各土层流量之和，总的厚度等于各土层厚度之和，即：

$$i_i = i = \frac{\Delta h}{L}, q_x = \sum q_{ix}, H = \sum H_i$$

每层土的流量为：

$$q_x = v_x H = k_x i H$$

三层土总流量为：

$$\sum q_{ix} = \sum k_i i_i H_i$$

等效渗透系数为：

$$k_x = \frac{1}{H} \sum k_i H_i \tag{2-16}$$

即在水平渗流中，等效渗透系数为各层渗透系数与厚度的加权平均。

2. 竖直渗流

如图 2-10 所示，土层下赋存一承压水，渗透方向为由下向上，假定有三层地基土，渗透

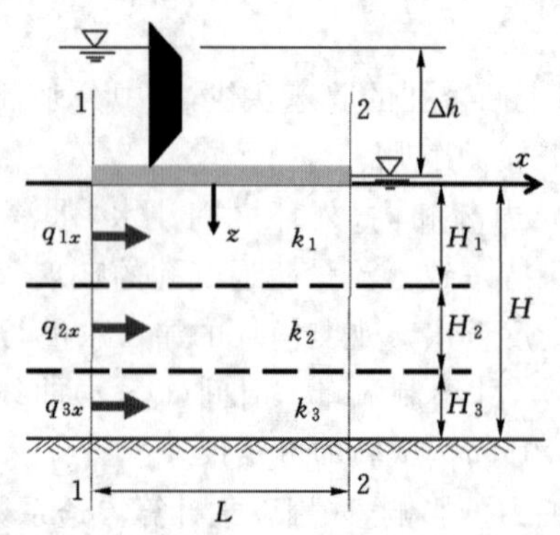

图 2-9 水平渗透计算模型

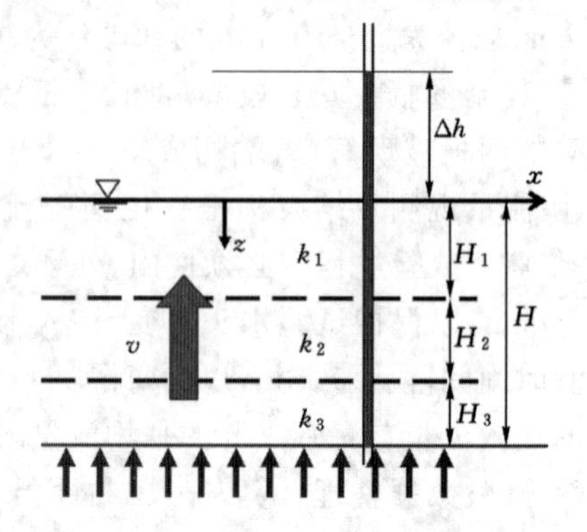

图 2-10 竖直渗透计算模型

系数分别是 k_1、k_2 和 k_3，土层厚度依次为 H_1、H_2 和 H_3，总水头差为 Δh，等于每层土产生的水头差之和，渗透速度相同，总流量等于每一层土的流量，即：

$$v_i = v, \Delta h = \sum \Delta h_i, H = \sum H_i$$

每层土的渗透速度为：

$$v_i = k_i(\Delta h_i / H_i)$$

每层土的水头损失为：

$$\Delta h_i = \frac{vH_i}{k_i}$$

三层土的水头差为：

$$\Delta h = \frac{vH}{k_z} = \sum \frac{vH_i}{k_i}$$

等效渗透系数为：

$$k_z = H / \sum \frac{H_i}{k_i} \tag{2-17}$$

五、渗流方程

以二维稳定流为例推导渗流方程。如图 2-11 所示，取一单元土体，长度为 $\mathrm{d}x$，厚度为 $\mathrm{d}z$，假定通过土体单元的流线是平行的，可分解为沿 x 和 z 方向，沿 x 轴流入土体的流速为 v_x，流出土体的流速为 $v_x + \frac{\partial v_x}{\partial x}\mathrm{d}x$；沿 z 轴流入土体的流速为 v_z，流出土体的流速为 $v_z + \frac{\partial v_z}{\partial z}\mathrm{d}z$。根据质量守恒可得：

$$\frac{\partial v_x}{\partial x}\mathrm{d}x\,\mathrm{d}z + \frac{\partial v_z}{\partial z}\mathrm{d}z\,\mathrm{d}x = 0$$

即：

$$\frac{\partial v_x}{\partial x} + \frac{\partial v_z}{\partial z} = 0 \tag{2-18}$$

公式(2-18)称为平面渗流连续条件微分方程。

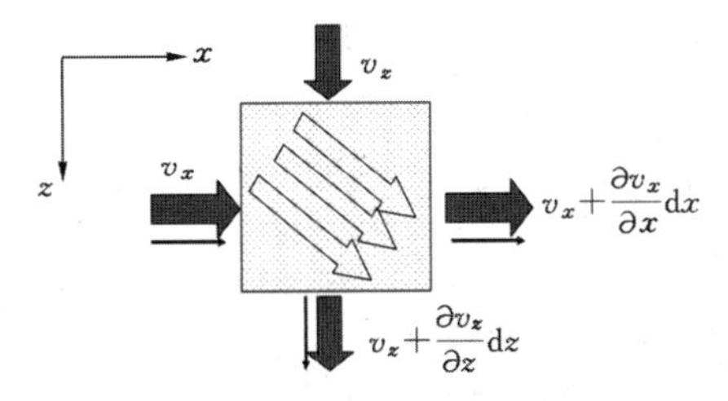

图 2-11　渗流计算模型

对于 $k_x \neq k_z$ 的各向异性土，达西定律可表示为：

$$\begin{cases} v_x = k_x i_x = k_x \dfrac{\partial h}{\partial x} \\ v_z = k_z i_z = k_z \dfrac{\partial h}{\partial z} \end{cases} \tag{2-19}$$

式中，k_x、k_z为x、z方向的渗透系数；i_x、i_z为x、z方向的水力坡度；h为水头高度。

将式(2-19)代入式(2-18)可得：

$$k_x\frac{\partial^2 h}{\partial x^2}+k_z\frac{\partial^2 h}{\partial z^2}=0 \tag{2-20}$$

上式为各向异性平面稳定渗流问题基本微分方程。对于$k_x=k_z$的各向同性土，平面稳定渗流问题基本微分方程为：

$$\frac{\partial^2 h}{\partial x^2}+\frac{\partial^2 h}{\partial z^2}=0 \tag{2-21}$$

求解渗流问题可归结为式(2-20)或式(2-21)的拉普拉斯方程的求解，当已知渗流问题的具体边界条件和初始条件，求解上述微分方程，便能得到渗流问题的解答。应用较为普遍的求解方法有解析法、数值法、图解法(流网)和水电比拟法等。

第二节　渗透变形与破坏

水是具有一定黏滞性的液体，水在土体或地基中渗流，对土粒有推动、摩擦和拖曳作用，会引起土体内部应力状态的改变。例如，对土坝地基和坝体来说，由于上下游水头差引起的渗流，一方面可能导致土体内细颗粒被冲击、带走或土体局部移动，引起土体的变形(常称为渗透变形)；另一方面渗透的作用力可能会增大坝体或地基的滑动力，导致坝体或地基滑动破坏，影响整体稳定性。又如，在基坑或地下工程施工中，由于渗透力的作用，可能会引起流砂或地下工程溃砂灾害。

一、渗透力

水在土中渗流会受到土颗粒的阻力作用，这个力的作用方向与水流方向相反。根据作用力与反作用力原理，水流也必然有一个相等的力作用在土颗粒上，通常把水流作用在单位体积土体中土颗粒上的力称为渗透力。渗透力的作用方向与水流方向一致，其实质是单位土体内土骨架所受到的渗透水流的拖曳力。渗透力是一种体积力。

如图2-12所示的土体模型，假设该土体长度为L，截面积为A，左侧水头高度为h_1，右侧水头高度为h_2，水流克服土颗粒的阻力需消耗一定的能量，水头因此降低，则有$h_1>h_2$，水流由左向右渗流。假定总渗透力为J，作用在左侧断面的水压力为$\gamma_w h_1 A$，作用在右侧断面的水压力为$\gamma_w h_2 A$，则三者的关系为：

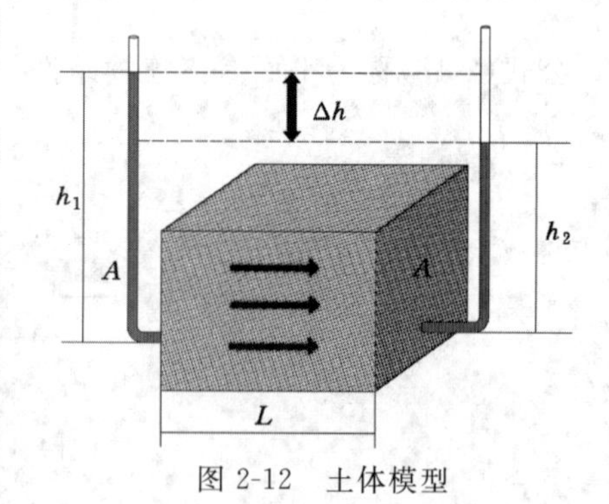

图2-12　土体模型

$$\gamma_w h_1 A=\gamma_w h_2 A+J$$

总渗透力J的表达式为：

$$J=\gamma_w h_1 A-\gamma_w h_2 A=\gamma_w \Delta h A \tag{2-22}$$

单位体积的渗透力j为：

$$j=J/AL=\gamma_w \Delta h A/AL=\gamma_w \Delta h/L=\gamma_w i \tag{2-23}$$

式中　j——渗透力，kN/m^3；

i——水力坡度；

γ_w——水的重度，kN/m^3。

土体间存在水头差，便有渗透力（动水压力）存在，但土体是否发生变形与破坏和渗透力的大小相关。当土体中向上的渗透力克服了土体向下的重力（即 $j=\gamma'$），使土体颗粒处于悬浮状态而失去稳定，该状态下的水力坡度称为临界水力坡度。

如图 2-13 所示，左侧水头与右侧的水头差为 Δh，水流由土体底部向上渗透时，对土体会产生渗透力 $j=\gamma_w\Delta h$，土体自身的重力为 $\gamma' h_2$，当渗透力与土体重力相等时，即 $j=\gamma_w\Delta h=\gamma' h_2$，土颗粒间的有效应力减少为 0，土体即发生渗透变形或破坏，这时水力坡度即为临界水力坡度 i_{cr}：

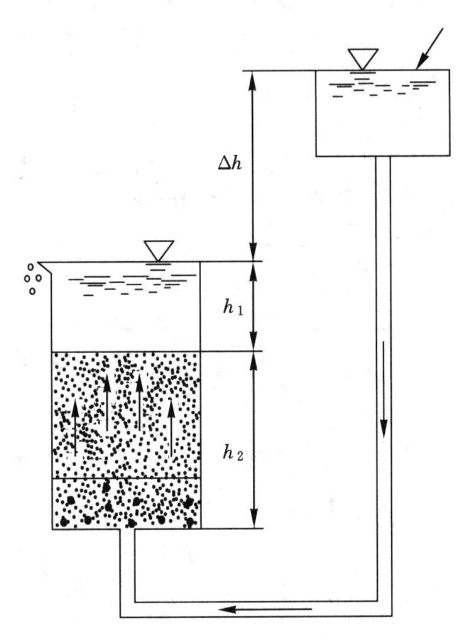

图 2-13　临界水力坡度的计算

$$i_{cr}=\frac{\Delta h}{h_2}=\frac{\gamma'}{\gamma_w}=(G_s-1)(1-n)=\frac{(G_s-1)}{(1+e)} \tag{2-24}$$

工程中将临界水力坡度 i_{cr} 除以安全系数 m 作为允许水力坡度 $[i]$。在工程设计计算时，渗流逸出处的水力坡度应满足如下要求：

$$[i]=i_{cr}/m \tag{2-25}$$

对流砂的安全性进行评估时，m 一般可取 2.0～2.5。

二、流砂与管涌

渗透变形（渗透破坏）指的是土工建筑物及地基由于渗流作用而出现的变形或破坏，其基本类型有流砂和管涌。

（一）流砂

流砂是指在向上的渗透作用下，表层局部土体颗粒同时发生悬浮移动的现象。如图 2-14所示为一水坝简图，黏性土层渗透系数比砂土层小，由左向右渗流，在渗透力的作用下，渗透力与土颗粒自重相等，水力坡度达到临界水力坡度 i_{cr} 时，部分土颗粒发生悬浮，产生流砂现象。

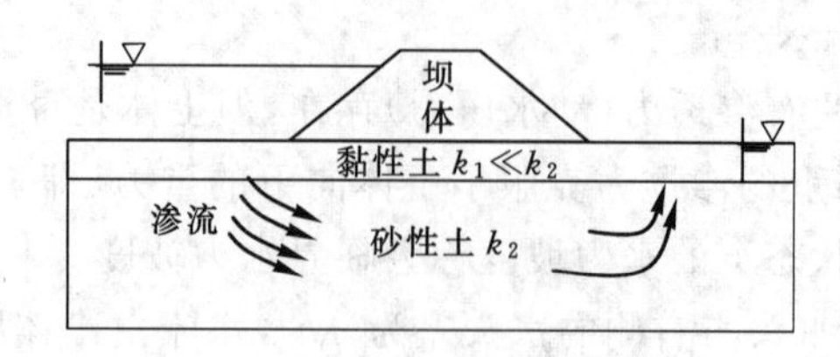

图 2-14　流砂现象

（二）管涌

如图 2-15 所示，在渗流作用下，一定级配的无黏性土中的细小颗粒通过较大颗粒所形成的孔隙发生移动，最终在土中形成与地表贯通的管道，这种现象称作管涌。

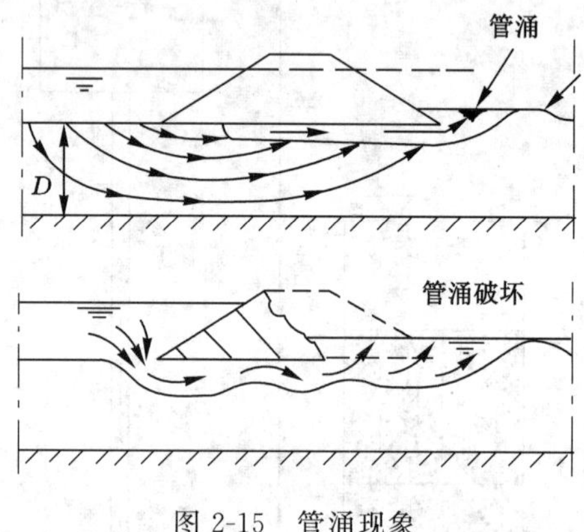

图 2-15　管涌现象

管涌多发生在砂性土中，在分散性黏土中也会发生管涌。土体发生管涌必须具备两个条件：

① 几何条件：土中粗颗粒所构成的孔隙直径必须大于细颗粒的直径，一般不均匀系数 $C_u>5$ 的土才会发生管涌。

② 水力条件：渗透力能够带动细颗粒在孔隙间滚动或移动，这是发生管涌的水力条件，可用管涌的临界水力坡度来表示。

流砂与管涌的发生都与渗透力或水力坡度有关，然而两者在发生位置、土的种类和发生时间等方面是不同的。

流砂的防治多是以减小水力坡度的工程措施为主，比如在基坑施工中采用基坑外的井点降水以减小水头差，或打板桩以增加渗流路径；在向上渗流出口处用透水材料覆盖压重以平衡渗透力，或对出口处土体进行注浆加固等。

防治管涌一般可从两方面采取措施：

① 改变水力条件：降低土层内部和渗流逸出处的水力坡度，如在上游做防渗铺盖或打板桩等。

② 改变几何条件：在渗流逸出部位铺设反滤层，反滤层可以让水通过，阻止土颗粒通过，从而防治管涌的发生。

第三节　流　　网

渗流方程表明，渗流场内任一点的水头是其坐标的函数，求解出各点的水头即可确定渗流场的其他特征。在实际工程中，由于渗流问题的边界条件往往是比较复杂的，其严密的解析解一般都很难求得。因此，对渗流问题的求解除采用解析法之外，还有数值解法、图解法和模型试验法等，其中图解法（即流网解法）简单实用，至今仍被经常采用。

一、流网的概念

在渗透场中作一根理想的空间几何线，这根线上每一个液流质点在某一瞬间的渗透速度矢量都和这根几何线相切，这根几何线称为流线。

在渗流场中把水头值相等的各个点连起来，在空间构成一个面，称为等水头面，在平面上或剖面上就表现为等水头线（等势线）。

在一定的边界条件下，在平面（或剖面）上由流线和等水头线（等势线）两者组成的正交网络即为流网。

如图 2-16 所示，阴影斜线部分为不透水层，中间为透水层。设经过 A、B 的垂线的外侧都是水体，所有的水头损失都发生在 AB 间的土体，左侧水头大于右侧，以不透水层底板为基准面，A、B 两点测管水头分别为 h_A、h_B，总水头差为 ΔH，假定用 8 条平行的线将这个区域划分为 7 份，这 8 条线即为等势线（两边界亦为等势线）。用 6 条水平方向的线代表流线，并将渗流区分成 5 条流槽，被划分的每一条流槽的流量 Δq 相等。

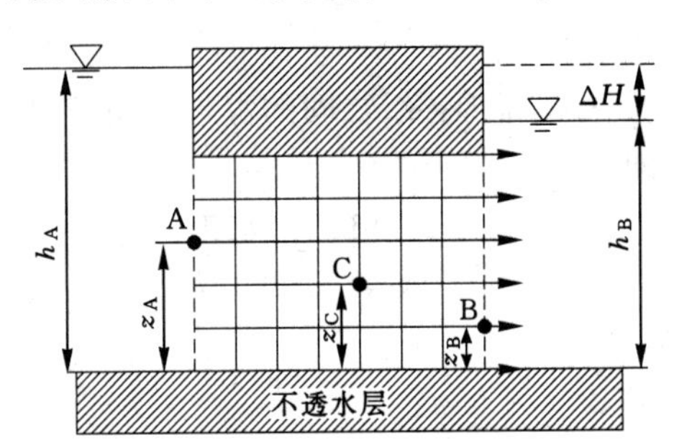

图 2-16　流线、等势线、流网

对于各向同性的渗透介质，其流网具有如下性质：

① 流网是相互正交的网格。

② 流网为曲边正方形。

③ 任意两相邻等势线间的水头损失相等。

④ 任意两相邻流线间的单位流量相等。

⑤ 所有等势线都与不透水边界垂直，所有流线都与之平行。

⑥ 对于等水头线，所有流线都与之垂直，所有等势线都与之平行。

二、流网的绘制

采用近似作图法或手绘法，根据流网的性质和确定的边界条件，逐步近似画出流线和等势线。主要步骤如下：

① 首先将构筑物及土层剖面按一定的比例绘出，并根据渗流区的边界确定边界线及边界等势线。根据边界条件绘制容易确定的等水头线或流线。边界包括定水头边界、隔水边界及地下水面边界。地表水体的断面一般可看作等水头面，隔水边界无水流通过，平行隔水边界可绘出流线。

② 根据流网特性初步绘出流网形态。整个流网不宜过大，最好用白纸，选择分槽数，绘制出流线，再按正交要求画出等势线。描绘时要注意等势线与上、下边界流线保持垂直，所有流线与等势线要绘制成光滑曲线。

③ 逐步修改流网。初绘的流网，可以加绘网格的对角线来检验其正确性。如果每一网格的对角线都正交，且为正方形，则表明流网是正确的，否则应作进一步修改。但是，由于边界通常是不规则的，在形状突变处，很难保证网格为正方形，甚至是三角形，对此应从整个流网来分析，只要大多数网格满足流网特征，即使个别网格不符合要求，对计算结果影响也不大。

三、流网的应用

正确地绘制出流网后，通过流网可以求解出渗流区不同点的水头、孔隙水压力、渗流速度、渗流量以及渗透力等。

（一）水头及孔隙水压力的计算

由流网的特征可知，任意两相邻等势线之间的水头差相等，从而可以计算出相邻两条等势线之间的水头损失 Δh，即：

$$\Delta h = \frac{\Delta H}{N} = \frac{\Delta H}{n-1} \tag{2-26}$$

式中 ΔH ——总水头损失，m；

N——等势线的间隔数；

n——等势线条数。

如果已知第一条等势线的测管水头为 h_1，则第 i 条（$i \leqslant n$）等势线的测管水头 $h_i = h_1 - (i-1)\Delta h$。

例如图 2-16 中，等势线条数 $n=8$，等势线的间隔数 $N=8-1=7$，所以相邻两条等势线之间的水头损失 $\Delta h = \Delta H/7$，以含水层下界不透水层为基准面，C 点的测管水头为 $h_C = h_1 - 4\Delta h$。

由于某点的测管水头 h 等于位置水头 z 和压力水头 h_u 之和，所以可由测管水头和位置水头得到压力水头，从而计算出孔隙水压力，即：

$$u = h_u \gamma_w = (h - z)\gamma_w \tag{2-27}$$

例如图 2-16 中，C 点的测管水头 $h_C = h_1 - 4\Delta h$，位置水头为 z_C（以渗流区下界不透水层为基准面），压力水头为 $h_{uC} = h_1 - 4\Delta h - z_C$，所以 C 点的孔隙水压力为 $u_C = (h_1 - 4\Delta h - z_C)\gamma_w$。

（二）渗流速度的计算

计算渗流区中某一网格的渗流速度，可先从流网图中量出该网格的流线长度 l。根据流网的特性，在任意两条等势线之间的水头损失是相等的，设流网中的等势线的数量为 n（包括边界等势线），上下游总水头差为 ΔH，所求网格内的渗透速度为：

$$v = ki = k\frac{\Delta h}{l} = \frac{k \cdot \Delta H}{(n-1)l} \tag{2-28}$$

（三）渗流量的计算

如图 2-16 所示，由于任意两相邻流线间的单位流量相等，设整个流网的流线数量为 m（包括边界流线），则单位宽度内总的渗流量 q 为：

$$q = (m-1)\Delta q \tag{2-29}$$

式中，Δq 为任意两相邻流线间的单位流量，q 和 Δq 的单位均为 $m^3/(d \cdot m)$。Δq 值可根据某一网格的渗透速度及网格的过水断面宽度求得，设网格的过水断面宽度（即相邻两条流线的间距）和长度分别为 b、l，网格的渗透速度为 v，则：

$$\Delta q = vb = \frac{k \cdot \Delta h}{l}b = \frac{kb \cdot \Delta H}{(n-1)l} \tag{2-30}$$

单位宽度内的总流量 q 为：

$$q = \frac{k\Delta H(m-1)}{(n-1)} \cdot \frac{b}{l} \tag{2-31}$$

（四）渗透力的计算

总渗透力 J 等于体积渗透力 j 与流网网格面积的乘积，方向与流线方向一致，作用点为网格的形心，流网较密处水力坡度 i 较大，该处渗透力也大，不同位置的渗透力对土体稳定性的影响不同。如图 2-17 所示，假定网格面积为 A，水力坡度 $i = \Delta h / l$，则单位体积渗透力为：

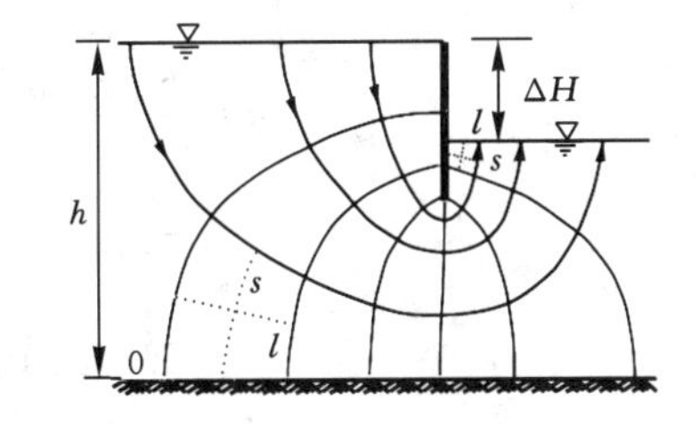

图 2-17　渗透力的计算

$$j = \gamma_w i = \gamma_w \frac{\Delta H}{l} \tag{2-32}$$

总渗透力为：

$$J = j \cdot l \cdot s = jA = \gamma_w \Delta H \cdot s \tag{2-33}$$

【例题 2-1】 板桩支挡结构如图 2-18 所示，由于基坑内外土层存在水位差而发生渗流，渗流流网如图所示。已知土层渗透系数 $k = 2.6 \times 10^{-3}$ cm/s，A 点、B 点分别位于基坑底面以下 1.2 m 和 2.6 m。试求：(1) A 点、B 点的测管水头、位置水头、压力水头以及孔隙水压力；(2) 整个渗流区的单宽流量；(3) AB 段的平均渗流速度。

解：(1) 基坑内外的总水头差为 $\Delta H = (10.0 - 1.5) - (10.0 - 5.0 + 1.0) = 2.5$ (m)。

由图可知，流网中共有 4 条流线，9 条等势线，即 $m = 4$，$n = 9$，每条等势线的水头差 $\Delta h = \frac{\Delta H}{n-1} = \frac{2.5}{8} = 0.31$ m。以不透水层为基准面，第一条等势线的测管水头 $h_1 = 10.0 - 1.5 = 8.5$ m，A 点、B 点分别位于第 8 条和第 7 条等势线，则 A、B 两点的测管水头分别为：

$$h_A = 8.5 - (8-1) \times 0.31 = 6.33 \text{ (m)}, h_B = 8.5 - (7-1) \times 0.31 = 6.64 \text{ (m)}$$

由流网可得 A 点、B 点的位置水头分别为：

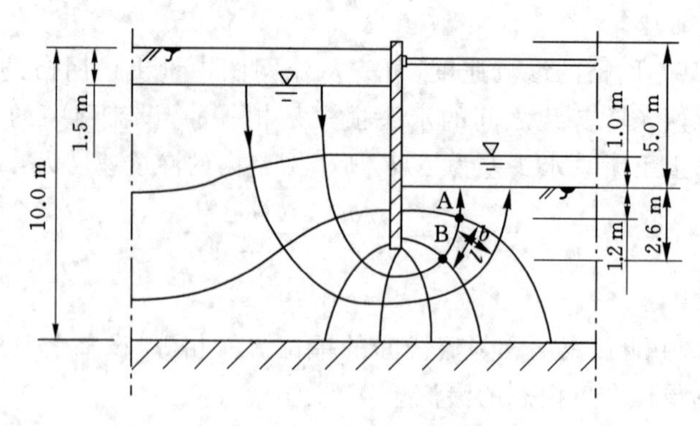

图 2-18　例题 2-1 图

$$z_A = 10.0 - 5.0 - 1.2 = 3.8\ (\text{m}),\ z_B = 10.0 - 5.0 - 2.6 = 2.4\ (\text{m})$$

根据测管水头与位置水头的关系，可以求得 A、B 点的压力水头分别为：

$$h_{uA} = 6.33 - 3.8 = 2.53\ (\text{m}),\ h_{uB} = 6.64 - 2.4 = 4.24\ (\text{m})$$

则 A、B 两点的孔隙水压力分别为：

$$u_A = h_{uA}\gamma_w = 2.53 \times 10 = 25.3\ (\text{kPa}),\ u_B = h_{uB}\gamma_w = 4.24 \times 10 = 42.4\ (\text{kPa})$$

(2) 在流网中选取一网格，如 A、B 点所在网格，其长度与宽度为 $l = b = 1.5$ m，则整个渗流区的单宽流量 q 为：

$$\begin{aligned} q &= \frac{k\Delta H(m-1)}{(n-1)} \cdot \frac{b}{l} \\ &= \frac{2.6 \times 10^{-3} \times 10^{-2} \times 2.5 \times (4-1)}{9-1} \times \frac{1.5}{1.5} \\ &= 2.44 \times 10^{-5} [\text{m}^3/(\text{s} \cdot \text{m})] \\ &= 2.11\ [\text{m}^3/(\text{d} \cdot \text{m})] \end{aligned}$$

(3) AB 段的平均渗流速度为：

$$\begin{aligned} v_{AB} &= ki_{AB} = k\,\frac{\Delta h}{l} \\ &= 2.6 \times 10^{-3} \times \frac{0.31}{1.5} = 0.54 \times 10^{-3}\,(\text{cm/s}) \end{aligned}$$

第四节　水在非饱和土中的流动

非饱和土是指土壤孔隙由水和空气填充，即饱和度小于 100 但大于 0 时的土壤。将饱和土与非饱和加以区别，是因为两者在工程性质上有根本的差异。非饱和土的各相组成明显不同于饱和土，其孔隙水压力相对于孔隙气压力而言是负值，影响了土在多方面的表现。所以，土力学的研究领域倾向于分为以饱和土为对象和以非饱和土为对象的两大部分。

一、非饱和土的各相组成

经典土力学告诉我们，饱和土都是由两相组成的，即固相——土颗粒[图 2-19(a)中的

①];液相——通常是水[图 2-19(b)中的②]。

通常定义的非饱和土有三相,即:

(1) 固相——土颗粒[图 2-19(b)中①]。

(2) 液相——水[图 2-19(b)中②]。

以上两相与饱和土的定义完全一样,但在液相存在孔隙水压力 u_w 。

(3) 非饱和土的第三相是空气[图 2-19(b)中③]。要注意的是:第一,由于空气的存在,即使很少量以气泡形式存在的空气也会使孔隙中的液相成为可压缩的;第二,更加常见的情况是较大量的空气在土体中形成连续的气相,从而形成了土中的孔隙气压力 u_a 。正是孔隙气压力 u_a 和孔隙水压力 u_w 的差别(基质吸力),造成了非饱和土的显著不同于饱和土的特性,使经典土力学的某些原理和概念不再适用。

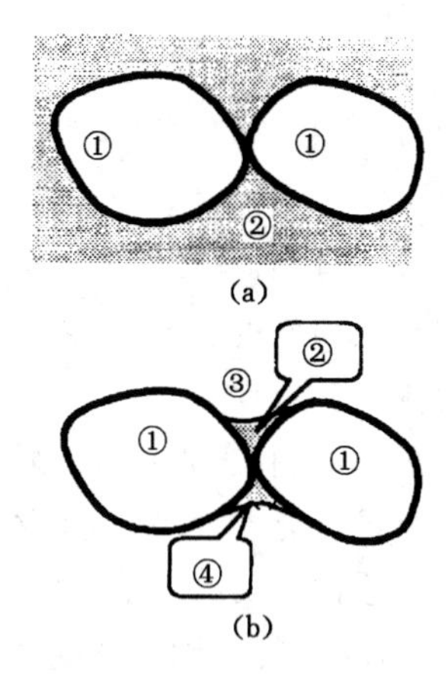

图 2-19　饱和土与非饱和土

(4) Fredlund 和 Morgenstern 提出,非饱和土中还存在第四相,就是水、气交界面处的"收缩膜(Contractile skin)"[图 2-19(b)中④]。将收缩膜单独分为一相,主要有以下三方面的考虑:第一,收缩膜的大部分性质都区别于相邻的液相和气相,例如其密度较小时,热传导性质不同于水,光折射性质与冰相似;第二,收缩膜最显著的特征是它能够承受拉力,它在张力作用下像弹性薄膜那样交织于土的结构中;第三,将收缩膜单独划分,也有利于对土单元进行应力分析。因为在非饱和土单元体中土颗粒和收缩膜两相是在外加应力梯度之下达到平衡的;而另外两相——空气和水是在外加应力梯度下发生流动的。

二、非饱和土的有效饱和度与土水特性曲线

"有效饱和度"和"土水特性曲线"这两个概念的提出都与液相的多少对非饱和土的渗透特性的影响有关。

(一) 非饱和土的有效饱和度

在对有效饱和度讨论之前有必要解释残余饱和度 S_∞ 和体积含水率 θ_w 。

土的体积含水率 θ_w 定义为土中水的体积 V_w 与土的总体积 V 的比值,即:

$$\theta_w = \frac{V_w}{V} \tag{2-34}$$

类似饱和土的情况,利用最基本的土力学知识,很容易得到以下各物理指标之间的关系:

$$\theta_w = \frac{S_r V_V}{V} \qquad \theta_w = S_r n \qquad \theta_w = \frac{S_r e}{1+e}$$

式中,V_V 表示土中孔隙的体积;V_V/V 即土的孔隙率 n。

一般情况下,非饱和土的饱和度总是随着基质吸力的增加而降低。残余饱和度指的是,在一定范围内当基质吸力增加到某特定值时,饱和度随其增加而降低的趋势变得不明显,此时所对应的饱和度即残余饱和度,所对应的体积含水率即残余体积含水率 θ_r。残余饱和度一般用小数表示。

Corey 定义的有效饱和度是对土的饱和度的一个相对的度量指标,直观地说,它是指土

的天然饱和度与残余饱和度之差与饱和度整个变化范围之比：

$$S_e=\frac{S_r/100-S_\infty}{1-S_\infty} \tag{2-35}$$

或

$$S_e=\frac{\theta-\theta_r}{\theta_s-\theta_r} \tag{2-36}$$

（二）非饱和土的土水特性曲线

非饱和土的土水特性曲线就是土的吸力［一般为基质吸力 (u_a-u_w)］与水的多少（一般为体积含水率 θ_w）之间的关系曲线，它表征了一种非饱和土的持水特性。

图 2-20 中分别列举了黏土、粉土和粉砂的典型土水特性曲线。一般而言，黏土的土水特性曲线可能比较平缓，即体积含水率随基质吸力的变化而增加或减少的趋势较为平缓；对于其他两种土类，体积含水率在基质吸力的某个区段内对其变化比较敏感。基质吸力的微小变化，就可能导致体积含水率的较大变动，完整的土水特征曲线呈现反"S"形。同一土类的土水特征曲线可能会有较大差别，其影响因素众多，比如土体密度、温度和干湿循环的历史等。

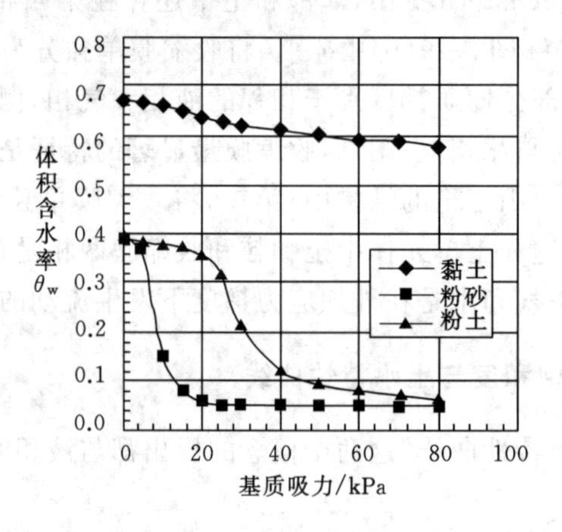

图 2-20　体积含水率与基质吸力的关系

三、非饱和土的渗透系数

对于某特定非饱和土体，饱和度和含水率的变化对渗透系数的变化就起到了决定的作用。这是因为，当土变为非饱和土时，空气首先占据了某些比较大的孔隙，导致水必须通过较小的孔隙流动，增加了流程及绕曲度。土的基质吸力越大，水与气的界面越靠近土颗粒，水的流动就越困难，此时的渗透系数必然降低。因此，非饱和土的渗透系数常常表达为饱和渗透系数与一个值始终小于 1 的函数的乘积，$k(\theta)=k_s\times f(\theta)$，即渗透系数曲线。

四、水在非饱和土中的流动

水在饱和土和非饱和土中都可以发生稳态或者瞬态的流动。稳态流与瞬态流的区别在于流动的变量（如流速等）是否随时间而变化，如果不变则称之为稳态流，反之则为瞬态流。一般认为，在饱和度高于 85%～90%的情况下，土颗粒之间的孔隙基本上为水所填充，少量的空气是以被水所包围的滞留气泡的形式存在的，其流动可以近似地认为是饱和流动。

▶概念与术语

地下水	流砂
渗流	管涌
渗流模型	临界水力坡度
水力坡度(水力梯度)	允许水力坡度
达西定律	流网
渗透系数	流线
渗透破坏	等水头线(等势线)

▶能力及学习要求

1. 掌握流网的绘制方法。
2. 掌握用流网计算渗流速度、渗流量、孔隙水压力、渗透力和水力坡度的方法。
3. 熟练掌握渗透力的计算方法。
4. 熟练掌握土的临界水力坡度的计算方法及渗透破坏的判别。
5. 掌握常水头和变水头测定土的渗透系数。

▶练习题

2-1　土样进行常水头试验,试验水头高度为 1 m,土样高度为 6 cm,横断面积为 38.5 cm^2,当渗流达到稳定后,量得 30 min 内流经试样的水量为 3 000 cm^3,求土样的渗透系数 k。

2-2　将某黏土试样置于渗流仪中进行变水头渗透试验,当试验经过的时间 Δt 为 1 h 时,测压管的水头高度从 $h_1=305.2$ cm 降至 $h_2=302.6$ cm 。已知试样的横断面积 A 为 35.1 cm^2,高度 l 为 3.0 cm,变水头测压管的横断面积 a' 为 1.1 cm^2,求此土样的渗透系数 k 值。

2-3　如图 2-21 所示的基坑,深度为 5 m,坑外水深 $h_1=2.1$ m ,坑内水深 $h_2=1.2$ m ,渗流流网如图所示。已知土层渗透系数 $k=1.2\times10^{-2}$ cm/s ,a 点、b 点、c 点分别位于基坑底面以下 3.5 m、3.0 m 和 2.0 m。试求:

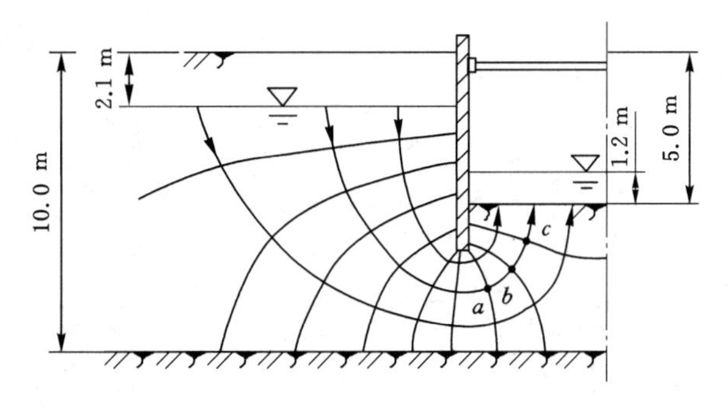

图 2-21　习题 2-3 图

(1) 整个渗流区的单宽流量 q。

(2) ab 段的平均渗流速度 v_{ab}。

(3) 图中 a、b、c 三点的孔隙水压力 u_a、u_b、u_c。

▶研讨选题参考

1. 土的渗透性的影响因素。
2. 渗透模型。
3. 流砂与管涌。

第三章　土的力学性质

内容提要

建筑物基础与地基相互作用中出现的主要工程地质问题包括强度问题(剪切破坏、承载力问题)、变形问题(过度沉陷、不均匀沉陷)和倾覆、滑移问题(水平力、近水平力作用)。起决定作用的是地基土本身的力学性质以及建筑物、基础对土体的作用力。本章主要介绍有效应力原理、土的压缩性、抗剪性和土的动力性质。

第一节　土的压缩性

在建筑物基底附加压力作用下,地基土内各点除了承受土自重引起的自重应力外,还要承受附加应力。在附加应力的作用下,地基土要产生附加变形,这种变形一般包括体积变形和形状变形。对土来说,体积变形通常表现为体积缩小,在外力作用下土体积缩小的特性称为土的压缩性。土是由三相组成的,因此,土的压缩变形包括孔隙中水和气的压缩变形、土粒本身的压缩变形以及孔隙中水和气被挤出、土颗粒相互靠拢而导致的孔隙体积缩小。实测和理论证明,在通常压力下孔隙体积缩小是土被压缩的主要原因。

一、饱和土有效应力原理

有效应力原理是土力学中一个最常用的基本原理。太沙基 1923 年最早提出饱和土有效应力原理的基本概念,阐明了松散介质的土体与连续固体介质在应力应变关系上的重大区别,从而使土力学从一般固体力学中分离出来,成为一门独立的分支学科。土是由固相、液相和气相组成的三相体系。对于饱和土来说,则是由固相和液相两相组成的,其中土颗粒和充填的水承担了土所受到的压力。

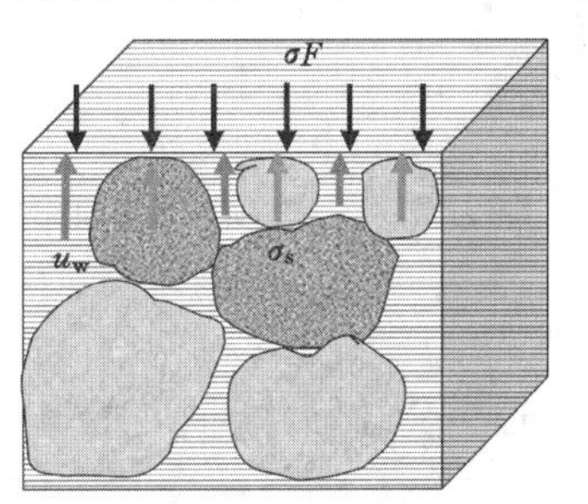

图 3-1　饱和土受力模型

如图 3-1 所示,在土中某点截取一水平截面,其面积为 F,截面上作用应力为 σ,它是由上面的土体的重力、静水压力及外荷载所产生的应力,称为总应力。这一应力的一部分是由土颗粒间的接触面承担,称为接触应力;另一部分是由土体孔隙内的水及气体承担,称为孔隙应力(也称孔隙压力)。在此截面上土颗粒接触面间的作用法向应力为 σ_s,各土颗粒间接触面积之和为 F_s,孔隙内的水压力为 u_w,相应的面积为 F_w,因土体为饱和土,气体压力 u_a 为零,由此可建立平衡方程:

$$\sigma F = \sigma_s F_s + u_w F_w = \sigma_s F_s + u_w (F - F_s)$$

或

$$\sigma = \frac{\sigma_s F_s}{F} + u_w \left(1 - \frac{F_s}{F}\right) \tag{3-1}$$

由于土颗粒间的接触面积 F_s 很小,毕肖普和伊尔定(Bishop & Eldin,1950)根据粒状土的试验工作,认为 $\frac{F_s}{F}$ 一般小于 0.03,有可能小于 0.01。因此,式(3-1)中第二项的 $\frac{F_s}{F}$ 可略去不计。此时,式(3-1)可写为:

$$\sigma = \frac{\sigma_s F_s}{F} + u_w \tag{3-2}$$

式中,$\frac{\sigma_s F_s}{F}$ 实际上是土颗粒间的接触应力在截面积 F 上的平均应力,称为土的有效应力,是一个计算值,通常用 σ' 表示,并把孔隙水压力 u_w 用 u 表示。于是式(3-2)可写成:

$$\sigma = \sigma' + u \tag{3-3}$$

这个关系式在土力学中很重要,称之为饱和土有效应力原理。

土中孔隙水所承担的压力称为孔隙水压力或孔隙压力,它包括水面以下水柱压力(称为静水压力)和作用在水面上的外力引起的附加的孔隙压力(或称超静水压力),不论静水压力或超静水压力都具有传递静水压的功能,都用 u 表示。对于饱和土,土中任意点的孔隙水压力 u 对各个作用方向是相等的,因此,它只能使土颗粒产生压缩(由于土颗粒本身的压缩量在压力不大的情况下是很微小的,一般不考虑),而不能使土颗粒产生位移,不能承受剪应力,不直接引起土体变形和强度变化,故又称中性压力。土颗粒间的有效应力,会引起土颗粒的位移,使孔隙体积改变,土体发生压缩变形。同时,有效应力的大小也影响土的抗剪强度,受剪时,全部剪应力由粒间应力造成的摩擦作用来承受。饱和土的有效应力原理可完整表述为:

① 土的有效应力等于总应力减去孔隙水压力;

② 土的有效应力控制了土的变形和强度性能。

对于非饱和土,气体压力为 u_a,气体所占面积为 F_a,总应力为 σ,平衡方程为:

$$\sigma = \sigma_s \frac{F_s}{F} + u_w \frac{F_w}{F} + u_a \left(1 - \frac{F_w}{F} - \frac{F_s}{F}\right)$$

$$= \sigma' + u_a - \frac{F_w}{F}(u_a - u_w) - u_a \frac{F_s}{F}$$

略去 $u_a \frac{F_a}{F}$ 一项,可得非饱和土的有效应力公式为:

$$\sigma' = \sigma - u_a + \chi (u_a - u_w) \tag{3-4}$$

这个公式是由毕肖普等(1961)提出的,式中 $\chi = \frac{F_w}{F}$ 是由试验确定的参数,取决于土的类型及饱和度。

有效应力原理多用于饱和土中孔隙水压力和有效应力的计算,可以为土体的压缩沉降计算、预测地面沉降量提供基础数据。

1. 地下水位以下的土

如图 3-2 所示，假定为一均质各向同性的土层，实线表示的是地下水的初始水位，虚线表示的是水头下降后的水位，水位之上的土层重度为 γ，水位以下的土层饱和重度为 γ_{sat}，根据饱和土有效应力原理，计算水头未下降时土层底面的有效应力，总应力 $\sigma=\gamma H_1+\gamma_{sat}H_2$，孔隙水压力 $u=\gamma_w H_2$，则有效应力为：

$$\begin{aligned}\sigma' &= \sigma-u \\ &= \gamma H_1+\gamma_{sat}H_2-\gamma_w H_2 \\ &= \gamma H_1+(\gamma_{sat}-\gamma_w)H_2 \\ &= \gamma H_1+\gamma' H_2\end{aligned} \tag{3-5}$$

当地下水位下降到虚线位置时，$\sigma'=\gamma H_1+\gamma H_2>\gamma H_1+\gamma' H_2$，会引起 σ' 增大，土体产生压缩变形。这可以作为城市抽水引起地面沉降原因分析的理论依据。

2. 地表水下的土

以海水或湖水下的土为例，如图 3-3 所示，图中中间横线表示海(湖)底面，海(湖)底下为饱和松散层，饱和重度为 γ_{sat}，计算方法同上，总应力 $\sigma=\gamma_w H_1+\gamma_{sat}H_2$，孔隙水压力 $u=\gamma_w(H_1+H_2)$，则有效应力为：

$$\begin{aligned}\sigma' &= \sigma-H \\ &= \gamma_w H_1+\gamma_{sat}H_2-\gamma_w(H_1+H_2) \\ &= (\gamma_{sat}-\gamma_w)H_2 \\ &= \gamma' H_2\end{aligned} \tag{3-6}$$

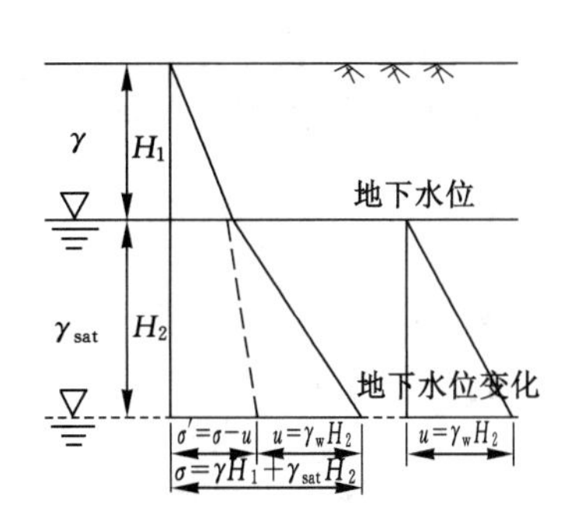

图 3-2　地下水位变化应力计算

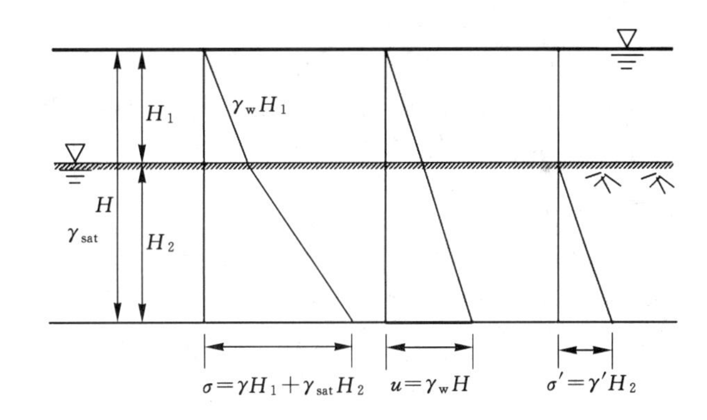

图 3-3　地表水下的应力计算

3. 毛细上升区

当土颗粒较小时，地下水由于毛细作用会产生毛细现象。如图 3-4 所示，毛细现象在毛细上升区顶面的孔隙水压力为 $-\gamma_w h_c$，此时有效应力 σ' 要大于总应力 σ，即 $\sigma'=\gamma H+\gamma_w h_c$；地下水位处的孔隙水压力为零，则有效应力 $\sigma'=\sigma=\gamma H+\gamma_{sat}h_c$；土层底面的孔隙水压力为 $\gamma_w h_w$，总应力 $\sigma=\gamma H+\gamma_{sat}h_t$，则有效应力 $\sigma'=\sigma-u=\gamma H+\gamma_{sat}h_t-\gamma_w h_w$。

【例题 3-1】　湖中水位下降，水的深度由 50 m 降到 10 m，会引起湖底沉积物的固结吗？请用有效应力原理说明。

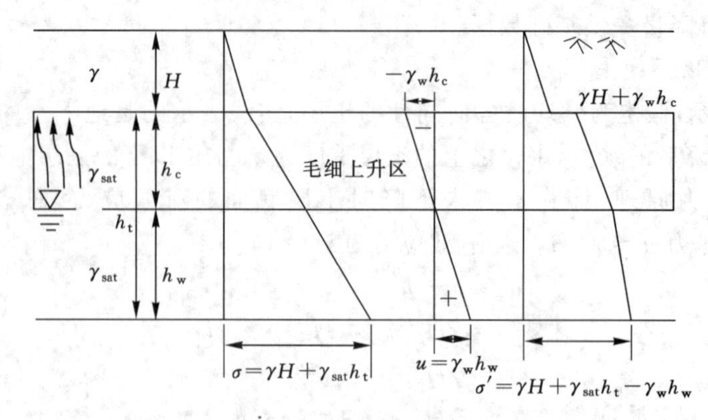

图 3-4　毛细上升区应力计算

解：如图 3-5 所示：

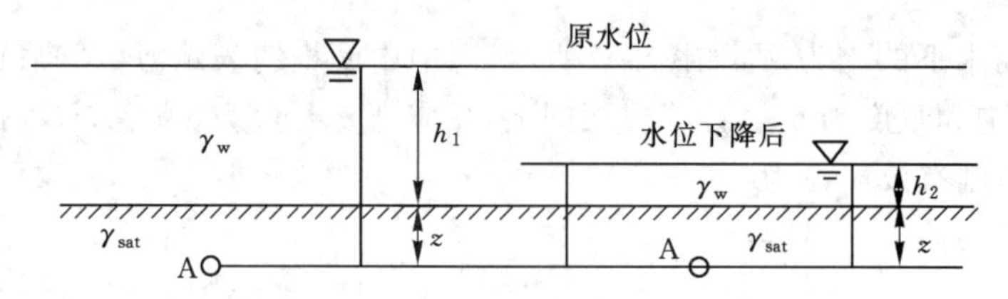

图 3-5　例题 3-1 图

水位未下降之前 A 点的总应力为：$\sigma_A=\gamma_w h_1+\gamma_{sat}z$

孔隙水压力为：$u=\gamma_w(h_1+z)$

有效应力为：$\sigma'_A=\sigma_A-u=(\gamma_w h_1+\gamma_{sat}z)-\gamma_w(h_1+z)=(\gamma_{sat}-\gamma_w)z=\gamma' z$

水位下降之后 A 点的总应力为：$\sigma_A=\gamma_w h_2+\gamma_{sat}z$

孔隙水压力为：$u=\gamma_w(h_2+z)$

有效应力为：$\sigma'_A=\sigma_A-u=(\gamma_w h_2+\gamma_{sat}z)-\gamma_w(h_2+z)=(\gamma_{sat}-\gamma_w)z=\gamma' z$

水位变化前后 A 点的有效应力相等，所以不会引起湖底沉积物的固结。

【例题 3-2】　有一 10 m 厚的饱和黏土层，其下为砂土，如图 3-6 所示。砂土中有承压水，已知其水头高出 A 点 6 m。现要在黏土中开挖基坑，试求基坑的最大开挖深度 H。

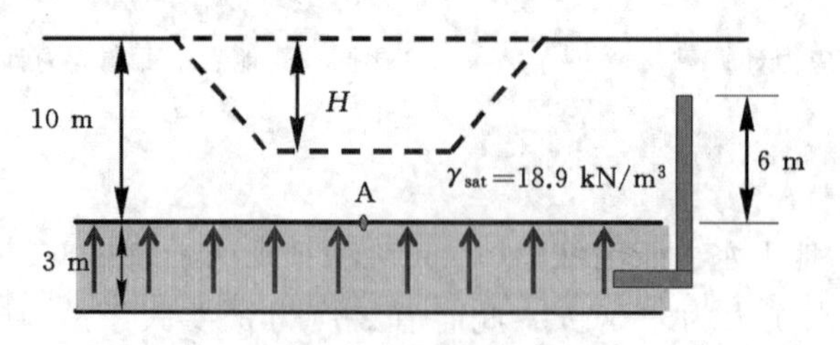

图 3-6　例题 3-2 图

解：假设开挖深度达 H 后，坑底将隆起失稳。

A 点总应力 $\sigma_A=\gamma_{sat}(10-H)=18.9\times(10-H)$

A点孔隙水压力 $u=\gamma_w h=9.81\times 6=58.86\ (kN/m^2)$

若A点隆起，土粒间失去连接，有效应力为0，即 $\sigma'_A=\sigma_A-u=0$。

计算得到 $H=6.9$ m，即基坑开挖深度不得超过6.9 m。但是，在实际工程计算中，还要考虑一定的安全系数。

二、土的压缩性与变形指标

土的压缩性主要有两个特点：① 土的压缩主要是由于孔隙体积减小而引起的。对于饱和土，土是由固体颗粒和孔隙水组成的，在工程上一般的压力（100～600 kPa）作用下，固体颗粒和孔隙水的压缩量与土的总压缩量相比非常微小（不足1/400），可不考虑，但由于土中水具有流动性，在外力作用下会沿着土中孔隙排出，从而引起土的体积减小而发生压缩。② 由于孔隙水的排出而引起的压缩对于饱和黏性土是需要时间的，土的压缩随时间增长的过程称为土的固结。这是由于黏性土的透水性很差，土中水沿着孔隙排出速度缓慢造成的。

（一）室内压缩试验与压缩曲线

室内压缩试验（亦称固结试验）是研究土的压缩性最基本的方法。

图3-7为压缩仪的主要部件压缩容器简图，图中金属环刀用来切取土样，装有土样的环刀置于刚性护环内，受金属环刀和刚性护环的限制，使得土样在竖向压力作用下只能发生竖向变形，而无侧向变形；在土样上下放置的透水石是土样受压后排出孔隙水的两个界面；如系饱和土样，则在施加第一级压力后，在水槽内注水，以使土样在试验过程中保持浸在水中。如系非饱和土样，需要用湿棉纱或湿海绵覆盖于容器上，以免土样内水分蒸发。竖向的压力通过刚性板施加给土样，土样产生的压缩量可通过百分表、千分表或位移传感器量测。

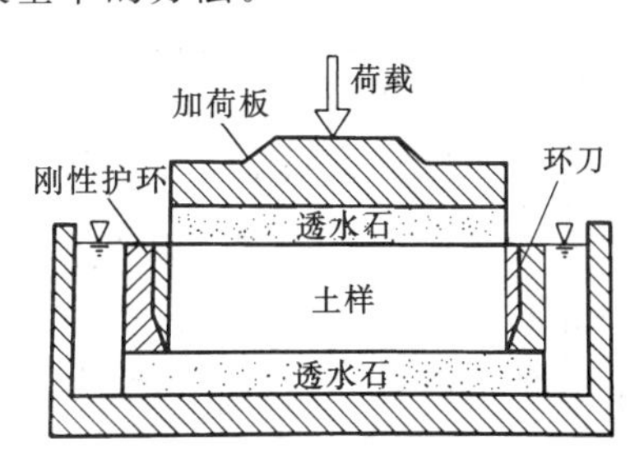

图3-7　压缩容器简图

试验时应该用环刀切取钻探取得的保持天然结构的原状土样，由于地基沉降主要与土竖直方向的压缩性有关，切土方向应与土天然状态时的垂直方向一致。常规压缩试验的加荷等级 p 为：50 kPa、100 kPa、200 kPa、300 kPa和400 kPa。每一级荷载要求恒压24 h或当在1 h的压缩量不超过0.01 mm时，认为变形已经稳定，并测定稳定时的总压缩量 Δh，这称为标准压缩（固结）试验法。试验步骤详见试验指导书。

试验中土体被压缩，水和气体被排出，土样高度发生变化。如图3-8所示，土样体积包

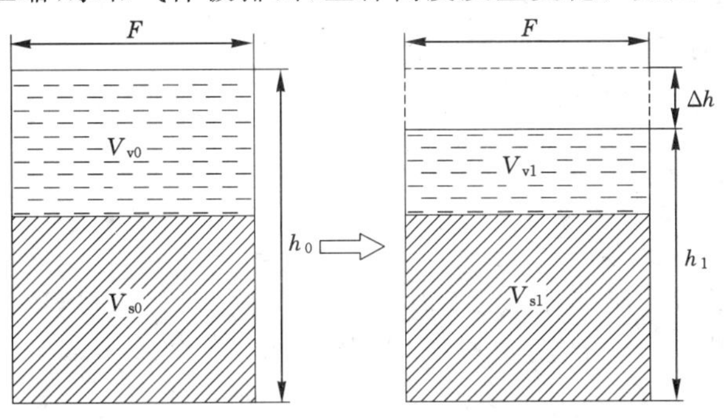

图3-8　土样压缩前后体积变化示意图

括土颗粒体积和孔隙体积，未被压缩前土颗粒体积为 V_{s0}，孔隙体积为 V_{v0}，土样初始高度为 h_0；压缩变形后，因有部分水和气体被排出，孔隙体积变小为 V_{v1}，土颗粒体积基本不变，用 V_{s1} 表示，土样高度由 h_0 减小为 h_1。孔隙比是土中孔隙体积与土颗粒体积之比，在压力不大的情况下，土颗粒的体积变化很小，因此，采用孔隙比的变化能很好地反映土在压缩过程中孔隙体积的变化。下面分析加压前后孔隙比的变化，以及如何将实测的土样高度变化转化为孔隙比的变化。

	加压前	加压后
孔隙比	$e_0 = \dfrac{V_{v0}}{V_{s0}}$	$e_1 = \dfrac{V_{v1}}{V_{s1}}$
孔隙体积	$V_{v0} = V_{s0} \cdot e_0$	$V_{v1} = V_{s1} \cdot e_1$
总体积	$Fh_0 = V_{v0} + V_{s0} = (1+e_0)V_{s0}$	$Fh_1 = V_{v1} + V_{s1} = (1+e_1)V_{s1}$
土颗粒体积	$V_{s0} = \dfrac{Fh_0}{1+e_0}$	$V_{s1} = \dfrac{Fh_1}{1+e_1}$

因为土颗粒体积压缩前后基本保持不变，即 $V_{s0} = V_{s1}$，则：

$$\frac{h_0}{1+e_0} = \frac{h_1}{1+e_1} \quad 或 \quad \frac{h_1}{h_0} = \frac{1+e_1}{1+e_0}$$

有：

$$\frac{\Delta h}{h_0} = \frac{h_0 - h_1}{h_0} = 1 - \frac{h_1}{h_0} = 1 - \frac{1+e_1}{1+e_0} = \frac{e_0 - e_1}{1+e_0} = \frac{\Delta e}{1+e_0}$$

$$\Delta e = \frac{\Delta h}{h_0}(1+e_0) \qquad e_1 = e_0 - \Delta e = e_0 - \frac{\Delta h}{h_0}(1+e_0)$$

一般写成：

$$e_i = e_0 - \frac{\Delta h_i}{h_0}(1+e_0) \tag{3-7}$$

式(3-7)表示施加第 i 级荷载之后的孔隙比变化量。根据上式可以把各级荷载作用下测得的土样高度变化转化为孔隙比变化，可得到在各级荷载 p 下对应的孔隙比 e，从而绘制出土压缩的 $e \sim p$ 曲线。

如图 3-9 所示，设压力由 p_1 增至 p_2，相应的孔隙比由 e_1 减小到 e_2，当压力变化范围不大时，可将该压力范围的曲线用两点的连线来代替，并用斜率来表示土在这一段压力范围的压缩性，即：

$$a_v = \tan\alpha = \frac{e_1 - e_2}{p_2 - p_1} = -\frac{\Delta e}{\Delta p} \tag{3-8}$$

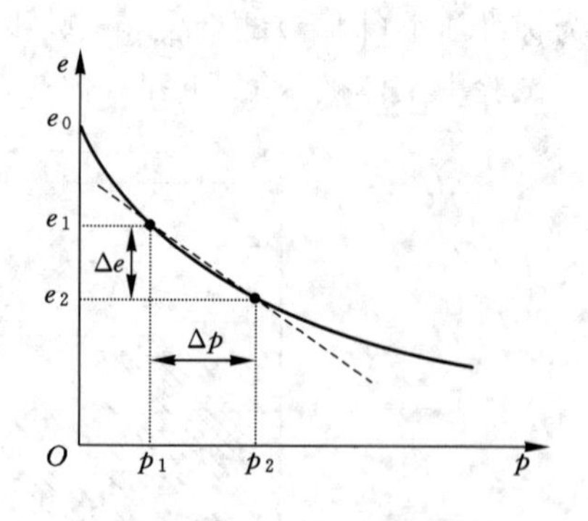

图 3-9　$e \sim p$ 压缩曲线

式中，a_v 为土的压缩系数，MPa^{-1}。

压缩系数越大，土的压缩性越高。在压力不大的情况下，孔隙比的变化与压力的变化成正比，公式如下：

$$e_i - e_{i+1} = a_v(p_{i+1} - p_i) \tag{3-9}$$

（二）变形指标

1. 压缩模量

根据压缩试验，可以得到另一个重要的压缩指标——压缩模量，用 E_s 来表示。定义为土在完全侧限的条件下竖向应力增量 Δp（如从 p_1 增至 p_2）与相应的应变增量 $\Delta\varepsilon$ 的比值：

$$E_s=\frac{\Delta p}{\Delta\varepsilon}=\frac{\Delta p}{\Delta h/h_0} \tag{3-10}$$

式中　E_s——压缩模量，MPa；

Δh——土样竖向压缩高度，cm；

h_0——土样初始高度，cm。

在无侧限变形即横截面积不变的情况下，同样根据土颗粒体积不变的条件，Δh 可用相应的孔隙比的变化 $-\Delta e=e_0-e_1$ 来表示：

$$\frac{h_0}{1+e_0}=\frac{h}{1+e_1}=\frac{h_0-\Delta h}{1+e_1} \tag{3-11}$$

得到：

$$\Delta h=\frac{e_0-e_1}{1+e_0}h_0=\frac{-\Delta e}{1+e_0}h_0 \tag{3-12}$$

将式(3-12)代入式(3-10)得：

$$E_s=\frac{\Delta p}{\Delta h/h_0}=-\frac{\Delta p}{\Delta e/(1+e_0)}=\frac{1+e_0}{a_v} \tag{3-13}$$

同压缩系数 a_v 一样，压缩模量 E_s 也不是常数，而是随着压力大小而变化。显然，在压力较小时，压缩系数 a_v 大，压缩模量 E_s 小；在压力较大时，压缩系数 a_v 小，压缩模量 E_s 大。因此，在运用到沉降计算时，合理的做法是根据实际竖向应力的大小在压缩曲线上取相应的压缩系数值计算压缩模量。

压缩系数和压缩模量与土所受的荷载大小有关，为了便于比较，一般采用压力间隔 $p_1=100$ kPa 至 $p_2=200$ kPa 时对应的压缩系数 a_{v1-2} 来评价土的压缩性，如表 3-1 所示。

表 3-1　土压缩性类别的划分

土的类别	a_{v1-2}/MPa^{-1}	E_s/MPa
高压缩性土	$a_{v1-2}\geqslant 0.5$	$E_s<4$
中压缩性土	$0.1\leqslant a_{v1-2}<0.5$	$4\leqslant E_s\leqslant 15$
低压缩性土	$a_{v1-2}<0.1$	$E_s>15$

2. 泊松比

泊松比指的是在无侧限条件下，侧向膨胀应变与竖向压缩应变之比，也称为土的侧膨胀系数，用 μ 表示，表达式为：

$$\mu=\frac{\varepsilon_x}{\varepsilon_z} \tag{3-14}$$

3. 变形模量

变形模量也是反映土的压缩性的重要指标之一，是在无侧限变形的条件下竖直应力与竖向应变的比值：

$$E_0=\frac{\sigma_z}{\varepsilon_z} \tag{3-15}$$

土的变形模量是通过现场荷载试验求得的压缩性指标，能较真实地反映天然土层的变形特性。对没有荷载试验的土，其变形模量可根据室内三轴压缩试验的应力—应变关系曲线来确定或根据压缩模量的资料来估算。

在土的压密变形阶段，假定土为弹性材料，可根据广义虎克定律，推导出变形模量 E_0 与压缩模量 E_s 之间的关系：

$$E_0=E_s\left(1-\frac{2\mu^2}{1-\mu}\right) \tag{3-16}$$

令

$$\beta=1-\frac{2\mu^2}{1-\mu} \tag{3-17}$$

则

$$E_0=\beta E_s \tag{3-18}$$

4. 体积压缩系数

工程上还常用体积压缩系数 m_v（MPa^{-1}）作为地基沉降的计算参数。体积压缩系数定义为土在完全侧限条件下体积应变增量（等于竖向应变）与使之产生的压力增量之比值，在数值上等于压缩模量的倒数，即：

$$m_v=\frac{\Delta\varepsilon}{\Delta p}=\frac{1}{E_s}=\frac{a_v}{1+e} \tag{3-19}$$

5. 侧压力系数

侧压力系数指的是在侧限条件下，侧向压力与竖向压力之比，用 K_0 表示。若按照弹性理论，可获得 K_0 表达式为：

$$K_0=\frac{\sigma_x}{\sigma_z}=\frac{\mu}{1-\mu} \tag{3-20}$$

K_0 可通过试验获得，见本书第八章静止土压力部分。

6. 压缩指数

当施加的压力比较大时，选用半对数直角坐标系绘制 $e \sim p$ 关系，得到了 $e \sim \lg p$ 曲线。试验时以较小的压力开始，加到较大的荷载为止，一般为 12.5 kPa、25 kPa、50 kPa、100 kPa、200 kPa、400 kPa、800 kPa、1 600 kPa、3 200 kPa。

如图 3-10 所示，曲线直线段的斜率称为压缩指数，用 C_c 表示，它是无量纲量：

$$C_c=\frac{-\Delta e}{\Delta \lg p}=\frac{e_1-e_2}{\lg p_2-\lg p_1}=\frac{e_1-e_2}{\lg\dfrac{p_2}{p_1}} \tag{3-21}$$

压缩指数 C_c 与压缩系数 a_v 不同，a_v 值随压力变化而变化，而 C_c 值在压力较大时为常数，不随压力变化而变化。C_c 值越大，土的压缩性越高，低压缩性土的 C_c 值一般小于 0.2，高压缩性土的 C_c 值一般大于 0.4。

三、土的固结历史与先期固结压力

（一）土的回弹曲线和再压缩曲线

在压缩试验中，如果加压到某一值后不再加压，然后逐级进行卸荷直至零，如图 3-11 所示。在 $e \sim \lg p$ 压缩曲线中会出现回弹，只能恢复弹性变形，有一部分是塑性变形不能恢

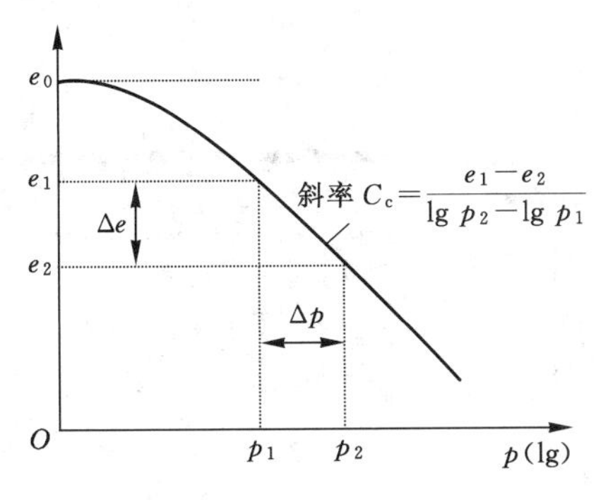

图 3-10　$e\sim\lg p$ 压缩曲线

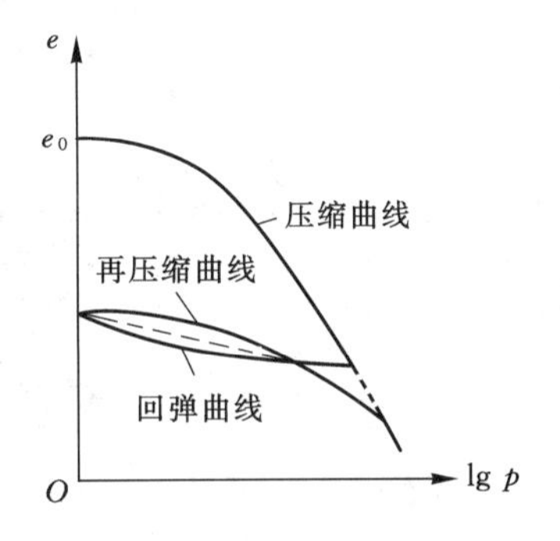

图 3-11　压缩及回弹曲线

复，如果再施加压力，则会形成一个回滞环，回滞环两点连线的斜率称之为回弹指数或再压缩指数，用 C_e 表示，计算方法同压缩指数。C_e 一般比 C_c 小，一般黏性土的 $C_e\approx(0.1\sim0.2)C_c$。

（二）先期固结压力及黏性土的固结状态

试验表明，在图 3-12 所示的 $e\sim\lg p$ 曲线上，对应于曲线段过渡到直线段的某拐弯点的压力值是土在历史上曾经受到的最大固结压力，也就是土体在固结过程中所受到的最大有效应力，称为先期固结压力，用 p_c 表示。

目前最为常用的是根据室内压缩试验作出 $e\sim\lg p$ 曲线确定 p_c，较简便明了的方法是卡萨格兰德 1936 年提出的经验作图法，具体步骤如下：

① 在 $e\sim\lg p$ 曲线拐弯处找出曲率半径最小的点 a，过 a 点作水平线 ab 和切线 ac。

② 作∠bac 的平分线 ad，与 $e\sim\lg p$ 曲线直线段的延长线交于 e 点。

③ e 点所对应的有效应力即为先期固结压力。

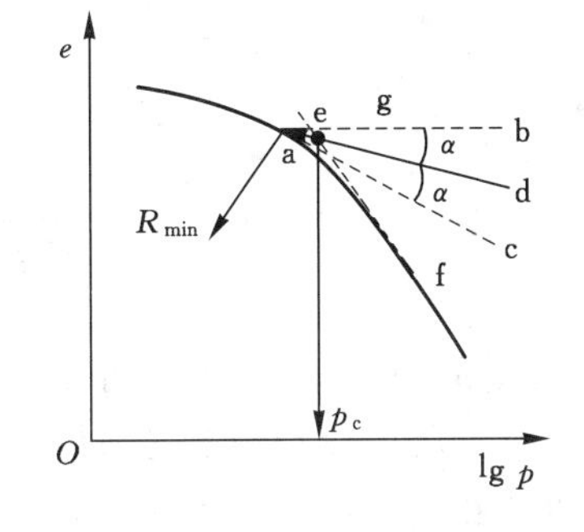

图 3-12　作图法确定先期固结压力

通过测定的先期固结压力 p_c 和现今土层的自重应力 p_0 的比较，用超固结比 $OCR=\frac{p_c}{p_0}$ 来判别黏性土的固结状态（图 3-13），将天然土层划分为正常固结土、超固结土和欠固结土三类固结状态：

① 现有土层上覆有效压力 p_0 等于先期固结压力 p_c，也就是说土的自重应力就是该土层历史上受过的最大有效应力，这种土称为正常固结土，则 $OCR=1$[图 3-13(a)]。

② 现有土层上覆有效压力 p_0 小于先期固结压力 p_c，也就是说土层历史上受过的最大有效应力大于土自重应力，这种土称为超固结土，如覆盖的土层由于被剥蚀等原因，使得原来长期存在于土层中的竖向有效应力减小了，则 $OCR>1$[图 3-13(b)]。

③ 现有土层上覆有效压力 p_0 大于先期固结压力 p_c，也就是说土层在自重应力作用下的固结尚未完成，这种土称为欠固结土，如新近沉积黏土、人工填土等，由于沉积时间短，在自重作用下还没有完全固结，则 $OCR<1$[图 3-13(c)]。

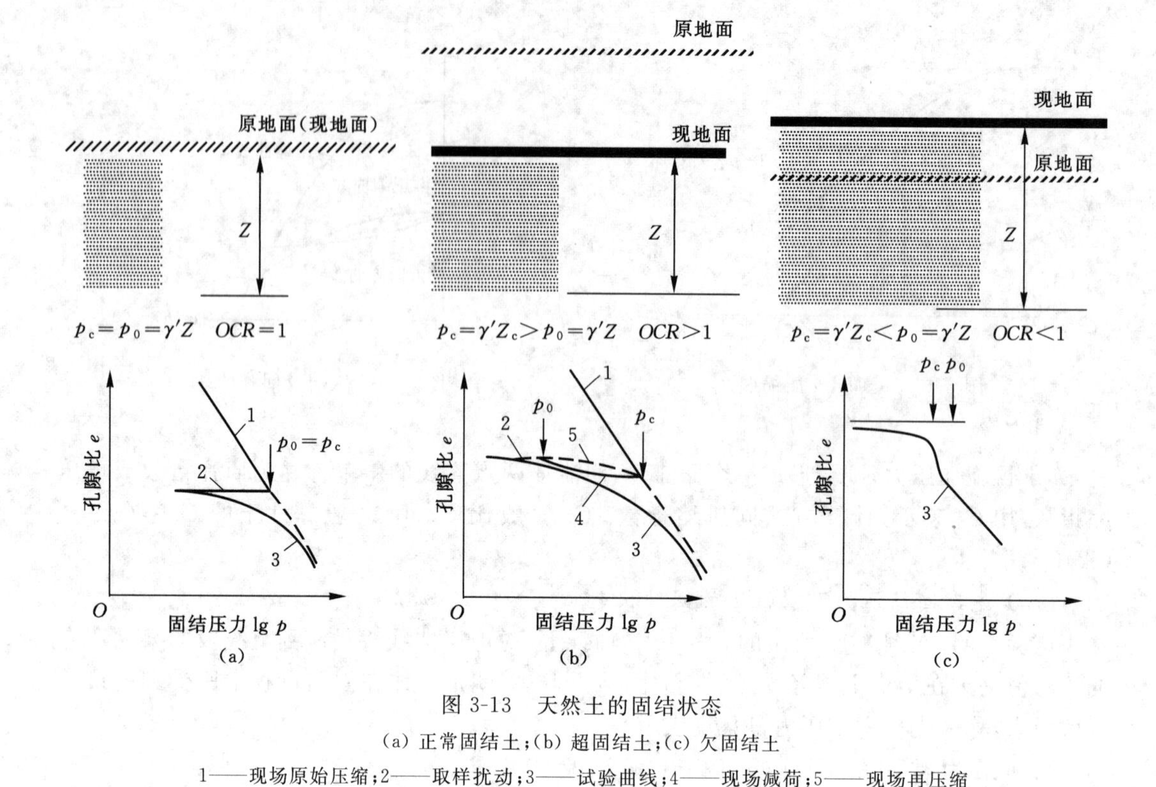

图 3-13　天然土的固结状态

(a) 正常固结土;(b) 超固结土;(c) 欠固结土

1——现场原始压缩;2——取样扰动;3——试验曲线;4——现场减荷;5——现场再压缩

第二节　土的抗剪性

土的抗剪强度是指土体对于外荷载所产生的剪应力的极限抵抗能力,其数值等于土体产生剪切破坏时滑动面上的剪应力。在外荷载作用下,土体中将产生剪应力和剪切变形,当土中某点由外力所产生的剪应力达到土的抗剪强度时,土就沿着剪应力作用方向产生相对滑动,该点便发生剪切破坏。工程实践和室内试验都证实了剪切破坏是土体破坏的重要特点,因此,土的强度问题实质上就是土的抗剪强度问题。

早期材料的强度理论包括最大应力理论、最大应变理论、最大变形功能理论和最大剪应力理论,但都不能很好地适用于土体抗剪强度的特点。研究人员经过大量的试验与分析,在最大剪应力理论的基础上得出了符合土体破坏的莫尔—库仑强度理论。

在工程实践中与土的抗剪强度有关的工程问题,可以归纳为三类。第一是土作为材料构成的土工构筑物的稳定性问题,如土坝、路堤等填方边坡以及天然土坡等稳定性问题。第二是土作为材料构成的工程构筑物的环境问题,即土压力问题,如挡土墙、地下结构等周围土体,其破坏将对墙体造成过大的侧向土压力,可能导致这些工程构筑物发生滑动、倾覆等事故。第三,是土作为材料构成的工程构筑物的地基承载力问题,如地基土体产生整体滑动或因局部剪切破坏而导致过大的地基变形,都会造成上部结构的破坏或影响其正常使用的事故。

本节主要介绍土的抗剪强度理论、抗剪强度试验、饱和黏性土和无黏性土的抗剪强度以及应力路径在强度问题中的应用。

一、土的抗剪强度理论

（一）抗剪强度的库仑定律

土体发生剪切破坏时，将沿着其内部某一曲面（滑动面）产生相对滑动，而这个滑动面上的剪应力就是土的抗剪强度。

库仑定律的总应力表达式为：

$$\tau_f = c + \sigma \tan \varphi \tag{3-22}$$

式中　c——土的黏聚力，kPa；

φ——土的内摩擦角，(°)。

库仑定律的有效应力表达式为：

$$\tau_f = c' + \sigma' \tan \varphi' \quad \text{或} \quad \tau_f = c' + (\sigma - u) \tan \varphi' \tag{3-23}$$

式中　c'——土的有效黏聚力，kPa；

φ'——土的有效内摩擦角，(°)。

（二）莫尔—库伦强度理论

莫尔(1911)认为，土中某点剪应力 τ 达到该点的抗剪强度时，即发生破坏，并指出在破坏面上的 τ_f 是该面上法向应力 σ 的函数，即：

$$\tau_f = f(\sigma) \tag{3-24}$$

该函数在直角坐标系中是一条曲线，通常称为莫尔包络线，如图 3-14 中实线所示。莫尔包络线表示材料受到不同应力作用达到极限状态时，剪应力 τ_f 与滑动面上法向应力 σ 的关系。土的莫尔包络线通常近似地用直线表示，如图 3-14 中虚线所示，该直线方程就是库仑定律所表示的方程。由库仑公式表示莫尔包络线的土体强度理论称为莫尔—库仑强度理论。

极限平衡状态下的莫尔圆称为极限应力圆，根据极限应力圆可以得出在极限平衡状态下主应力的关系。将土的抗剪强度包络线与莫尔应力圆画在同一坐标系上，如图 3-15 所示，它们之间的关系可以有三种情况：

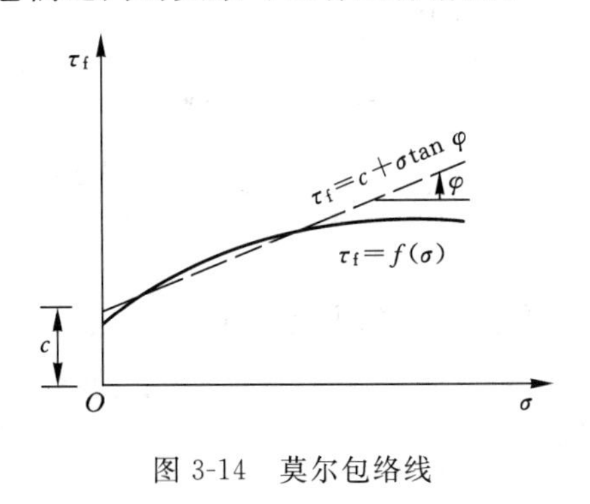

图 3-14　莫尔包络线

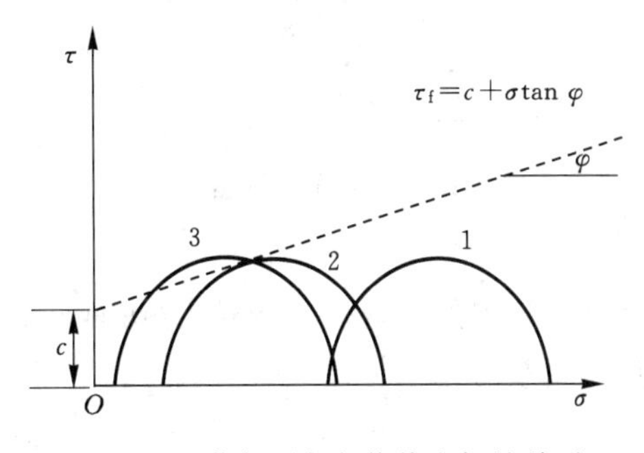

图 3-15　莫尔圆与包络线之间的关系

① 整个莫尔应力圆位于抗剪强度包络线的下方（莫尔圆 1），说明通过该点的任意平面上的剪应力都小于土的抗剪强度，因此该点不会发生剪切破坏，该点处于弹性状态。

② 莫尔应力圆与抗剪强度包络线相切(莫尔圆 2),说明该点所代表的平面上,剪应力正好等于土的抗剪强度,即该点处于极限平衡状态,莫尔圆 2 称为极限应力圆。

③ 莫尔应力圆与抗剪强度包络线相割(莫尔圆 3),表明该点某些平面上的剪应力已超过了土的抗剪强度,事实上该应力圆所代表的应力状态是不存在的,因为在此之前,该点早已沿某一平面发生了剪切破坏。

在极限平衡状态下主应力和抗剪强度指标 c、φ 值之间的关系叫作极限平衡条件。根据极限应力圆与抗剪强度包络线之间的几何关系,可建立土的极限平衡条件。设土体中某点剪切破坏时的破裂面与最大主应力作用面成 α 角,如图 3-16 所示,则该点处于极限平衡状态时的莫尔圆如图 3-17 所示,将抗剪强度包络线延长与 σ 轴相交于 O 点,由直角三角形 $O'OA$ 可知:

$$\sin\varphi=\frac{AO'}{OO'}=\frac{\dfrac{\sigma_1-\sigma_3}{2}}{\dfrac{\sigma_1+\sigma_3}{2}+c\cot\varphi} \tag{3-25}$$

化简后得:

$$\sigma_1(1-\sin\varphi)=\sigma_3(1+\sin\varphi)+2c\cos\varphi \tag{3-26}$$

再通过三角函数间的变换关系,可得到土的极限平衡条件为:

$$\sigma_1=\sigma_3\tan^2\left(45^\circ+\frac{\varphi}{2}\right)+2c\tan\left(45^\circ+\frac{\varphi}{2}\right) \tag{3-27}$$

$$\sigma_3=\sigma_1\tan^2\left(45^\circ-\frac{\varphi}{2}\right)-2c\tan\left(45^\circ-\frac{\varphi}{2}\right) \tag{3-28}$$

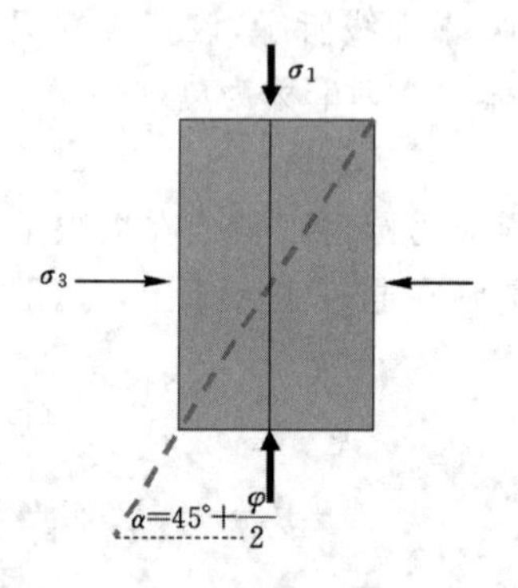

图 3-16 破裂面示意图

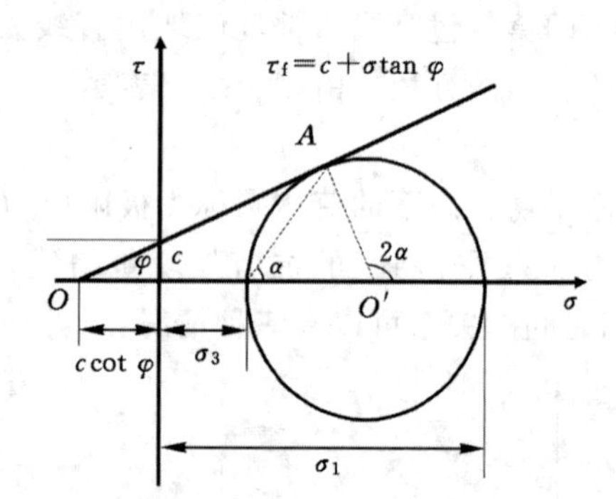

图 3-17 极限平衡条件

土中某点处于剪切破坏时,剪切面与最大主应力作用面间的夹角为 α,由三角形外角和内角的关系可得:

$$2\alpha=90^\circ+\varphi$$

即

$$\alpha=45^\circ+\frac{\varphi}{2} \tag{3-29}$$

剪切破坏的条件不是最大剪应力理论,而是发生在 σ、τ 符合库仑定律的平面上,即式(3-29),故土的抗剪强度理论又称最大倾角理论。

土的抗剪强度是土力学中非常重要的基本问题之一，但迄今为止，有些问题仍未得到有效的解决，例如中间主应力的影响问题、土的强度的非线性规律、高压条件下土的强度问题、复杂环境条件下土的强度问题等。

【例题 3-3】 已知黏土的黏聚力为 20 kPa，内摩擦角为 26°，承受的最大主应力为 450 kPa，最小主应力为 150 kPa，试判断该土是否处于极限平衡状态。

解： ① 用极限平衡条件式(3-27)进行判断，可得最大主应力的计算值为：

$$
\begin{aligned}
\sigma_1 &= \sigma_3 \tan^2\left(45^\circ + \frac{\varphi}{2}\right) + 2c\tan\left(45^\circ + \frac{\varphi}{2}\right) \\
&= 150 \times \tan^2\left(45^\circ + \frac{26^\circ}{2}\right) + 2 \times 20 \times \tan^2\left(45^\circ + \frac{26^\circ}{2}\right) \\
&= 448\ \text{kPa} < 450\ \text{kPa}
\end{aligned}
$$

已知值 $\sigma_1 = 450$ kPa，比最大主应力 σ_1 的计算结果大，说明土样的莫尔应力圆已超过土的抗剪强度包络线，所以该土样已被破坏。

② 用极限平衡条件式(3-28)进行判断，可得最小主应力的计算值为：

$$
\begin{aligned}
\sigma_3 &= \sigma_1 \tan^2\left(45^\circ - \frac{\varphi}{2}\right) - 2c\tan\left(45^\circ - \frac{\varphi}{2}\right) \\
&= 450 \times \tan^2\left(45^\circ - \frac{26^\circ}{2}\right) - 2 \times 20 \times \tan^2\left(45^\circ - \frac{26^\circ}{2}\right) \\
&= 200\ \text{kPa} > 150\ \text{kPa}
\end{aligned}
$$

已知值 $\sigma_3 = 150$ kPa，比最小主应力 σ_3 的计算结果小，说明土样的莫尔应力圆已超过土的抗剪强度包络线，所以该土样已被破坏。

③ 如果用图解法判断，则会得到莫尔应力圆与抗剪强度包线相割的结果。

【例题 3-4】 已知土中某点的应力处于极限平衡状态，最小主应力为 200 kPa，作用面的法线为水平方向，土的抗剪强度指标 $c = 50$ kPa，$\varphi = 24^\circ$。试求：① 该点最大主应力的大小和方向；② 该点最大剪应力值与作用面方向；③ 该点剪切破坏面上的正应力与剪应力，作用面的方向；④ 说明最大剪应力面不是剪切破坏面。

解： 如图 3-18 所示，$\sigma_3 = 200$ kPa，$c = 50$ kPa，$\varphi = 24^\circ$，处于极限平衡状态。

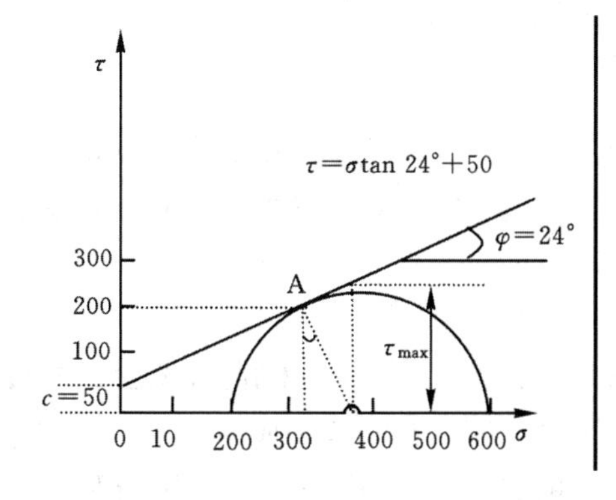

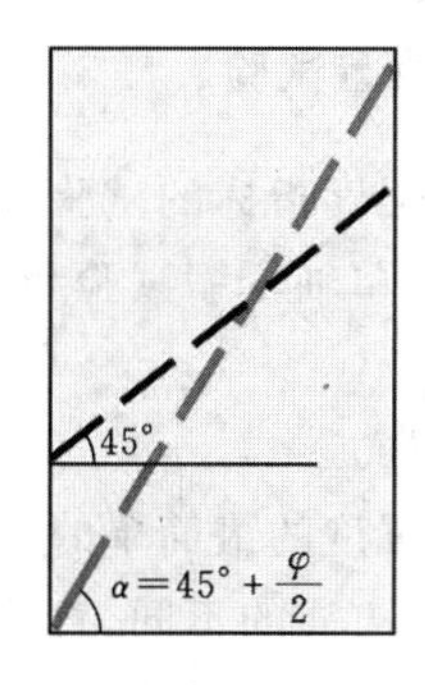

图 3-18　例题 3-5 图

① 最大主应力

$$\sigma_1 = \sigma_3 \tan^2\left(45^\circ + \frac{\varphi}{2}\right) + 2c\tan\left(45^\circ + \frac{\varphi}{2}\right)$$
$$= 200 \times \tan^2\left(45^\circ + \frac{\varphi}{2}\right) + 2 \times 50 \times \tan\left(45^\circ + \frac{\varphi}{2}\right)$$
$$= 628.2\ (\text{kPa})$$

σ_1 的方向为垂直。

② 最大剪应力

$$\tau_{\max} = \frac{\sigma_1 - \sigma_3}{2} = \frac{628.2 - 200}{2} = 214.4\ (\text{kPa})$$

$\tau_{\max}$的方向为 45°。

③ 剪切面上的正应力

$$\sigma_A = \frac{\sigma_1 + \sigma_3}{2} + \frac{\sigma_1 - \sigma_3}{2}\cos 2\alpha$$
$$= \frac{\sigma_1 + \sigma_3}{2} - \frac{\sigma_1 - \sigma_3}{2}\sin \varphi$$
$$= 414.1 - 87.1$$
$$= 327\ (\text{kPa})$$

剪切面上的剪应力

$$\tau_A = \frac{\sigma_1 - \sigma_3}{2}\sin 2\alpha$$
$$= \frac{\sigma_1 - \sigma_3}{2}\cos \varphi$$
$$= 195.5\ (\text{kPa})$$

$\alpha = 45^\circ + \frac{\varphi}{2} = 57^\circ$，即为剪应力作用的方向，与 σ_1 的作用面呈 57°，正应力作用方向与其垂直。

④ 从图 3-18 中可见，最大剪应力面(方向为 45°)不是剪切破坏面(方向为 57°)。

二、土的抗剪强度试验

测定土的抗剪强度指标的试验方法有多种，包括室内试验和现场试验。室内试验常用的有直接剪切试验、单轴压缩试验和三轴剪切试验；现场试验有十字板剪切试验以及大型野外剪切试验。

(一) 直接剪切试验

测定土的抗剪强度的最简单的方法是直接剪切试验，简称直剪试验。试验所使用的仪器为直剪仪，按加荷方式的不同，直剪仪可分为应变控制式和应力控制式两种。应变控制式是等速水平推动试样产生位移并测定相应的剪应力，而应力控制式则是对试样分级施加水平剪应力并测定相应的位移。目前我国普遍采用的是应变控制式直剪仪(图 3-19)，该仪器的主要部件由固定的上盒和活动的下盒组成，试样放在盒内上下两块透水石之间。试验时，由杠杆系统通过加压活塞和透水石对试样施加竖直方向应力 σ，然后等速推动下盒，使试样在沿上下盒之间的水平面上受剪直至破坏，剪应力 τ 的大小可借助与上盒接触的量力环确定。直剪试验过程如图 3-20 所示，施加的竖向应力为正应力，$\sigma = P/F$，使土样破坏的力为剪应力，$\tau = T/F$，F 为试样截面积。

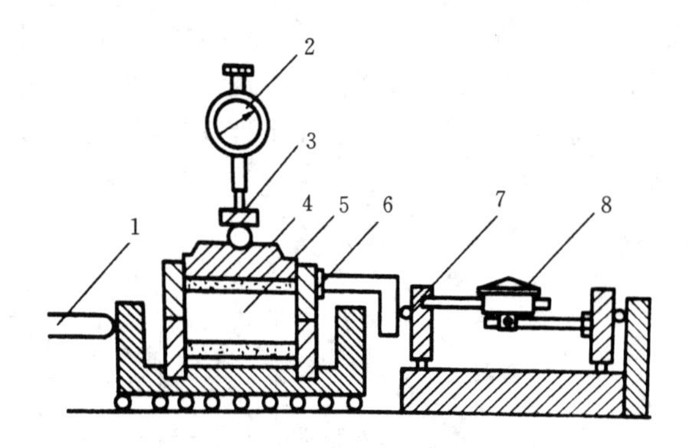

图 3-19 应变控制式直剪仪

1——推动座；2——垂直位移百分表；3——垂直加荷框架；4——活塞；5——试样；6——剪切盒；7——测力计；8——测力百分表

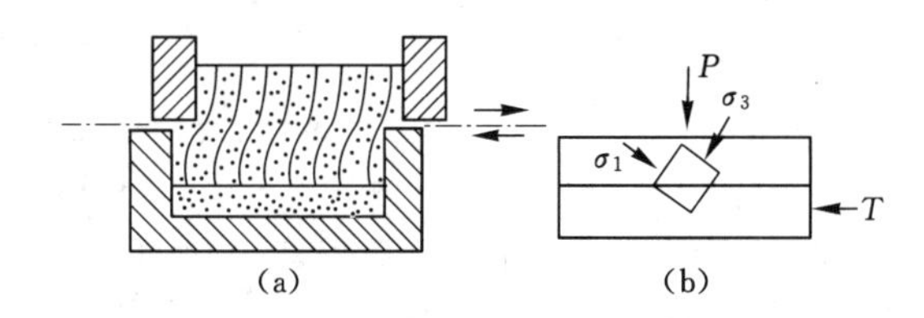

图 3-20 直接剪切试验过程示意图

直剪试验主要步骤如下：

① 制备土样，将环刀土样放置于剪力盒上；

② 加盖透水石；

③ 用加压盖板将土样压入剪力盒中；

④ 将剪力盒放入加压框中；

⑤ 施加荷载；

⑥ 将应变控制器开关打到剪切方向，开始剪切；

⑦ 手轮每转一圈，读一次百分表读数或采用自动采集系统读取。

试验完毕后，需要根据量力环测微表读数计算每一试样的剪应力及剪切位移：

$$\tau = CR \tag{3-30}$$

$$\Delta L = \Delta L' n - R \tag{3-31}$$

式中 τ——剪应力，kPa；

ΔL——剪切位移，0.01 mm；

C——量力环校正系数，kPa/0.01 mm；

R——量力环测微表读数，0.01 mm；

$\Delta L'$——手轮转一转的剪切位移量，0.001 mm；

n——手轮转数。

图 3-21 所示的是试样在剪切过程中剪应力 τ 与剪切位移 ΔL 之间的关系曲线，当曲线出现峰值时，取峰值剪应力作为该级法向应力 σ 下的抗剪强度 τ_f；当曲线无峰值时，可取剪切位移 $\delta=4$ mm 时所对应的剪应力作为该级法向应力 σ 下的抗剪强度 τ_f。

对同一种土的每组试验，所取试样不少于 4 个，分别在不同的法向应力 σ 下剪切破坏，可将试验结果绘制成如图 3-22 所示的抗剪强度 τ_f 与法向应力 σ 之间的关系曲线。大量的试验证实，对于黏性土，抗剪强度与法向应力之间近似呈直线关系，该直线与横轴的夹角为内摩擦角 φ，在纵轴上的截距为黏聚力 c。

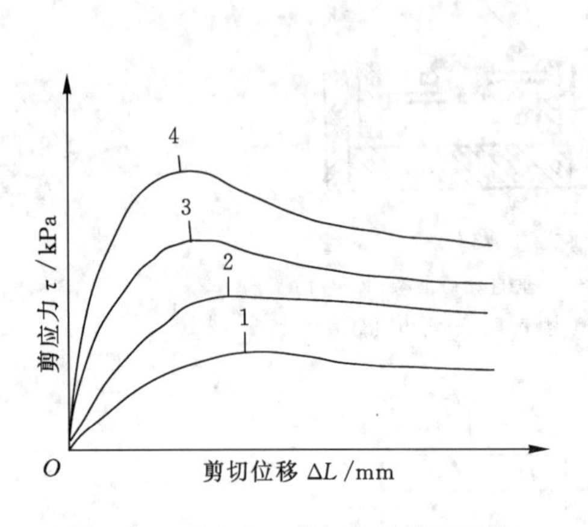

图 3-21　剪应力—剪切位移关系曲线

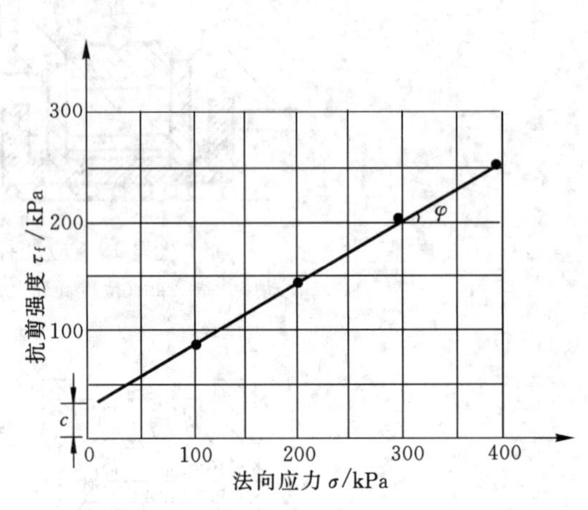

图 3-22　抗剪强度与法向压力关系曲线

【例题 3-5】 对某砂土样做的直剪试验结果如表 3-2 所示，求出试验 2 破坏面上的主应力。

表 3-2　某砂土直剪试验结果

试验编号	σ/kPa	τ_f/kPa
1	50	34
2	150	103
3	250	172

解题思路：① 先作 $\tau_f \sim \sigma$ 关系曲线；② 画出莫尔圆，求出 σ_1 和 σ_3。首先根据试验数据，在直角坐标系中标出以上三点，将其连成一条直线，即 $\tau_f \sim \sigma$ 关系曲线，直线的表达式可写成 $\tau_f=\sigma\tan\varphi$ 形式，过第二点作与函数图像垂直的直线，并相交于横轴，以此线段为半径作出与直线相切的圆，即为莫尔圆，图 3-23 所示，该圆与横轴的交点为 σ_1 和 σ_3。

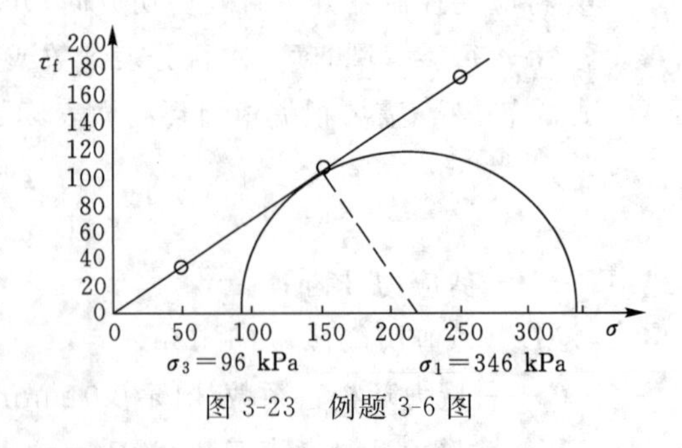

图 3-23　例题 3-6 图

对于砂性土，抗剪强度与法向应力之间的关系基本上是一条通过坐标原点的直线。另外，砂土的内摩擦角 φ 和砂土的密实程度和干湿程度相关。如图 3-24 所示，主要表现为砂

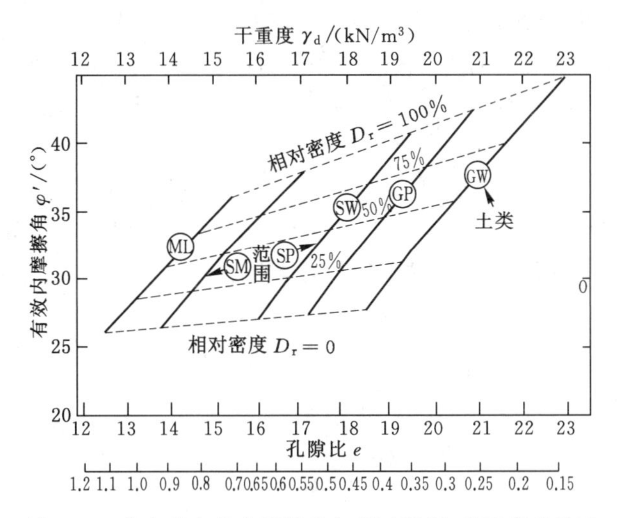

图 3-24　砂土的有效内摩擦角与相对密度、干重度的关系

土相对密度越大，有效内摩擦角 φ'越大；干重度越大，有效内摩擦角 φ'越大。

直接剪切试验可通过快剪、固结快剪和慢剪三种试样方法近似模拟土体在现场的加载速度和排水条件。

① 快剪。快剪试验是在对试样施加竖向压力后，立即以 0.8 mm/min 的剪切速率快速施加水平剪力使试样剪切破坏。一般从加荷到土样剪坏只需 3～5 min，由于剪切速率较快，可认为对渗透系数小于 10^{-6} cm/s 的黏性土在剪切过程中试样没有排水固结，近似模拟了“不排水剪切”过程，得到的抗剪强度指标用 c_q、φ_q 表示。

② 固结快剪。固结快剪是在对试样施加竖向压力后，让试样充分排水固结，待沉降稳定后，再以 0.8 mm/min 的剪切速率施加水平剪力使试样剪切破坏。近似模拟了“固结不排水剪切”过程，它只适用于渗透系数小于 10^{-6} cm/s 的黏性土，得到的抗剪强度指标用 c_{cq}、φ_{cq}表示。

③ 慢剪。慢剪试验是在对试样施加竖向压力后，让试样充分排水固结，待沉降稳定后，再以 0.02 mm/min 的剪切速率施加水平剪力使试样剪切破坏。使试样在受剪过程中一直充分排水和产生体积变形，模拟了“固结排水剪切”过程，得到的抗剪强度指标用 c_s、φ_s 表示。

直剪试验具有设备简单、试样制备及试验操作方便等优点，因而至今仍为国内外一般工程所使用。但直剪试验也存在以下缺点：

① 试验不能控制试样的排水条件，并且不能量测孔隙水压力；

② 剪切面限定在上下盒之间的平面，而不是沿土样最薄弱的面剪切破坏；

③ 剪切面上剪应力分布不均匀，且竖向荷载会发生偏转(上下盒的中轴线不重合)，主应力的大小及方向都是变化的；

④ 在剪切过程中，试样剪切面逐渐缩小，而在计算抗剪强度时仍按试样的原截面积计算；

⑤ 试验时上下盒之间的缝隙中易嵌入砂粒，使试验结果偏大。

（二）三轴剪切试验

三轴剪切试验也称三轴压缩试验，是室内测定土的抗剪强度的一种较为完善的试验方法。三轴剪切试验是以莫尔—库仑强度理论为依据而设计的三轴向加压的剪力试验，通常采用 3～4 个圆柱形试样，分别在不同的围压下测得土的抗剪强度，再利用莫尔—库仑破坏准则确定土的抗剪强度参数。

三轴剪切试验可以严格控制排水条件，可以测量土体内的孔隙水压力，另外试样中的应力状态也比较明确，试样破坏时的破裂面在最薄弱处，同时三轴剪切试验还可以模拟建筑物和建筑物地基的特点，以及根据设计施工的不同要求确定试验方法。

1. 三轴剪切试验的基本原理

三轴仪主要由压力室、加压系统、数据采集系统三部分组成，如图 3-25(a)所示，三轴压力室装置如图 3-25(b)所示。

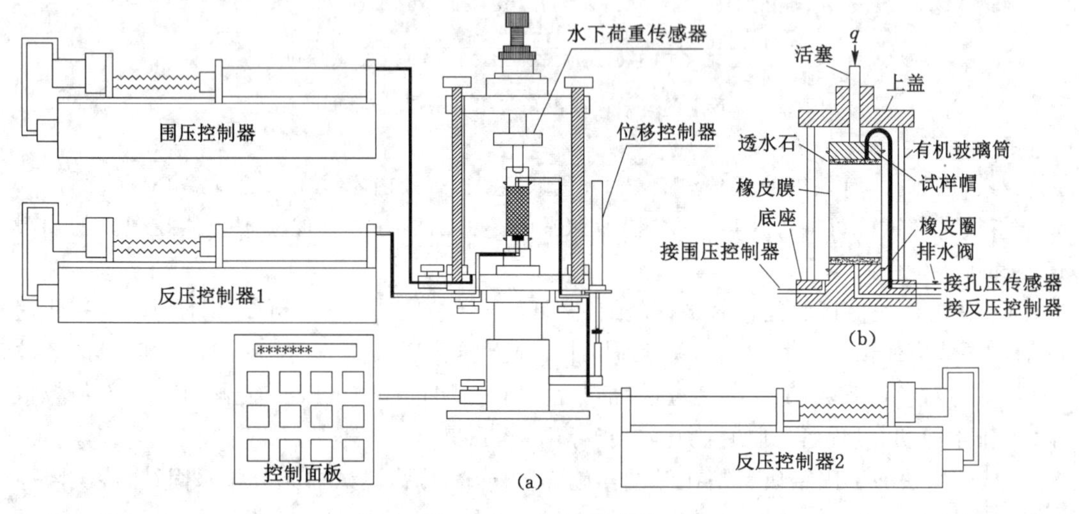

图 3-25　三轴仪模型图

常规试验方法的主要步骤如下：将土切成圆柱体套在橡胶膜内，放在密封的压力室中，然后向压力室内压入水，使试样在各个方向受到周围压力，并使液压在整个试验过程中保持不变，这时试件内各向的三个主应力都相等，因此不产生剪应力[图 3-26(a)]；然后再通过传力杆对试件施加竖向压力，这样，竖向主应力就大于水平向主应力，当水平向主应力保持不变而竖向主应力逐渐增大时，试样最终受剪而破坏[图 3-26(b)]。

设剪切破坏时由传力杆加在试件上的竖向压应力为 $\Delta\sigma_1$，则试件上的大主应力为 $\sigma_1=\sigma_3+\Delta\sigma_1$，而小主应力为 σ_3，以$(\sigma_1-\sigma_3)$为直径可画出一个极限应力圆，如图 3-27 中的圆Ⅰ。用同一种土样的若干个试件(三个以上)按以上所述方法分别进行试验，每个试件施加不同的周围压力 σ_3，可分别得出剪切破坏时的大主应力 σ_1，将这些结果绘成一组极限应力圆，如图 3-27 中的圆Ⅰ、Ⅱ和Ⅲ。由于这些试件都剪切至破坏，作这组极限应力圆的公共切线，即为土的抗剪强度包络线，通常可近似取为一条直线，该直线与横坐标的夹角即为土的内摩擦角 φ，直线与纵坐标的截距即为土的黏聚力 c。土的抗剪强度试验结果可以用总应力表示，即 $\tau_f=c+\sigma\tan\varphi$，也可以用有效应力来表示，即 $\tau_f=c'+\sigma'\tan\varphi'$ 或 $\tau_f=c'+(\sigma-u)\tan\varphi'$。

2. 三轴剪切试验方法

根据试样固结时的排水条件和剪切时的排水条件，三轴剪切试验可分为不固结不排水

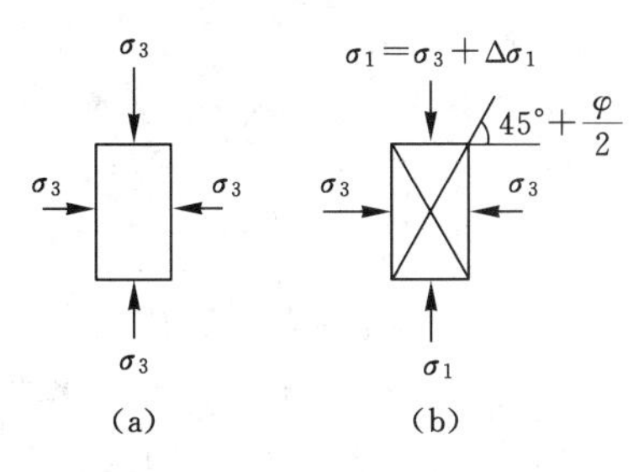

图 3-26　三轴试验过程应力状态

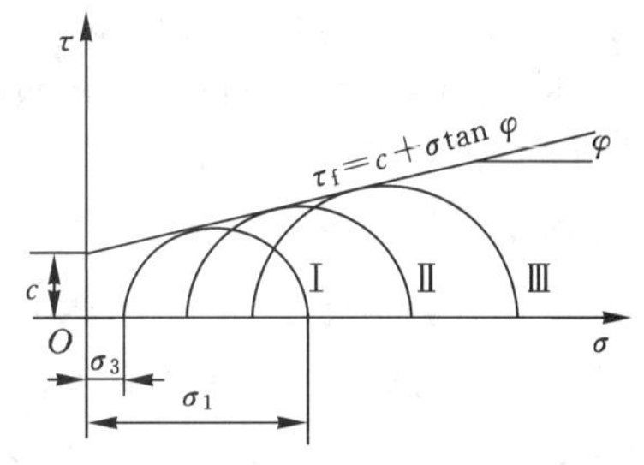

图 3-27　莫尔圆及破坏包络线

剪(UU)试验、固结不排水剪(CU)试验、固结排水剪(CD)试验。

(1) 不固结不排水剪(UU)试验

试样在施加周围压力和随后施加竖向压力直至剪切破坏的整个过程中都不允许排水,试验自始至终关闭排水阀门。这样从开始加压直至试样破坏,土中的含水率始终保持不变,孔隙水压力也不可能消散。可以测得土的总应力抗剪强度指标 c_u、φ_u。对于饱和黏土,$\varphi_u \approx 0$。

(2) 固结不排水剪(CU)试验

试样在施加周围压力 σ_3 时,打开排水阀门,允许排水固结,待固结稳定后关闭排水阀门,再施加竖向压力,使试样在不排水的条件下剪切破坏。在受剪的过程中同时测定试样中的孔隙水压力。由于不排水,试样在剪切过程中没有体积变形。可以测得土的总应力抗剪强度指标 c_{cu}、φ_{cu},并可计算出有效应力抗剪强度指标 c'、φ'。

(3) 固结排水剪(CD)试验

试样在施加周围压力 σ_3 时允许排水固结,待固结稳定后,再在排水条件下施加竖向压力至试样剪切破坏,剪切过程中孔隙水压力保持为零。可以测得土的有效应力抗剪强度指标 c_{cd}、φ_{cd},即 c'、φ'。

3. 三轴剪切试验数据曲线

在上述三种试验方法中,所直接测得的是主应力差($\sigma_1-\sigma_3$)与轴向应变以及孔隙水压力与轴向应变的关系。主应力差($\sigma_1-\sigma_3$)与轴向应变关系曲线如图 3-28 所示,主应力差是随着轴向应变的增加不断变大,直至达到峰值而破坏,无峰值时,取 15%轴向应变时的主应力差值作为破坏点;其中在不固结不排水的情况下,孔隙压力阀是呈关闭状态;在固结不排水条件下孔隙压力阀呈打开状态,可以测得到孔隙水压力(图 3-29);在固结排水条件下,孔隙水压力始终为零。

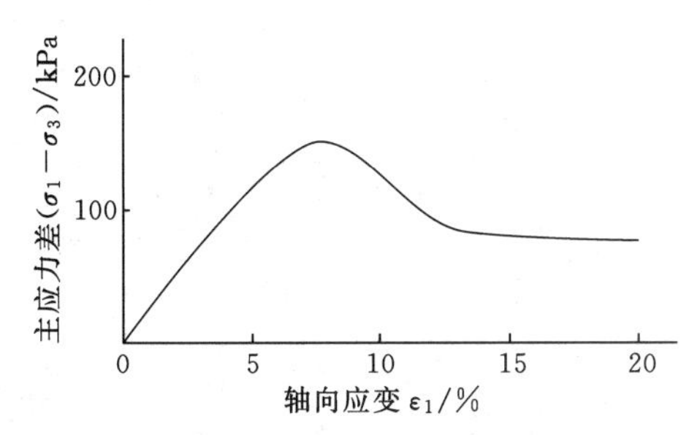

图 3-28　主应力差($\sigma_1-\sigma_3$)与轴向应变关系曲线

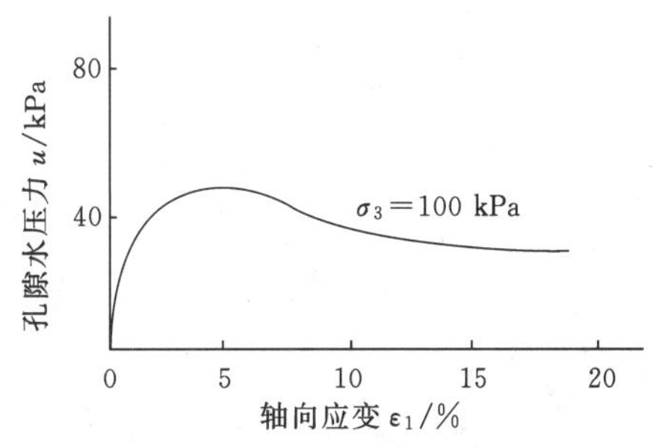

图 3-29　孔隙水压力与轴向应变关系曲线

三轴压缩仪的突出优点是能较为严格地控制排水条件以及可以量测试样中孔隙水压力变化。此外，试件中的应力状态也比较明确，破裂面发生在土样抗剪最薄弱的面上，而不像直接剪切仪那样限定在上下盒之间。

4. 超固结土的变形特征

不同应力历史状态下的土体，因其所受到的固结压力不一样，造成土的初始孔隙比也不一样，这将对土的抗剪强度产生影响。图3-30(a)为剪切前固结压力与初始孔隙比之间的关系曲线。图中 $a-b-c-d$ 线表示正常固结过程，当试样落在该线上时，说明它的现有固结压力等于它所受到过的最大固结压力(即前期固结压力)，属于正常固结试样。图 3-30(b)给出了不同固结压力下三轴压缩试验(固结不排水剪试验方法)求得的极限总应力圆及抗剪强度包络线，从图中可以看出，在相同的剪前固结压力作用下(如图中的 a 点和 f 点)，由于试样所受的应力历史不同，超固结土比正常固结土有较小的初始孔隙比，因而剪切破坏时的孔隙水压力比正常固结土的小，甚至可能出现负值，所以，根据有效应力原理，土中有效应力就大，土的抗剪强度也大。因此，在图中也反映出前者的抗剪强度大于后者的抗剪强度，即 f 点比 a 点高。所以，应力历史对土的抗剪强度会产生一定的影响。若考虑应力历史的影响，试样的强度包络线实际上应是两条直线组成的折线，如图 3-30(b)中折线 $fbcd$ 和图 3-30(c)中 1 线，该折线可近似以直线表示，如图 3-30(c)中 2 线，这也说明通常用直线来表示的库仑强度包络线只是一种近似的结果。

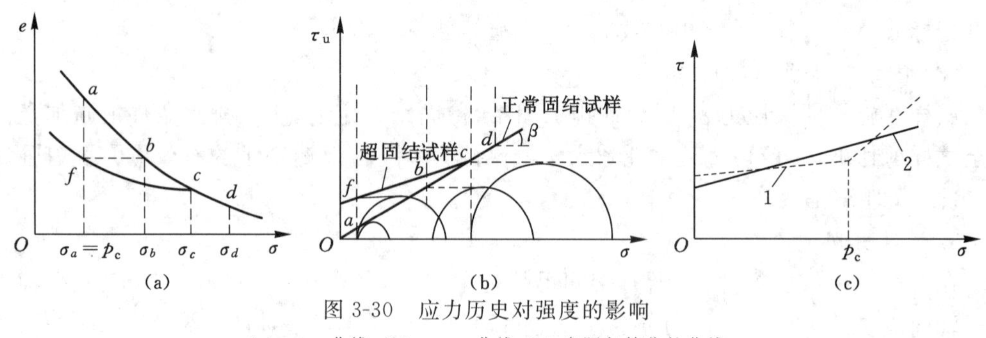

图 3-30 应力历史对强度的影响

(a) $e\sim\sigma$ 曲线；(b) $\tau_u\sim\sigma$ 曲线；(c) 实际与简化的曲线

剪切前施加于试样周围的最大和最小有效固结应力分别为 σ'_{1c} 和 σ'_{3c}，ε_a 为试样在剪切过程中的轴向应变；图 3-31 和图 3-32 为超固结土在 CU 剪切试验条件下 $(\sigma'_{1c}-\sigma'_{3c})-\varepsilon_a$

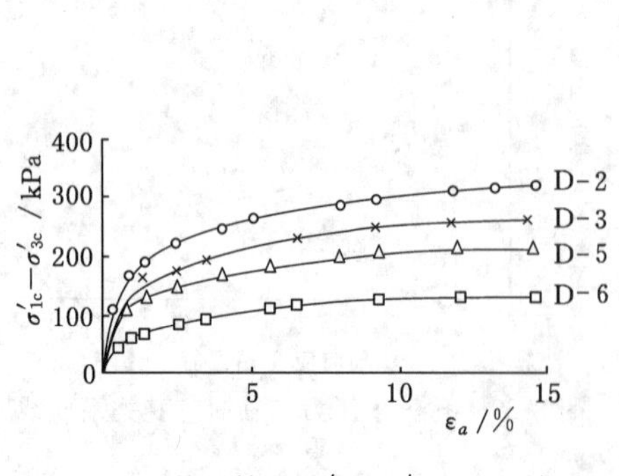

图 3-31 超固结土 $(\sigma'_{1c}-\sigma'_{3c})-\varepsilon_a$ 关系

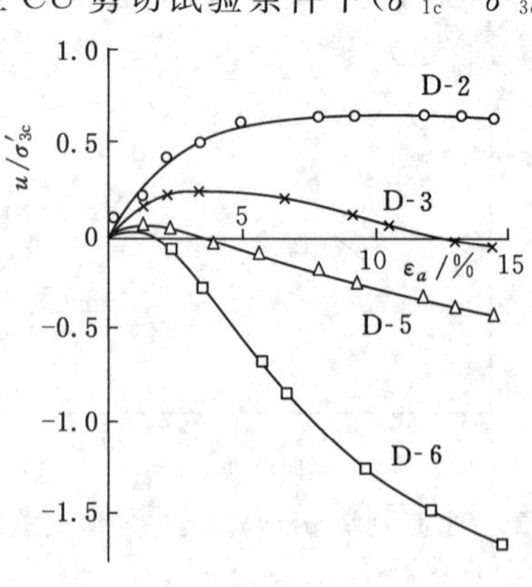

图 3-32 超固结土 $u/\sigma'_{3c}-\varepsilon_a$ 关系

和 $u/\sigma'_{3c}-\varepsilon_a$ 相互关系。试验编号 D-2、D-3、D-5 和 D-6 的超固结比 OCR 分别为 1、3、6 和 30。可以看出，随着超固结比增大，土样渐呈应变软化的特点，并有较强的剪胀趋势，随着 ε_a 的增大出现负孔隙水压力，且超固结比越大，负孔压出现得越早。

（三）无侧限抗压强度试验

无侧限抗压强度是指试样在无侧向压力条件下，抵抗轴向压力的极限强度。无侧限抗压强度试验实际上是三轴压缩试验的一种特殊情况，即周围压力 $\sigma_3=0$，所以又称单轴抗压强度试验，在一般情况下适用于测定饱和黏性土的无侧限抗压强度及计算土的灵敏度。

无侧限抗压强度试验所使用的无侧限压缩仪如图 3-33 所示，但也可以在三轴仪上进行。试验时，在不加任何侧向压力的情况下，对圆柱体试样施加轴向压力，直至试样剪切破坏为止。试样破坏时的轴向压力以 q_u 表示，即为无侧限抗压强度。

由于不能改变周围压力，因而根据试验结果只能作一个极限应力圆，如图 3-34 所示。而三轴不固结不排水剪的试验结果表明，对于饱和黏性土，其破坏包络线近似为一水平线，即 $\varphi_u=0$，因此，对于饱和黏性土的不排水抗剪强度，就可利用无侧限抗压强度 q_u 得到，即：

$$\tau_f=c_u=\frac{q_u}{2} \tag{3-32}$$

式中　τ_f——土的不排水抗剪强度，kPa；

c_u——土的不排水黏聚力，kPa；

q_u——无侧限抗压强度，kPa。

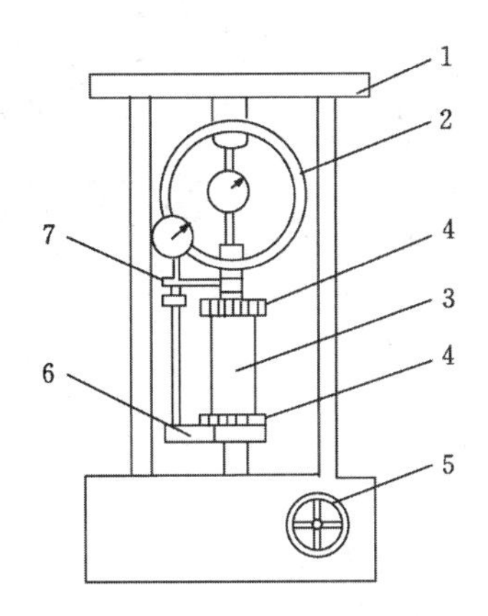

图 3-33　无侧限压缩仪

1——轴向加荷架；2——轴向测力计；3——试样；4——上、下传压板；5——手轮；6——升降板；7——轴向位移计

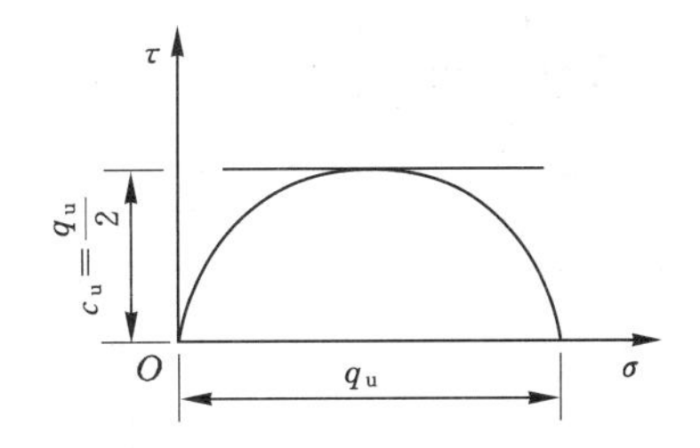

图 3-34　无侧限抗压强度试验结果

利用无侧限抗压强度试验可以计算饱和黏性土的灵敏度 S_t。灵敏度指的是饱和软黏土对结构扰动的敏感程度，是原状土的强度与同一土经重塑后（完全扰动但含水率不变）的强度之比，即：

$$S_t=\frac{q_u}{q_0} \tag{3-33}$$

式中　q_u——原状土的无侧限抗压强度，kPa；

q_0——重塑土的无侧限抗压强度，kPa。

按灵敏度饱和黏性土可以分为:低灵敏土($1<S_t\leqslant 2$)、中灵敏土($2<S_t\leqslant 4$)、高灵敏土($S_t>4$)三类。土的灵敏度越高,其结构性越强,受扰动后土的强度降低就越多。

(四)十字板剪切试验

十字板剪切试验是一种用十字板测定软黏土抗剪强度的原位试验。将十字板头由钻孔压入孔底软土中,以均匀的速度转动,通过一定的测量系统,测得其转动时所需之力矩,直至土体破坏,从而计算出土的抗剪强度。由十字板剪力试验测得的抗剪强度代表土的天然强度。

十字板剪力仪的构造如图 3-35 所示。试验时,先把套管打到要求测试的深度以上 75 cm,并将套管内的土清除,通过套管将安装在钻杆下的十字板压入土中至测试深度。然后由地面上的扭力装置对钻杆施加扭矩,使埋在土中的十字板扭转,直至土体剪切破坏,破坏面为十字板旋转所形成的圆柱面。

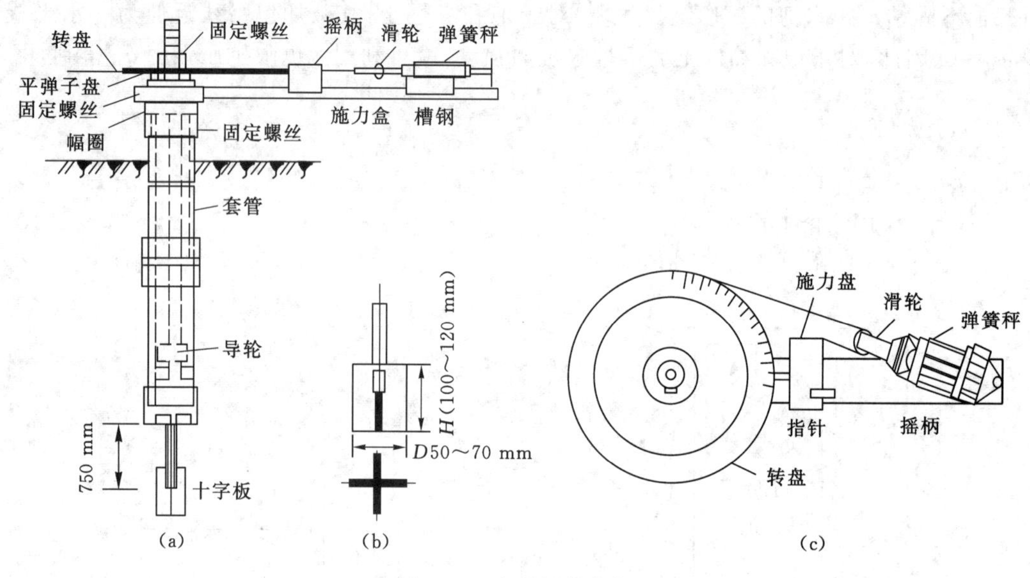

图 3-35 十字板剪力仪

(a) 剖面图;(b) 十字板;(c) 扭力设备

根据试验数据以及十字板参数,可得软土的抗剪强度计算公式:

$$c_u = KC(R_y - R_g) \tag{3-34}$$

式中 c_u——土的抗剪强度,kPa;

K——与十字板有关的常数,cm^{-2};

R_y——剪切破坏时量表读数,mm;

R_g——轴杆和钻杆与土摩擦时量表最大读数,mm;

C——钢环测力系数,N/mm。

(五)土的抗剪强度试验方法和指标的选择

土的抗剪强度及其指标的确定因试验时的排水条件以及所采用的分析方法(总应力法或有效应力法)的不同而不同。目前常用的试验手段主要是三轴剪切试验与直接剪切试验两种,前者能够控制排水条件以及可以测量试样中孔隙水压力的变化,后者则不能。三轴试验和直剪试验各自的三种试验方法，在理论上是一一对应的。直剪中的“快”与“慢”，并不是为了解决剪切速率对强度的影响问题，而仅是通过快与慢的剪切速率来解决试样的排水问题。在实际工程中，选用不同试验方法及相应的强度指标时，应注意以下几点：

① 采用的强度指标应与所采用的分析方法吻合。当采用有效应力法分析时，应采用土的有效应力强度指标；当采用总应力法分析时，应采用土的总应力强度指标。采用有效应力法及相应指标进行计算，概念明确，指标稳定，是一种比较合理的分析方法。只要能比较准确地确定孔隙水压力，则推荐采用有效应力法；有效应力强度指标可采用直剪慢剪、三轴固结排水剪和三轴固结不排水剪等方法测定。

② 试验中的排水条件控制应与实际工程情况相符合。不固结不排水剪在试验中所施加的外力全部为孔隙水压力所承担，试样完全保持初始的有效应力状态；固结不排水剪的固结应力则全部转化为有效应力，而在施加偏应力时又产生了孔隙水压力，所以仅当实际工程中的有效应力状况与上述两种情况相对应时，采用上述试验方法和指标才是合理的。因此，对于可能发生快速加荷的正常固结黏性土上的路堤进行稳定分析时可采用不固结不排水试验方法；对于土层较厚、渗透性较小、施工速度较快的施工期分析也可采用不固结不排水试验方法；而当土层较薄、渗透性较大、施工速度较慢工程的竣工期分析可采用固结不排水剪试验方法。

③ 在实际工程中，一些工程情况不一定都是很明确的，如加荷速度的快慢、土层的厚薄、荷载大小以及加荷过程等没有定量的界限值与之对应。此外，常用的三轴试验与直剪试验的试验条件也是理想化了的室内条件，在实际工程中与之完全相符合的情况并不多，大多只是近似的情况。因此，在强度指标的具体使用中，还需结合工程经验予以调整和判断。

④ 直剪试验不能控制排水条件，因此，若用同一剪切速率和同一固结时间进行直剪试验，对于渗透性不同的土样来说，不但有效应力不同，而且固结状态也不明确，若不考虑这一点，则使用直剪试验的结果就会有很大的随意性。但直剪试验的设备构造简单，操作方便，各土工实验室都具备条件，因此，在大多数场合下仍然采用直剪试验方法，但必须注意直剪试验的适用性。

以下为两个较为典型的案例：

福州火电厂淤泥堆载预压工程。福州火电厂地基为海相淤泥（软土地基），高含水率 $w=75\%\sim80\%$，高孔隙比 $e=1.8\sim2.4$，高压缩性 $a=2.0\sim2.4\ \mathrm{MPa^{-1}}$，低强度 $f_k=40$ kPa。砂井堆载预压固结法处理，用 c_u 计算堆载高度 4 m，预压时间 20 d，最终沉降量 213 cm。实际施工时预压了 80 d，堆载高度达到 4 m 时，沉降达到 25 mm/d，地基被破坏。后来采用 c_d 计算最大允许堆载高度为 2.86 m。

安徽硬黏土上的工程建筑。安徽省平原地区的硬黏土，外观坚硬、抗剪强度高、压缩性低，被认为是良好的地基，实际上出现过许多工程事故。主要原因是在现场条件下，硬黏土发育的裂隙吸收土周围的水分，使土本身软化，强度降低。太沙基在 1936 年试验证明，裂隙硬黏土土体强度仅是室内原状土强度的 1/10～1/50。

三、孔隙水压力系数

英国土力学家斯开普顿（A.W. Skempton）等人认为，土中孔隙水压力不仅由法向应力 σ 产生，而且剪应力的作用也会产生新的孔隙水压力增量，并根据三轴压缩试验的结果，提出了用孔隙水压力系数表示土中孔隙水压力大小的方法，即：

$$u=B[\sigma_3+A(\sigma_1-\sigma_3)]$$

其中，A、B 称为孔隙水压力系数。

上式可以写成增量形式：

$$\Delta u=B[\Delta\sigma_3+A(\Delta\sigma_1-\Delta\sigma_3)] \tag{3-35}$$

取一土样单元体，如图 3-36 所示，对土样单元体施加三个应力增量 $\Delta\sigma_1$、$\Delta\sigma_2$ 和 $\Delta\sigma_3$，应力增量可以分解为等向应力增量和偏应力增量，由相等的围压产生的孔隙水压力为 Δu_1，偏应力产生的孔隙水压力为 Δu_2。

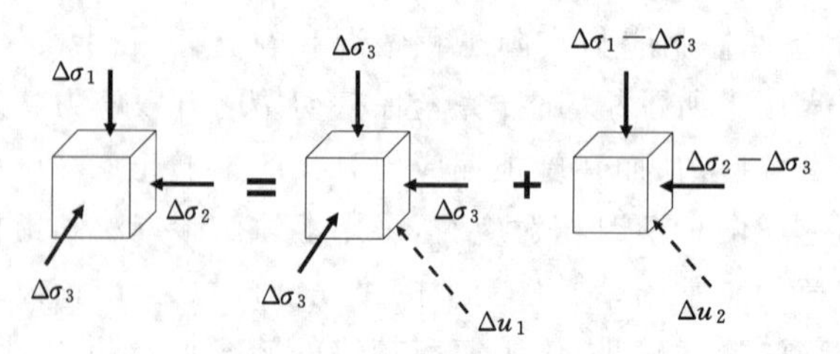

图 3-36 单元土体应力分解图

根据等向应力 $\Delta\sigma_3$ 作用下的孔隙水压力 Δu_1，可以求解出孔隙水压力系数 B，$B=\dfrac{\Delta u_1}{\Delta\sigma_3}$。对于完全饱和的土，孔隙为水所充满，$B=1$，则 $\Delta u_1=\Delta\sigma_3$。对于干土，$B=0$；对于非饱和土，$0<B<1$。

根据偏应力作用下的孔隙水压力 Δu_2，可以求解出孔隙水压力系数 A、B 的乘积，即 $BA=\dfrac{\Delta u_2}{\Delta\sigma_1-\Delta\sigma_3}$。

采用三轴实验可以求得 A 和 B，先施加 $\Delta\sigma_3$，再施加偏应力 $\Delta\sigma_1-\Delta\sigma_3$，使土样受剪直至破坏。根据对土样施加 $\Delta\sigma_3$ 和 $\Delta\sigma_1-\Delta\sigma_3$ 过程中先后测得的孔隙水压力 Δu_1 和 Δu_2，可以求出 B 和 A。

① 对于饱和土 $B=1$，则得：

$$A=\frac{\Delta u_2}{\Delta\sigma_1-\Delta\sigma_3}$$

② 对于非完全饱和土，$B<1$，且随应力大小变化。在施加偏应力阶段，B 值的变化不同于施加围压时 B 值的变化，常用 $\overline{A}=AB$ 计算，则：

$$\overline{A}=AB=\frac{\Delta u_2}{\Delta\sigma_1-\Delta\sigma_3}$$

$$\Delta u_2=\overline{A}(\Delta\sigma_1-\Delta\sigma_3)$$

③ 土体剪损时的孔压系数 A_f，剪坏时的孔隙压力为 u_f，相应的强度为 $(\Delta\sigma_1-\Delta\sigma_3)_f$，对于饱和土，则 $A_f=\dfrac{\Delta u_f}{(\Delta\sigma_1-\Delta\sigma_3)_f}$。

对于饱和黏土，三轴试验中孔压增量可分别表示如下：

UU 试验：$\Delta u=B[\Delta\sigma_3+A(\Delta\sigma_1-\Delta\sigma_3)]$

CU 试验：$\Delta u = A(\Delta\sigma_1 - \Delta\sigma_3)$

CD 试验：$\Delta u = 0$

四、饱和黏性土的抗剪强度

黏性土的抗剪强度可以通过三轴试验来测得，根据固结和排水条件，分为不固结不排水剪（UU）、固结不排水剪（CU）和固结排水剪（CD）。如果用三种试验方法对同一种土样做三轴剪切试验，因所限定的固结和剪切时排水条件不同，试验结果也不同，如图 3-37 所示。其抗剪强度表达式也不相同：

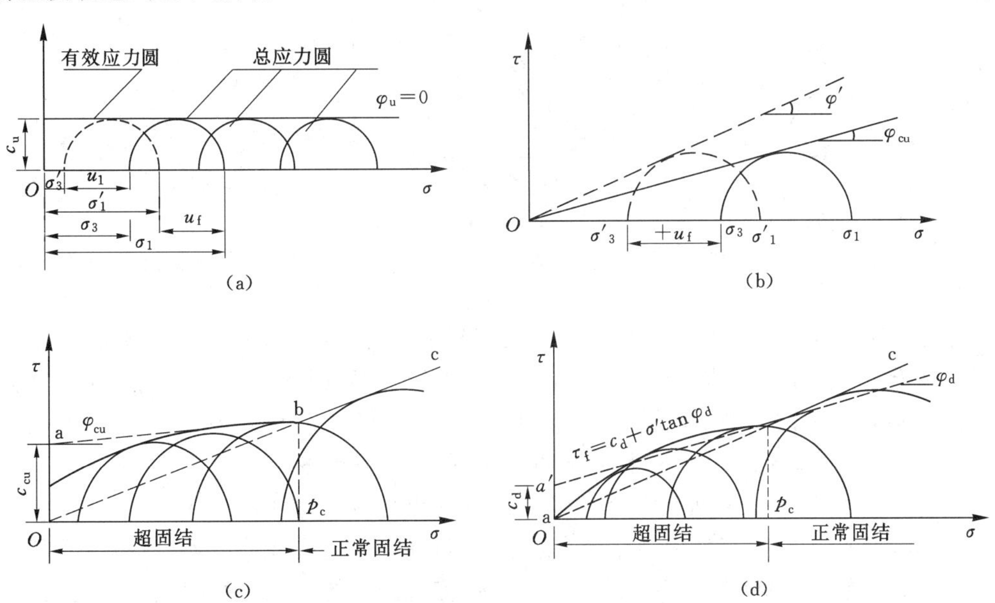

图 3-37　饱和软黏土的三种试验方法 $\tau \sim \sigma$ 曲线

(a) 饱和黏性土的不固结不排水剪切试验；(b) 正常固结土的固结不排水剪切试验；(c) 超固结土的固结不排水剪切试验；(d) 饱和黏性土的固结排水剪切试验

不固结不排水剪（UU）：

$$\tau = c_u + \sigma \tan \varphi_u \tag{3-36}$$

对于饱和软黏土，有 $\varphi_u = 0$，$c_u = \dfrac{\sigma_1 - \sigma_3}{2}$，为一条平行于横轴的直线。

固结不排水剪（CU）：

$$\tau = c_{cu} + \sigma \tan \varphi_{cu} \tag{3-37}$$

固结排水剪（CD）：

$$\tau = c_d + \sigma' \tan \varphi_d = c' + \sigma' \tan \varphi' \tag{3-38}$$

五、应力路径在强度问题中的应用

对于加荷过程中土体内的某点，其应力状态的变化可在应力坐标图中以莫尔应力圆上一个特征点的移动轨迹表示，这种轨迹称为应力路径。在三轴剪切试验中，如果保持 σ_3 不变，逐渐增加 σ_1，这个应力变化可以用一系列应力圆表示。为了避免在一张图上画很多应力圆而使图面很不清晰，可在圆上选择一个特征点来代表一个应力圆。常用的特征点是应力圆的顶点（剪应力为最大），其坐标为 $p=(\sigma_1+\sigma_3)/2$ 和 $q=(\sigma_1-\sigma_3)/2$［图 3-38(a)］。按应力变化过程顺序把这些点连接起来就是应力路径［图 3-38(b)］，并以箭头指明应力状态的发展方向。

加荷方法不同，应力路径也不同，如图 3-39 所示。在三轴剪切试验中，如果保持 σ_3 不变，逐渐增加 σ_1，最大剪应力面上的应力路径为 AB 线；如保持 σ_1 不变，逐渐减少 σ_3，则应力路径为 AC 线。

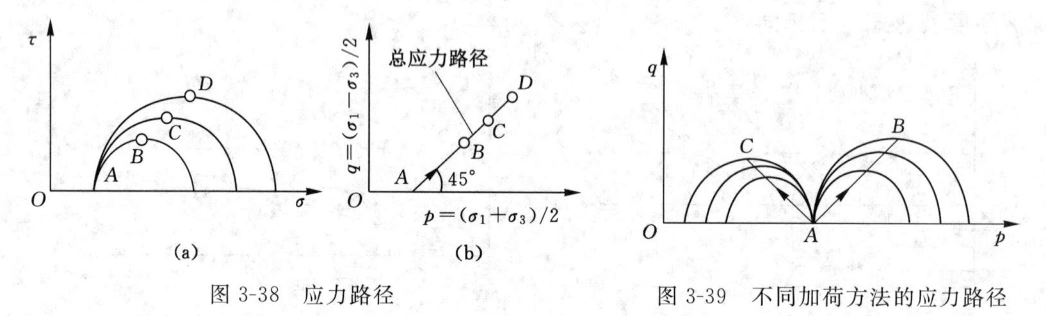

图 3-38　应力路径　　图 3-39　不同加荷方法的应力路径

应力路径可以用来表示总应力的变化，也可以表示有效应力的变化。图 3-40(a)表示正常固结黏土三轴固结不排水试验的应力路径，图中总应力路径 AB 是直线，而有效应力路径 AB' 则是曲线，两者之间的距离即为孔隙水压力 u，因为正常固结黏土在不排水剪切时产生正的孔隙水压力，如果总应力路径 AB 线上任意一点的坐标为 $p=(\sigma_1+\sigma_3)/2$ 和 $q=(\sigma_1-\sigma_3)/2$，则相应于有效应力路径 AB' 上该点的坐标为 $p'=(\sigma_1+\sigma_3)/2-u$、$q=(\sigma_1-\sigma_3)/2=(\sigma'_1-\sigma'_3)/2$，故有效应力路径在总应力路径的左边，从 A 点开始，沿曲线至 B' 点剪破。图中 K_f 线和 K'_f 线分别为以总应力和有效应力表示的极限应力圆顶点的连线，u_f 为剪切破坏时的孔隙水压力。图 3-40(b)为超固结土的应力路径，AB 和 AB' 为弱超固结试样的总应力路径和有效应力路径，由于弱超固结土在受剪过程中产生正的孔隙水压力，故有效应力路径在总应力路径的左边；CD 和 CD' 表示某一强超固结试样的应力路径，由于强超固结试样开始出现正的孔隙水压力，以后逐渐转为负值，故有效应力路径开始在总应力路径的左边，后来逐渐转移到右边，至 D' 点剪切破坏。

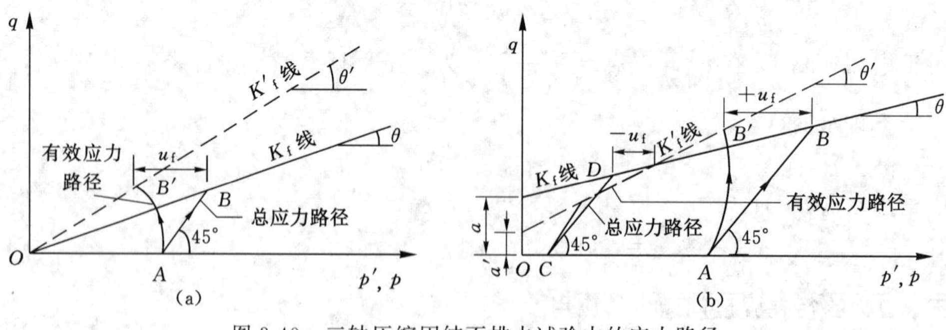

图 3-40　三轴压缩固结不排水试验中的应力路径

利用固结不排水试验的有效应力路径确定的 K'_f 线，可以求得有效应力强度指标 c' 和 φ'。多数试验表明，在试件发生剪切破坏时，应力路径发生转折或趋向于水平，因此，认为应力路径的转折点可作为判断试件破坏的标准，将 K'_f 线与破坏包络线绘在同一张图上，设 K'_f 线与纵坐标的截距为 a'，倾角为 θ'，由图 3-41 不难证明，θ'、a'与c'、φ'之间有如下关系：

$$\sin\varphi' = \tan\theta' \tag{3-39}$$

$$c' = a'/\cos\varphi' \tag{3-40}$$

这样，就可以根据 θ'、a'反算 c'、φ'，这种方法称为应力路径法。该法比较容易从同一批土样而较为分散的试验结果中得出 c'、φ'值。

由于土体的变形和强度不仅与受力的大小以及应力历史有关，更重要的还与土的应力路径有关，采用土的应力路径可以模拟土体实际的应力变化，全面研究应力变化过程对土的力学性质的影响，因此，土的应力路径对于进一步探讨土的应力—应变关系和强度都具有十分重要的意义。

六、无黏性土的抗剪强度

密实的砂土要克服存在于颗粒间的咬合力，会在$(\sigma_1-\sigma_3)\sim\varepsilon$ 曲线（图 3-42）中会出现一个明显的峰值，称为峰值强度。当克服峰值强度之后，砂土仍存在一部分强度，称为残余强度。而松散的砂土在剪切破坏之前需要压密，会产生比较大的应变，不会存在峰值强度。

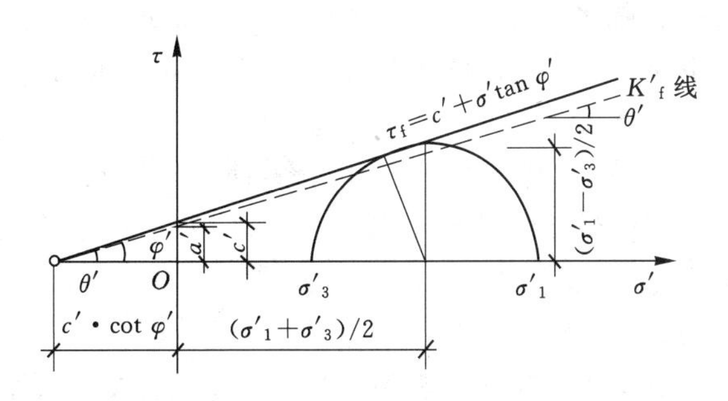

图 3-41　θ'、a'和 c'、φ'之间的关系

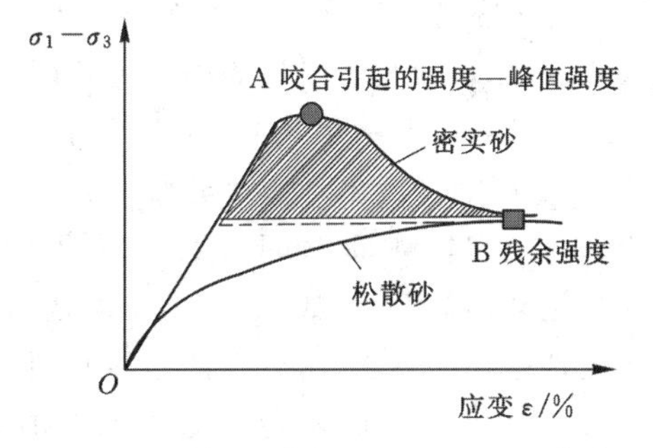

图 3-42　密实、松散砂土$(\sigma_1-\sigma_3)\sim\varepsilon$ 曲线

如图 3-43 所示，松散砂土剪切时，土颗粒的状态会由图(a)的松散状态转变为图(b)的密实状态，体积减小，孔隙比由大变小。密实砂土剪切时，土颗粒会由图(b)的密实状态转变为图(a)的松散状态，体积便会增大，孔隙比由小变大。当砂土处于松密之间某一状态时，剪切对体积变化影响最小，此时的孔隙比称为临界孔隙比。

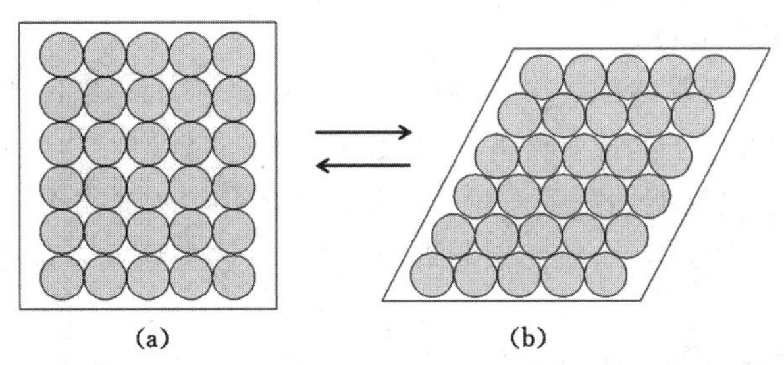

图 3-43　砂土颗粒微观受剪状态

(a) 松散砂土；(b) 密实砂土

第三节　土的动力性质

土在动应力作用下的工程性质与行为称为土的动力性质，包括土的动力计算模型及其参数、土的动强度、饱和砂土抗液化强度及其指标、土的压实性等。

一、饱和砂土和粉土的振动液化

（一）土体液化现象及其工程危害

饱和状态砂土或粉土在一定强度的动荷载作用下表现出类似液体的性状，完全失去强度和刚度的现象称为土体液化。

地震、波浪、车辆、机器振动、打桩以及爆破等都可能引起饱和砂土或粉土的液化，其中又以地震引起的大面积甚至深层的土体液化的危害性最大，它具有面积广、危害重等特点，常会造成场地的整体性失稳。因此，近年来土体液化引起国内外工程界的普遍重视，成为工程抗震设计的重要内容之一。

砂土液化造成的灾害的宏观表现主要有如下几种：

① 喷砂冒水。液化土层中出现相当高的孔隙水压力，会导致低洼的地方或土层缝隙处喷出砂、水混合物。喷出的砂粒可能破坏农田，淤塞渠道。喷砂冒水的范围往往很大，持续时间可达几小时甚至几天，水头可高达 2～3 m，甚至更高。

② 震陷。液化时喷砂冒水带走了大量土颗粒，地基产生不均匀沉陷，使建筑物倾斜、开裂甚至倒塌。例如，1964 年日本新潟地震时，有的建筑物结构本身并未损坏，却因地基液化而发生整体倾斜；又如 1976 年唐山地震时，天津某农场高 10 m 左右的砖砌水塔，因其西北角处地基喷砂冒水，水塔整体向西北倾斜了 6°。

③ 滑坡。在岸坡或坝坡中的饱和砂粉土层，由于液化而丧失抗剪强度，使土坡失去稳定性，沿着液化层滑动，形成大面积滑坡。1971 年美国加利福尼亚州圣费南多坝在地震中发生上游坝坡大滑动，研究证明这是因为在地震即将结束时，在靠近坝底和黏土心墙上游处广阔区域内砂土发生液化的缘故；1964 年美国阿拉斯加地震中，海岸的水下流滑带走了许多港口设施，并引起海岸涌浪，造成沿海地带的次生灾害。

④ 上浮。储罐、管道等空腔埋置结构可能在周围土体液化时上浮，对于生命线工程来讲，这种上浮常常引起严重的后果。

（二）液化机理及影响因素

饱和的、较松散的、无黏性的或少黏性的土在往复剪应力作用下，颗粒排列将趋于密实（剪缩性），而细、粉砂和粉土的透水性并不太大，孔隙水不能及时排出，从而导致孔隙水压力上升，有效应力减小。当周期性荷载作用下积累起来的孔隙水压力等于总应力时，有效应力就变为零，砂土的抗剪强度消失，从而引起地面沉陷、斜坡失稳或者地基失效，即砂土液化，常伴随喷水冒砂。

地震液化包括振动液化和渗流液化两个过程。饱水砂土在强烈地震作用下使孔隙水压力迅速上升而产生液化，称为振动液化；由振动液化产生上下水头差和孔隙水自下而上的运动，动水压力推动砂粒向悬浮状态转化，形成渗流液化。

观察与研究发现，并不是所有的饱和砂土和少黏性土在地震时都一定发生液化现象，因此必须了解影响砂土液化的主要因素，才能做出正确的判断。影响砂土液化的内因有土类及其颗粒级配，土的密实程度、饱水特性，土结构的抗剪强度等因素；外因包括地震作用特征和环境条件两方面。地震作用特征又包含地震强度（震级、烈度），地震频率和周期，震动历时因素；环境条件包括场地地貌单元，饱水砂土的埋藏条件，地下水条件，建筑物类型、基础特性等诸多因素。

（三）砂土液化评价

饱和砂土和粉土的地震现场调查是一种重要的研究手段。液化调查应在如下三个方面取得定量资料：场地受到的地震作用，即地震震级、震中距或烈度、持续时间等；场地土层剖面，主要是各埋藏土层的类别、埋深、厚度、重度和地下水位；影响土体抗液化能力的主要力学参数，目前应用较多的参数是标准贯入试验锤击数 N，还可以考虑采用现场的测试参数，例如静力触深试验贯入阻力、剪切波速或轻便触探贯入击数等。对现场调查得到的上述三方面资料进行加工整理和归纳统计，采用不同方法进行液化可能性判别。

(1) 经验判定法

经验判定法按照地震条件、地质条件、埋藏条件、土质条件的一些限界指标进行初判。

地震条件方面：一般来说，震级在 5 级以上或烈度为Ⅵ度以上才可能发生液化。

地质条件方面：发生液化的多为全新世乃至近代海相及河湖相沉积平原、河口三角洲，特别是洼地、河流的泛滥地带、河漫滩、古河道、滨海地带及人工填土地带等。

埋藏条件方面：一般液化判别应在地下 20 m 的深度范围进行，最大地下水埋深一般不超过 8 m。

土质条件方面：砂土液化还与土的级配、黏粒含量、砂的相对密度等有关。

判别的流程见图 3-44 所示。

(2) 标贯试验判定法

标准贯入试验(SPT)是动力触探的一种，它利用一定的锤击动能（锤重 63.5±0.5 kg，落距 76±2 cm)，将一定规格的对开管式贯入器（对开管外径 51±1 mm、内径 35±1 mm，长度大于 457 mm；下端接长度 76±1 mm、刃角 18°～20°、刃口端部厚 1.6 mm 的管靴；上端接一内外径与对开管相同的钻杆接头)，打入钻孔孔底的土中，根据打入土中的贯入阻抗，判别土层的工程性质。

贯入阻抗用贯入器贯入土中 30 cm 的锤击数 N 表示，N 也称为标贯击数。

初步判别认为需进一步进行液化判别时，采用标贯试验判别法。当饱和土标准贯入锤击数 $N_{63.5}$ 小于液化判别标准贯入锤击数临界值 N_{cr} 时，相应的土层应判别为液化土层，见式(3-41)和式(3-42)：

$$N_{63.5} < N_{cr} \tag{3-41}$$

$$N_{cr} = N_0[0.9 + 0.1(d_s - d_w)]\sqrt{\frac{3}{\rho_c}} \tag{3-42}$$

式中　$N_{63.5}$——饱和土标准贯入锤击数实测值；

N_{cr}——液化判别标准贯入锤击数临界值；

N_0——液化判别标准贯入锤击数基准值，见表 3-3；

d_s——饱和土标注贯入点深度，m；

d_w——场地地下水水位深度，m；

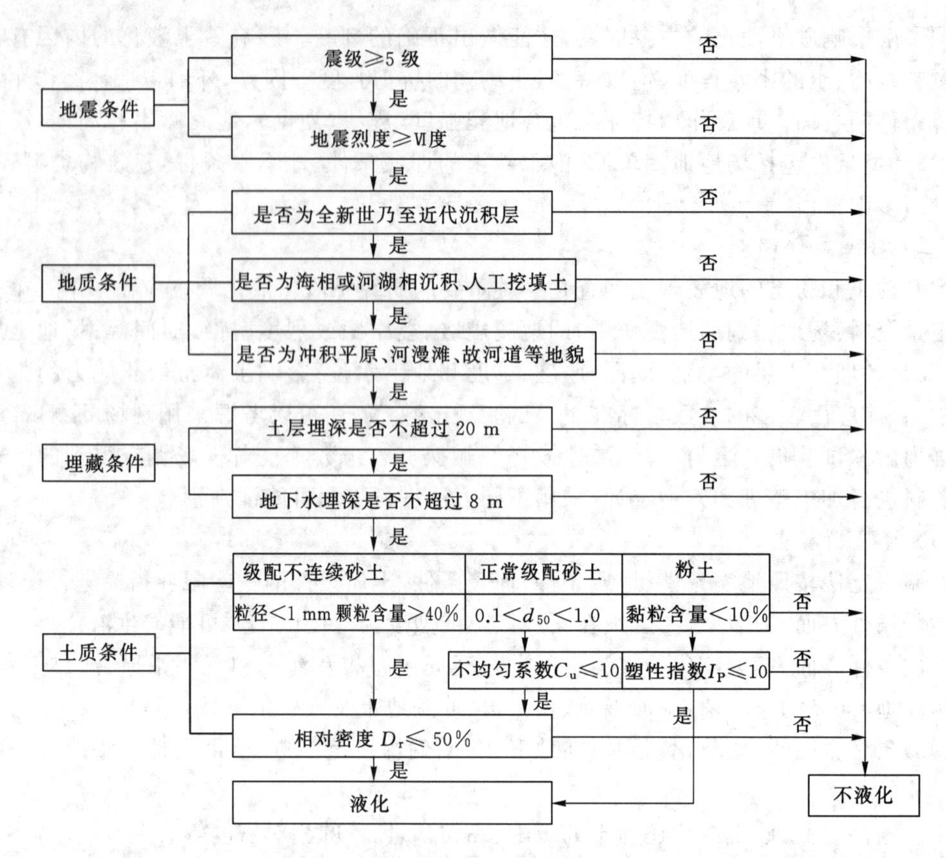

图 3-44　砂土液化经验判别法流程图

ρ_c——土中黏粒含量百分率，当小于3或为砂土时，应采用3。

由于标准贯入实验技术和设备方面的问题，贯入数据一般比较离散，为消除偶然误差，每个场地钻孔应不少于5个，每层土中应取得15个以上的贯入击数，并根据统计方法进行计数以取得代表性的数值。

表 3-3　标准贯入锤击数基准值 N_0

近震烈度	7	8	9	远震烈度	7	8
N_0	6	10	16	N_0	8	12

(3) 剪切波速判定法

当场地的剪切波速小于液化临界剪切波速 v_{scr} 时，相应土层应判定为液化土层，见式(3-43)。可采用经验公式(3-44)用标贯击数估算场地剪切波速。

$$v_s < v_{scr} \tag{3-43}$$

$$v_s = 100N^{0.2} \tag{3-44}$$

$$v_{scr} = v_{s0}\left\{[0.9 + 0.1(d_s - d_w)]\sqrt{3/\rho_c}\right\}^{0.2} \tag{3-45}$$

式中　v_{scr}——液化临界剪切波速，m/s；

v_{s0}——液化临界剪切波速基准值，m/s，见表3-4。

表 3-4　标准贯入锤击数基准值 N_0 所对应的 v_{s0}

N_0	6	8	10	12	16	18
V_{s0}/(m/s)	145	150	160	165	175	180

(4) 静力触探判定法

静力触探试验是用静力将探头以一定的速率压入土中，利用探头内的力传感器，通过电子量测仪器将探头受到的贯入阻力记录下来。由于贯入阻力的大小与土层的性质有关，因此，通过贯入阻力的变化情况，可以达到了解土层的工程性质的目的。

(5) Seed 简化判定法

Seed 简化判别法是 H.B.Seed 最早(1971 年)提出来的自由场地的液化判别法，在国外规范中应用较广，是著名的液化判别法之一。其基本方法是先求地震作用下不同深度土处的剪应力，再求该处发生液化所必需的剪应力(液化强度)，如果地震剪应力 τ_1 大于液化强度 τ_d，则该处将在地震中发生液化。设土柱为刚体，土中地震剪应力按下式计算：

$$\tau_1 = 0.65 \cdot \frac{\gamma z a_{max}}{g} \cdot r_d \tag{3-46}$$

式中　z——土层深度，m；

γ——土重度(位于水下时为浮重度)，kN/m^3；

a_{max}——地面峰值加速度，N/kg；

r_d——应力折减系数。

根据地震反应分析求得各类土 r_d 的变化范围；式中的系数 0.65 是将随机振动转换为等效均匀循环振动；而土的液化强度 τ_d 则根据动三轴或动直剪实验求出的土液化强度曲线求得。

(四) 液化等级的划分

震害调查表明，对于某一场地而言，液化导致的危害程度，还应该与可液化土层的厚度、埋藏深度以及液化可能性的大小联系起来，因此，可采用下式所示的场地液化指数 I_{LE}，来定量地评估场地的液化危害性：

$$I_{LE} = \sum_{i=1}^{n} (1 - F_{li}) d_i W_i \tag{3-47}$$

式中　I_{LE}——液化指数；

n——在判别深度范围内每一个钻孔标准贯入试验点的总数；

F_{li}——某一土层的液化阻抗系数，采用经验判别法时，等于实测标贯击数与临界标贯击数的比值，即 $F_{li}=\dfrac{N_i}{N_{cri}}$；采用室内试验结果判别时，$F_{li}=\dfrac{\tau_i}{\tau_{li}}$，其中 τ_i 为相应土层的计算地震剪应力，τ_{li} 为相应土层的抗液化试验强度；F_{li} 大于 1 时取 1；

d_i——第 i 点所代表的土层厚度，m；可采用与该标准贯入试验点相邻的上、下两标准贯入试验点深度差的一半，但上界不高于地下水位深度，下界不深于液化深度；

W_i——第 i 土层单位土层厚度的层位影响权函数值，m^{-1}；若判别深度为 15 m，当该层中点深度不大于 5 m 时应采用 10，等于 15 m 时应采用零值，5～15 m 时应按线性内插法取值；若判别深度为 20 m，当该层中点深度不大于 5 m 应采用 10，等于 20 m 时应采用零值，5～20 m 时应按线性内插法取值。

《建筑抗震设计规范》(GB 50011—2010)根据我国的震害调查材料，对场地的液化危害性按液化指数 I_{LE} 划分(表 3-5)。

表 3-5　液化等级与液化指数的对应关系

液化等级	轻微	中等	严重
液化指数 I_{LE}	$0<I_{LE}\leqslant 6$	$6<I_{LE}\leqslant 18$	$I_{LE}>18$

为保证承受场地地震危害的建筑物的安全，必须采取相应的工程措施。

防止液化危害从加强基础方面着手，主要是采用桩基或沉井、全补偿筏板基础、箱形基础。采用深基础时，基础底面埋入液化深度以下稳定土层中的深度不应小于 0.5 m。对于穿过液化土层的桩基，其桩围摩擦力应视土层液化可能性大小，或全部扣除，或作适当折减。对于液化指数不高的场地，仍可采用浅基础，但应适当调整基底面积，以减小基底压力和荷载偏心；或者选用刚度和整体性较好的基础形式，如十字交叉条形基础、筏板基础等。

从消除或减轻土层液化可能性着手，有换土、加密、胶结和设置排水系统等方法。加密处理方法有振冲、挤密砂桩、强夯等方法。加密处理或换土处理以后，土层的实测标准贯入击数应大于规范规定的临界值。胶结法包括使用添加剂的深层搅拌桩或高压喷射注浆方法。设置排水通道往往与挤密结合起来，材料可以用碎石或砂。

二、土的压实性

(一) 土体压实性的工程意义

在工程建设中经常会遇到需要将土按一定要求进行堆填和密实的情况，如路堤、土坝、桥台、挡土墙、管道埋设、基础垫层以及基坑回填等。填土不同于天然土层，因为经过挖掘、搬运之后，原状结构已被破坏，含水率已发生变化，堆填时必然在土团之间留下许多孔隙。未经压实的填土强度低，压缩性大而且不均匀，遇到水易发生坍塌、崩解等。为使其满足稳定性和变形方面的工程要求，必须要按一定标准加以压实。特别是像道路路堤这样的建筑物，在车辆频繁运行引起的反复荷载作用下，可能出现不均匀或过大的沉陷、坍塌甚至失稳滑动，从而恶化运营条件以及增加维修工作量，所以路堤填土必须具有足够的密实度以确保行车平顺和安全。

土的压实是指采用人工或机械的手段对土体施加机械能量，使土颗粒重新排列变密实，在短时间内得到新的结构强度，包括增强粗粒土之间的摩擦和咬合以及增加细颗粒之间的分子引力。

土的压实也常用在地基处理方面，如用重锤夯实处理松软土地基使之提高承载力。早先的重锤夯实多用于地基表层松软或地基设计荷载较小的情况，目前对于松软土层较厚或设计荷载较大的情况，也可以用高功能的夯压法，即所谓强夯法进行处理。

实践表明，由于土的基本性质复杂多变，同一压实功能对于不同种类、不同状态的土的压实效果完全不同。因此，为了技术上可靠和经济上合理，需要了解土的压实特性与变化规律，以利于工程实践。

（二）土的击实试验与压实原理

1. 土的击实试验

击实试验就是模拟施工现场压实条件，采用锤击方法使土体密度增大、强度提高、沉降变小的一种试验方法，是研究土的压实性能的室内试验方法。土在一定的击实效应下，如果含水率不同，则所得的密度也不同。击实试验的目的就是测定试样在一定击实次数下或某种压实功能下的含水率与干密度之间的关系，从而确定土的最大干密度和最优含水率，为施工控制填土密度提供设计依据。

击实试验分轻型击实试验和重型击实试验两种。轻型击实试验适用于颗粒小于 5 mm 的黏性土，其单位体积击实功约为 592.2 kJ/m³；重型击实试验适用于粒径不大于 20 mm 的土，其单位体积击实功约为 2 684.9 kJ/m³。击实试验所用的主要设备是击实仪（图3-45），击实仪的基本部分是击实筒和击实锤，前者是用来盛装制备土样，后者对土样施以夯实功能。击实试验时，将含水率为一定值的土样分层装入击实筒内，每铺一层后都用击实锤按规定的落距锤击一定次数，然后由击实筒的体积和筒内被击实的土的总质量算出被击实土的湿密度，从已被击实土中取样测定其含水率。

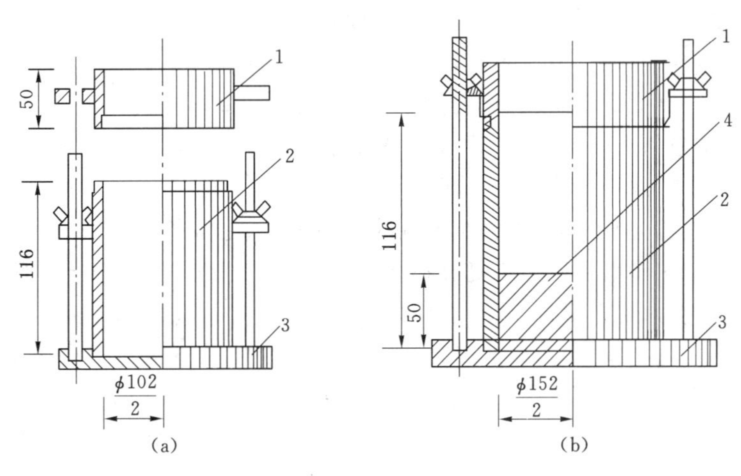

图 3-45　击实仪示意图

(a) 小击实筒；(b) 大击实筒

1——护筒；2——击实筒；3——底板；4——垫块

对一个土样进行击实试验就得到一对数据，即击实土的含水率与干密度。对一组不同含水率的同一种土样按上述方法做击实试验便可得到一组成对的含水率和干密度。

2. 土的压实特性

(1) 压实曲线

击实试验所得到的击实曲线可以研究土的压实特性的基本关系，如图 3-46 所示，从图中可见，击实曲线上有一峰值，此处的干密度为最大，称为最大干密度 ρ_{dmax}；其相应的含水率则称为最优含水率 w_{op}。峰点表明，在一定击实功作用下，只有当压实土粒为最优含水率时，土才能被击实至最大干密度，从而达到最好的压实效果。

由于最优含水率 w_{op} 与塑限 w_P 比较接近，因此，可根据土的塑限预估最优含水率。加

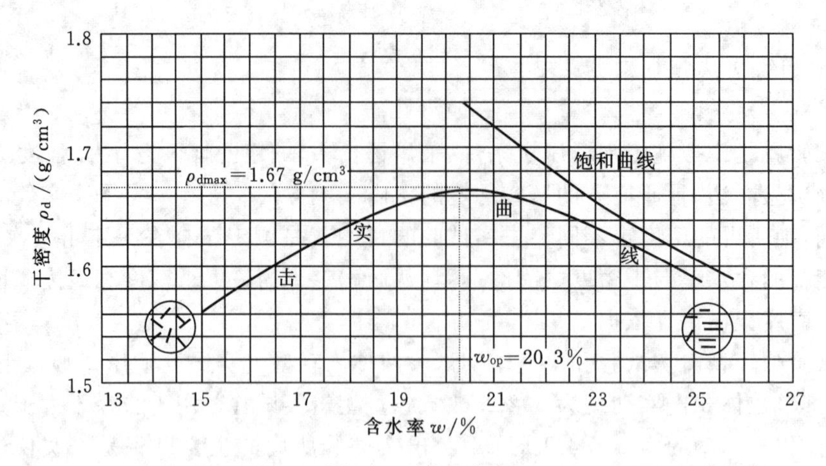

图 3-46 击实曲线

水湿润制备不少于 5 个含水率的试样，含水率依次相差为 2%，且其中有两个含水率大于塑限，两个含水率小于塑限，一个含水率接近塑限。

从图中的曲线形态还可以看到，曲线的左段比右段的坡度陡，这表明含水率变化对于干密度影响在偏干时比偏湿时更为明显。

在曲线中还给出了饱和曲线，它表示当土处于饱和状态时的关系。饱和曲线与击实曲线的位置说明，非饱和土很难被击实到完全饱和状态。

(2) 压实机理

土的压实特性与土的组成和结构、土粒的表面现象、毛细管压力、孔隙水和孔隙气压力等均有关系。压实的作用是使土块变形和结构调整以致密实，当松散土的含水率处于偏干状态时，由于粒间引力使土保持比较疏松的凝聚结构，土中孔隙大多相互连通，水少而气多，在一定的外部压实功能作用下，虽然土孔隙中气体易被排出，密度增大，但由于较薄的强结合水水膜润滑作用不明显以及外部功能不足以克服粒间引力，土粒相对移动便不显著，因此压实效果比较差；当含水率逐渐加大时，水膜变厚，土块变软，粒间引力减弱，施以外部压实功则土粒移动，加之水膜的润滑作用，压实效果渐佳；在最佳含水率附近时，土中所含的水量最有利于土粒受击时发生相对移动，以致能达到最大干密度；当含水率再增加到偏湿状态时，孔隙中出现了自由水，击实时不可能使土中多余的水和气体排出，从而孔隙压力升高更为显著，抵消了部分击实功，击实功效反而下降。这便出现了图中击实段曲线右段所示的干密度下降的趋势。在排水不畅的情况下，过多次数的反复击实，甚至会导致土体密度不加大而土体结构被破坏的结果，出现工程上所谓的“橡皮土”现象。

3. 压实土的压缩性和强度

(1) 压缩性

压实土的压缩性取决于它的密度和加载时的含水率。对击实土进行压缩试验时可发现，在某一荷载作用下，有些土样压缩稳定后，如果加水使之饱和，土样就会在同一荷载作用下出现明显的附加压缩。而这一现象的出现与否和击实试样时的含水率有很大关系。

一般来说，填土在压实到一定密度以后，其压缩性就大为减小。当土的干密度大于 1.65 g/cm³，变形模量显著提高，这对于作为建筑物地基的填土显得尤为重要。

(2) 强度

压实土的抗剪强度也主要取决于受剪时的密度和含水率(图 3-47)。偏干试样强度较偏湿试样强度大,但不呈现明显的脆性破坏特性,所以就强度而言,用偏干的土去填筑是大有好处的,这一室内试验得出的论点已为相当多的现场资料所证实。

图 3-48 中关于土的强度试验结果表明,一般情况下,只要满足某些给定的条件,压实土的强度还是比较高的。但正如压实土遇水饱和会发生附加压缩问题一样,在强度方面它也有潜在的危险一面,即浸水软化会使强度降低,这就是所谓的水稳定性问题。公路、铁路的路堤和堤坝等土工构筑物都无法避免浸水湿润,尤其是那些修筑于河滩地带的过水路堤,水稳定性的研究与控制更为重要。

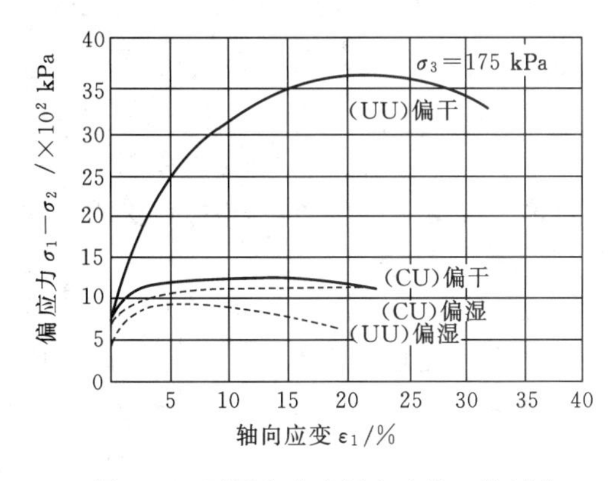

图 3-47 不同含水率压实土的三轴试验

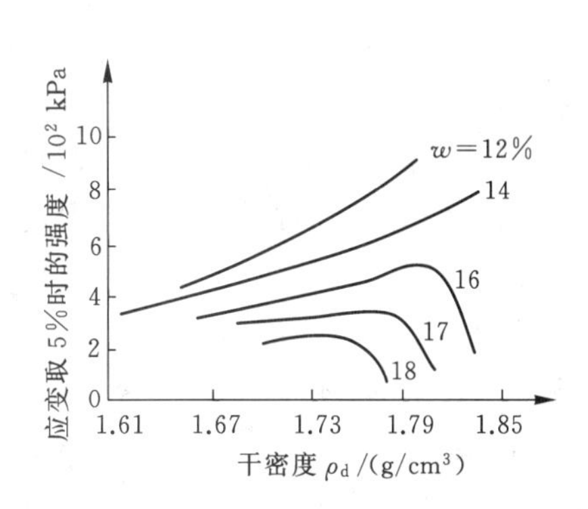

图 3-48 压实土强度与干密度、含水率的关系

三、土的动力变形与动强度

在动力条件下考虑土的变形和强度问题往往都要考虑速度效应和循环(振动)效应。考虑前者时,将加荷时间的长短换算成加荷速度或相应的应变速度。加荷的速度不同,土的反应也不同,慢速加荷时土的强度虽然低于快速加荷,但承受的应变范围较大。循环(振动)效应是指土的力学特性受荷载循环次数的影响情况。振动越少,土的强度越高,随着动荷载反复作用,土的强度降低。

(一) 土在往复载荷作用下的应力应变特性

在周期性的循环荷载作用下,土的变形特性已不能用土的静力条件的概念和指标来表征,而需要了解动态的应力应变关系。影响土的动力变形的因素包括周围压力、孔隙比、颗粒组成、含水率等,同时它还受到应变幅值的影响,而且又以后者最为显著。当应变幅值在 $10^{-6}\sim10^{-4}$ 及以下的范围内时,土的变形特性可认为属于弹性性质。一般火车、汽车的行驶以及机器基础等所产生的振动的反应都属于这种弹性范围,这种条件下的土的应力应变关系及相应参数可在现场或实验室内进行测定研究。当应变幅值在 $10^{-4}\sim10^{-2}$ 范围内时,土表现为弹性塑性性质,在工程中,如打桩、震动所产生的土体振动反应即属于此,可以用非线性的弹性应力应变关系来加以描述。当应变幅值超过 10^{-2} 时,土将破坏或产生液化或压密现象,此时土的动力变形特性可用仅仅反复几个周期的循环荷载试验来确定。

最简单的反复荷载下土的应力应变关系如图 3-49 所示,这是在静三轴仪中确定弹性模量所作的加卸荷试验曲线。图 3-50 则是动力试验中所得到的土在黏弹性阶段的应力应变

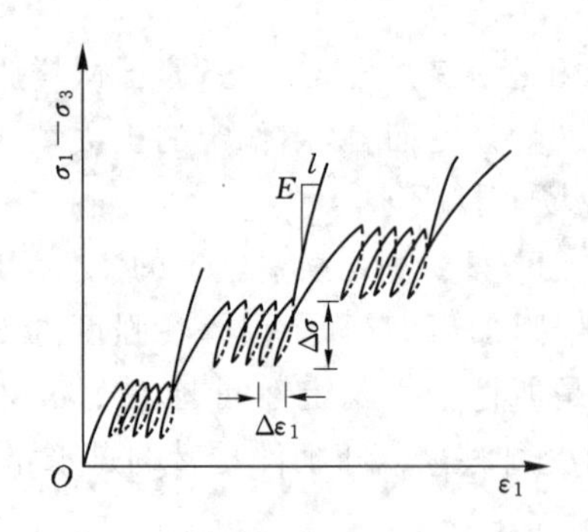

图 3-49　三轴试验确定土的弹性模量

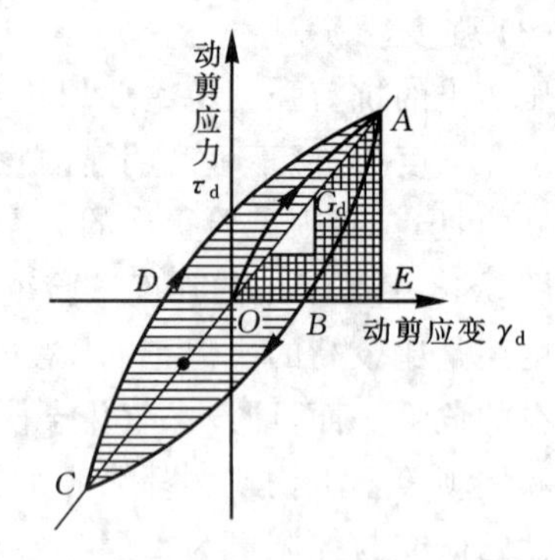

图 3-50　动力试验所得到的应力应变曲线

关系曲线。

静三轴加卸荷试验所确定的模量以及用动三轴试验所得到的模量都是可以用来表示土在动力条件下的变形特性。前者是以静代动的方法，只要应变幅值对应，将拟静法用于动力分析是可行的。

在动三轴试验仪或动单剪仪上对土样进行等幅值循环荷载试验，动态应力应变曲线为一倾斜闭合回线，称为滞回圈(图 3-50)。滞回圈的特征可由两个参数——模量和阻尼比来表示，它们就是表征土体动力变形特性的两个主要指标。动弹性模量 E(动剪切模量 G)是指产生单位动应变所需要的动应力，即动应力幅值 $\sigma_d(\tau_d)$与动应变幅值 $\varepsilon_d(\gamma_d)$的比值。它可由滞回圈顶点与坐标原点连线的斜率来确定，即式(3-48)和式(3-49)所示：

$$E=\frac{\sigma_d}{\varepsilon_d} \tag{3-48}$$

$$G=\frac{\tau_d}{\gamma_d} \tag{3-49}$$

E 和 G 之间一般符合下列关系：

$$G=\frac{E}{2(1+\mu)} \tag{3-50}$$

式中，μ 为土的泊松比。

滞回圈所表现的循环加荷过程中应变对应力的滞后现象和卸荷曲线与加荷曲线的分离，反映了土体对动荷载的阻尼作用。这种阻尼作用主要是由土粒之间相对滑动的内摩擦效应所引起，故属于内阻尼。作为土体吸收振动能量的能力的尺度，土的阻尼比由滞回圈的形状所决定。如图 3-50 所示，土的阻尼比 λ 由下式求出：

$$\lambda=\frac{A_0}{4\pi A_T} \tag{3-51}$$

式中　A_0——滞回圈 $ABCDA$ 所包围的面积，表示在加卸荷一个周期中土体所消耗的机械能；

A_T——$\triangle AOE$ 的面积，表示在一个周期中土体所获得的最大弹性能。

动力试验表明，土的动应力、动应变关系具有强烈的非线性性质，滞回圈位置和形状随动应变幅值的大小而变化。一般而言，当动应变幅值小于 10^{-5} 量级时，参数 $E(G)$和 λ 可视作常量，即作为线性变形体看待。随着动应变幅值的增大，土的模量逐步减小，阻尼比逐步加大。因此,为土体动力分析选用变形参数时,应考虑这种土的非线性特点,对应于动应变幅值的不同量级,选用不同的模量和阻尼比。

试验研究表明,对于某个既定土样而言,在一定的变化范围内,动应变幅值对模量值的影响可用式(3-52)和式(3-53)近似地表示:

$$\frac{1}{E}=\frac{1}{E_0}+b\varepsilon_d=a+b\varepsilon_d \tag{3-52}$$

$$\frac{1}{G}=\frac{1}{G_0}+b\gamma_d=a+b\gamma_d \tag{3-53}$$

式中　E_0、G_0——外推到 $\varepsilon_d\to 0$ 或者 $\gamma_d\to 0$ 时的动弹性模量、动剪切模量,亦称初始模量,MPa;

a、b——试验统计常数。

试验研究进一步得出关于初始模量与土的物理力学参数之间的关系,如式(3-54)所示:

$$E_0=c\frac{(d-e)^2}{1+e}(\bar{\sigma}_0)^{\frac{1}{2}} \tag{3-54}$$

式中　e——土的孔隙比;

$\bar{\sigma}_0$——土的平均固结压力,kPa;

c、d——试验统计常数。

关于初始切变模量 G_0 可以完全得到类似的表达式。E_0 和 G_0 的确定除了通过经验统计公式,还可以由室内共振柱试验或现场波速试验实测得到。

(二) 土动力性能的室内试验

土的动力参数如土的动强度、动弹性模量、阻尼比、动剪切模量等可以通过室内振动三轴试验、动单剪试验、共振柱试验等测定。

1. 振动三轴试验

振动三轴仪的种类很多,按动荷载施加的方式区分,可以分为气动式、液压式、惯性力式和电磁式;按动荷载作用方向的不同,又可分为单向式和双向式。单向式的仪器只能在土样的竖轴方向施加动荷载,而周围压力是恒定的。双向式的仪器则不仅能施加轴向脉动荷载,而且围压也是脉动荷载。

振动三轴仪的组成包括主机、静力控制系统、动力控制系统、量测系统、数据采集和处理系统。主机包括压力室和激振器等。土样压力室和静力三轴仪相似,是一个有机玻璃的圆筒,里面充入压缩空气或压力水以后,可对土样施加侧向静荷载。激振器包括激振线圈、励磁线圈及磁路,其作用是输入一定的电信号以后,能产生一个施加于土样的轴向静荷载。下活塞、应力传感器、激振线圈和气垫顶部由传力轴联成一个刚性的活动整体,并由导向轮保证它做轴向运动。静力控制系统用于施加周围压力、轴向压力和反压力;动力控制系统用于轴向激振,施加轴向动应力。

2. 其他室内试验方法

为使土样应力状态的模拟更符合地震波在土层中的传递过程,动单剪试验也经常被用于测定土的动力性质。土样被置于水平剪切刚度很小而竖向抗压强度很大的容器内(如叠环式土样盒),进行应力条件下固结,然后施加水平向动剪应力,同时测定动剪应变和孔隙水压力。试验项目和成果整理方面,动单剪试验和动三轴试验比较接近。

动单剪试验和动三轴试验中,土样的动应变幅值一般不可能小于 10^{-4} 量级。共振柱试验则可以在动应变幅值等于 $10^{-3} \sim 10^{-4}$ 条件下测定土的动力变形参数。共振柱试验是令置于压力室内的柱状土样发生轴向或扭向的高频(几十到几百赫兹)强迫振动,固定输入功率而改变激振频率,根据对土样振动反应的测量,确定其相应的共振频率与自由振动对数衰减率。根据一维杆件的波动理论和振动原理可进一步换算土样的模量和阻尼比。

(三) 土动力特性现场测试指标

为克服取土扰动所带来的不利因素,可通过现场波速试验来确定土的动力变形参数。对各种波(压缩波、剪切波、表面波)在土体中的传播速度进行原位测定,然后根据弹性力学中关于波速与模量的关系来推求土的模量 E 或 G。由于弹性波的应变幅值量级极低(10^{-7}),波速测定的土体模量数值偏高,一般可直接视作初始模量(E_0 和 G_0)。根据激发和接收方面的区别,测速试验有上孔法、下孔法、跨孔法、稳态振动法、反射法和折射波法等不同方法,可根据具体要求和条件加以选用。

(四) 土的动强度

土在动荷载下的抗剪强度即为动强度问题,动强度不同于静强度。由于存在速度效应和循环效应以及动静应力状态组合的问题,土的动强度试验比静强度试验复杂得多。循环荷载作用下土的强度可能高于或低于静强度,要视土的类别、所处的应力状态以及加荷速度、循环次数等而定,如图 3-51 所示。试验研究还表明,黏性土强度的降低与循环应变的幅值有很大关系,如图 3-52 所示。

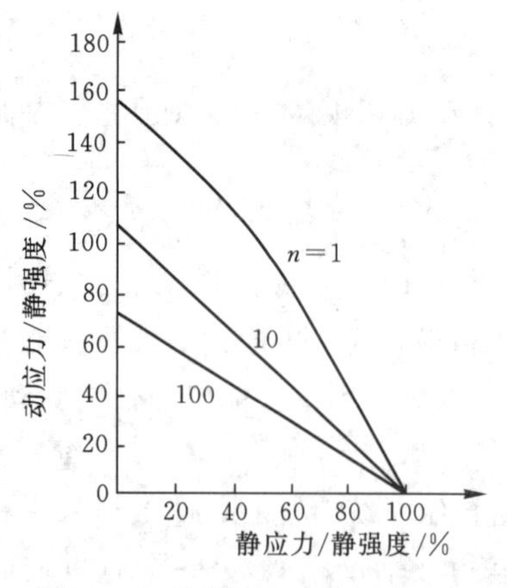

图 3-51　黏性土强度的动静对比

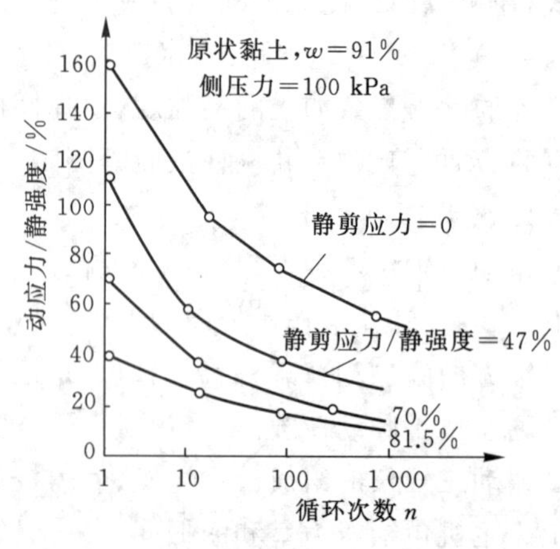

图 3-52　黏性土动强度与循环应变的关系

对于一般的黏土,在地震或其他动荷载作用下,破坏时的综合应力与静强度比较,并无太大的变化。但对于软弱的黏性土,如淤泥和淤泥质土等,则动强度会有明显的降低,所以在各类工程遇到此类地基土时,必须考虑地震作用下的强度降低问题。

土的动强度亦可如静强度一样通过动强度指标 c_d、φ_d 得到反映。黏性土的动强度指标是指黏性土在动荷载作用下发生屈服破坏或产生足够大的应变(例如可以用综合应变比达到 15%作为破坏标准)时所具有的黏聚力和内摩擦角。动强度指标的确定方法如图3-53所示。破坏状态应力圆是在初始状态(偏压固结)应力圆基础上加动应力 σ_d 得到的,图中还注明了破坏标准 ε_f 和达到破坏标准的动荷载作用次数 N_f。这说明所谓的强度指标 c_d、

φ_d，对于同一土样来讲也是随多方面条件而变，不是唯一的。进行挡土墙动土压力、地基承载力和边坡动态稳定性等特定问题分析时，常可用土样达到某一破坏标准 ε_f 所需要振次 N_f 与动应力比 σ_d/σ_{3c} 的关系曲线（$N_f \sim \sigma_d/\sigma_{3c}$）来表示土体的强度（图 3-54）。在这种动强度曲线中，当然仍需要表明破坏标准 ε_f 和土样的固结应力比 $K_c=\sigma_{1c}/\sigma_{3c}$。

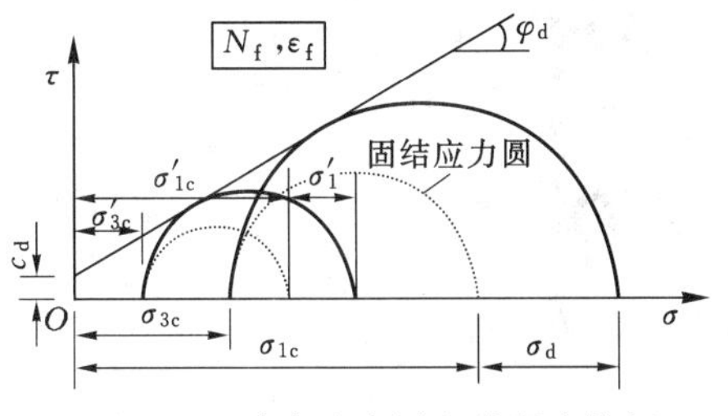

图 3-53　动态应力圆和动强度指标

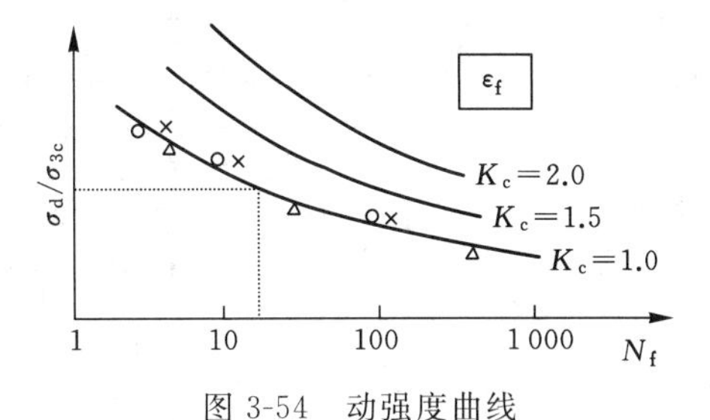

图 3-54　动强度曲线

▶概念与术语

土的压缩性
饱和土的有效应力原理
超静孔隙水压力
渗透固结
压缩定律
压缩系数
回弹指数
压缩指数
压缩模量
变形模量
先期固结压力
超固结比
黏性土的固结状态
非饱和土有效应力原理
体积压缩系数
泊松比
侧压力系数
黏聚力
内摩擦角
剪切定律
莫尔库仑强度理论
极限平衡条件
临界孔隙比
孔隙水压力系数 A、B
应力路径
砂土液化
土的动力特性
饱和曲线
土的压实性
最优含水率

▶能力及学习要求

1. 理解饱和土的有效应力原理并能用它解释一些常见的土力学问题。
2. 掌握土的压缩试验、直接剪切试验、三轴压缩试验、击实试验。
3. 掌握饱和砂土震动液化的判别方法。
4. 掌握孔隙水压力系数的计算方法。
5. 掌握土的极限平衡条件并能用它分析一些土力学问题。
6. 掌握采用固结试验曲线求取先期固结压力的方法。
7. 掌握用超固结比判断土的受力历史及固结状态的方法。

▶练习题

3-1　有一细砂层如图 3-55 所示，已知孔隙比 $e=0.65$，土粒的相对密度为 2.65，毛细上升区饱和度 $S_r=0.5$。计算土层中的总应力、有效应力和孔隙水压力的分布。

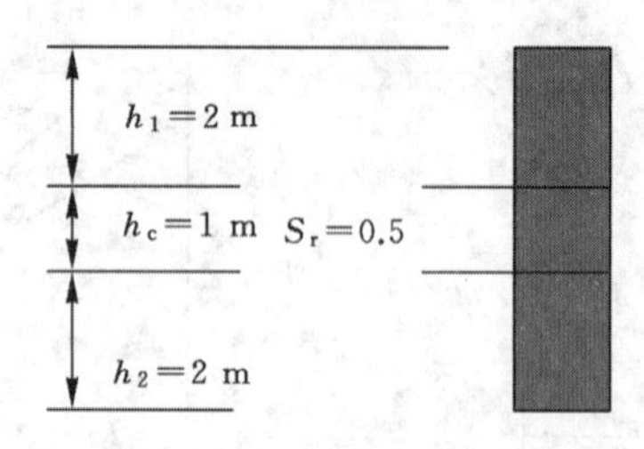

图 3-55　练习题 3-1 图

3-2　在土的无侧限压缩试验中，试样高度为 10 cm，直径为 4 cm，在 1 MPa 载荷作用下，测得垂直变形 $h=0.5$ cm，径向变形 $d=0.04$ cm。求土样的泊松比、变形模量和压缩模量，判断其压缩性高低。

3-3　试推导

$$a_v=\frac{0.434}{\Delta p'}C_c$$

式中，a_v 为压缩系数；C_c 为压缩指数；$\Delta p'$为孔隙比由 e_1变化到 e_2的有效应力变化。

3-4　证明 $E_s=\dfrac{p_{i+1}-p_i}{S_{i+1}-S_i}\times 10^{-3}$ 与 $E_s=\dfrac{1+e_0}{a_{i\sim i+1}}$ 是一致的。

其中，$S_i=\dfrac{\sum \Delta h_i}{h}\times 10^3$；$\varepsilon_i=S_i/10^3$。

3-5　对砂土进行直剪试验，当施加竖向载荷为 250 kPa 时，测得的抗剪强度为 100 kPa，试用应力圆求出土样剪切面处大、小主应力面的方向。

3-6　已知土中某点的应力处于极限平衡状态，最小主应力为 150 kPa，作用面的法线为水平方向，土的抗剪强度指标 $c=40$ kPa，$\varphi=20°$。试求：(1) 该点最大主应力的大小和方向；(2) 该点最大剪应力值与作用面方向；(3) 该点剪切破坏面上的正应力与剪应力，作用面的方向；(4) 说明最大剪应力面不是剪破坏面。

3-7　正常固结饱和黏土试样，在三轴压力室保持 300 kPa 围压条件下做排水剪试验，测得排水抗剪强度指标 $c_d=0$，$\varphi_d=30°$，试问：(1) 排水剪剪裂面的正应力、剪应力及方向；(2) 若保持 300 kPa 围压条件下进行固结不排水剪试验，破坏时轴向压力差 $\sigma_1-\sigma_3=300$ kPa，求固结不排水剪总应力与有效应力抗剪强度指标；剪切破坏时试样中的孔隙水压力及相应的孔压系数；剪切破坏面的正应力、剪应力及方位；(3) 若使试样先在 200 kPa 围压下固结，然后再施加 300 kPa 围压进行不排水剪试验，求抗剪强度指标及剪裂面的应力与方位；(4) 试比较排水剪、固结不排水剪、不排水剪的抗剪强度指标。

3-8　已知地基中饱和黏土层中某点的竖直应力为 200 kPa，水平应力为 150 kPa，孔隙水压力 $u=50$ kPa。假设土的孔隙水压力系数 A、B 在应力变化过程中维持不变。试求：(1) 从该点取出土样，保持含水率不变，加工成三轴剪切试样，当放入压力室时测得试样有吸力−135 kPa,求土的孔隙水压力系数 A、B 及试样的有效应力状态。(2) 用该试样做不排水试验,围压 100 kPa 维持不变,当通过活塞杆施加 $\sigma_1-\sigma_3$ 达 160 kPa 时土样剪坏,求这时土试样上的有效应力状态及土的不排水抗剪强度 c_u。

▶研讨选题参考

1. 有效应力原理。
2. 孔隙水压力系数。
3. 中间主应力对土的强度的影响。
4. 试验条件对土的抗剪强度的影响。
5. 极限平衡条件的应用。
6. 应力路径对土抗剪强度的影响。
7. 欠固结土的 OCR 讨论。
8. 应力历史对黏性土抗剪强度的影响。
9. 地震对土的性质的影响。

第四章　土的工程分类与工程性质

内容提要

土的分类是工程地质工作的重要基础。将土按一定原则进行科学分类，可以系统地掌握各种土的工程地质特征，对土做出综合、明确的评价，为工程规划设计、施工提供必要的资料，为合理利用和改造各类特殊土提供符合客观实际的依据。本章主要介绍土的工程分类、一般土和特殊土的工程性质。

第一节　土的工程分类

一、粗粒土的工程分类

土的工程分类是岩土工程地质勘察的重要内容，也是进行土体工程性质评价的重要基础。不同行业规范的划分标准不同，《建筑地基基础设计规范》(GB 50007—2011)把作为建筑地基的岩土分为岩石、碎石土、砂土、粉土、黏性土和人工填土。

（一）碎石土

碎石土是指粒径大于 2 mm 的颗粒含量超过全重的 50％的土，按土的颗粒级配和颗粒形状可进一步划分为漂石、块石、卵石、碎石、圆砾和角砾。《岩土工程勘察规范》(GB 5002—2001)和《公路桥涵地基与基础设计规范》(JTG D63—2007)也采用相同的划分标准，见表 4-1。

表 4-1　碎石土的分类

土的名称	颗粒形状	颗粒级配
漂石	圆形及亚圆形为主	粒径大于 200 mm 的颗粒超过全重的 50％
块石	棱角形为主	
卵石	圆形及亚圆形为主	粒径大于 20 mm 的颗粒超过全重的 50％
碎石	棱角形为主	
圆砾	圆形及亚圆形为主	粒径大于 2 mm 的颗粒超过全重的 50％
角砾	棱角形为主	

（二）砂土

砂土是指粒径大于 2 mm 的颗粒不超过全重的 50%、粒径大于 0.075 mm 的颗粒超过全重的 50%的土。按颗粒级配，砂土可进一步划分为砾砂、粗砂、中砂、细砂和粉砂。《岩土工程勘察规范》(GB 50021—2001)和《公路桥涵地基与基础设计规范》(JTG D63—2007)也采用相同的划分标准，见表 4-2。

表 4-2　砂土的分类

土的名称	颗粒级配
砾砂	粒径大于 2 mm 的颗粒含量占全重的 25%～50%
粗砂	粒径大于 0.5 mm 的颗粒含量超过全重的 50%
中砂	粒径大于 0.25 mm 的颗粒含量占全重的 50%
细砂	粒径大于 0.075 mm 的颗粒含量占全重的 85%
粉砂	粒径大于 0.075 mm 的颗粒含量占全重的 50%

注：1. 定名时，应根据颗粒级配由大到小以最先符合者确定。
　　2. 当砂土中小于 0.075 mm 的土的塑性指数大于 10 时，应冠以“含黏性土”定名，如含黏性土粗砂等。

二、细粒土的工程分类

（一）按塑性指数分类

粒径大于 0.075 mm 的颗粒质量不超过总质量的 50%的土属细粒土。按塑性指数，细粒土可再划分为粉土和黏性土两大类，黏性土可再进一步划分为粉质黏土和黏土两个亚类，划分标准见表 4-3。

表 4-3　细粒土的分类

土的名称	塑性指数
黏土	$I_P>17$
粉质黏土	$10<I_P\leqslant 17$
粉土	$I_P\leqslant 10$

粉土是介于砂土和黏性土之间的过渡性土类，它具有砂土和黏性土的某些特征。根据黏粒含量可以将粉土再划分为砂质粉土和黏质粉土，具体划分见表 4-4。

表 4-4　粉土的划分

土的名称	黏粒含量
砂质粉土	粒径小于 0.005 mm 的颗粒质量小于等于总质量的 10%
黏质粉土	粒径小于 0.005 mm 的颗粒质量超过总质量的 10%

（二）塑性图（$I_P \sim w_L$ 图）分类

按照国家标准《土的工程分类标准》(GB/T 50145—2007)，塑性图以塑性指数为纵坐标，液限为横坐标，当取质量为 76 g、锥角为 30°的液限仪锥尖入土深度为 17 mm 对应的含水率为液限时，按塑性图 4-1 分类。图中有两条经验界限，斜线称为 A 线，按 17 mm 液限时，它的方程为 $I_P = 0.73(w_L - 20)$，它的作用是区分黏土和粉土，A 线上侧是黏土，下侧是粉土。竖线称为 B 线，其方程为 $w_L = 50\%$，用以区分高液限土和低液限土。

在 A 线以上的土为黏土，液限大于 50% 的土称为高液限黏土 CH，液限小于 50% 的土称为低液限黏土 CL；在 A 线以下的土为粉土，液限大于 50% 的土称为高液限粉土 MH，液限小于 50% 的土称为低液限粉土 ML。不同行业标准对于液限分区不一样，有的分成高、中、低液限，有的可能划分得更细致。

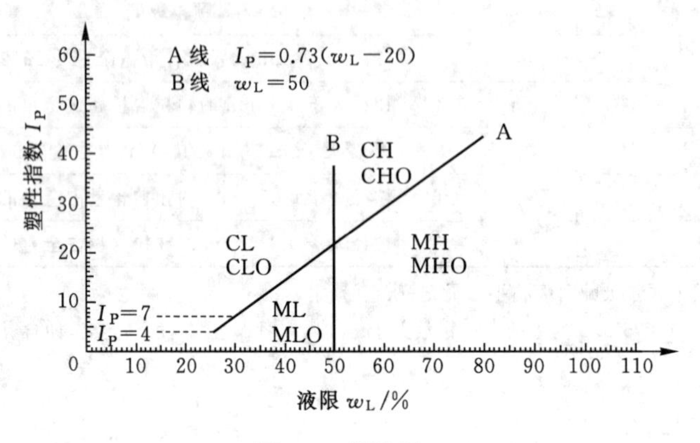

图 4-1 塑性图

(三) 细粒土分类说明

有机质土是根据未完全分解的动植物残骸和无定形物质测定的。有机质呈黑色、青黑色或暗色，有臭味，有弹性和海绵感，可采用手摸或嗅感判别。

当直观不能判别时，需将试样放入 100～105 ℃烘箱内烘干，烘干后试样的 w_L 小于烘烤前的 75% 时，判为有机土。在代号之后缀以 O(Organic) 来表示，如 CHO、CLO、MHO 和 MLO。

土中的粗粒组(大于 0.075 mm)质量为总质量的 25%～50% 的土定名为含粗粒的细粒土；如果粗粒中砾粒占优势，则称含砾细粒土，加后缀 G(Gravel) 表示，如 CHG、CLG、MHG 和 MLG；如果粗粒中砂粒占优势，则称含砂细粒土，加后缀 S (Sand) 表示，如 CHS、CLS、MHS 和 MLS。

三、土的分类步骤

① 首先按粒度成分确定大类，将土分为巨粒土、粗粒土、细粒土三大类，如表 4-5 所示。

表 4-5 巨粒土、粗粒土、细粒土分类

土类	划分标准
巨粒土	粒径大于等于 60 mm 的颗粒质量大于等于总质量的 50%
粗粒土	粒径大于 0.075 mm 且小于 60 mm 的颗粒质量大于等于总质量的 50%
细粒土	粒径小于 0.075 mm 的颗粒质量大于等于总质量的 50%

② 然后根据粗粒与细粒的相对含量细分，如含细粒的粗粒土(或细粒土质粗粒土)，其

中细粒依照塑性图定名，粗粒土依照粒度成分定名；对于含粗粒的细粒土，其中粗粒的名称依据含砂和砾的比例而定名，细粒土依塑性图定名。

③ 给出符号。

由两个代号构成时，如CH、ML，前者代表土的主要成分，后者代表液限高低；又如GW、SW，前者代表土的主要成分，后者代表级配情况；再如GC、SC，前者代表土的主要成分，后者代表微含成分。

由三个符号构成时，如CHO、CHG、MHS等，前者代表土的主要成分，中间代表液限，后者代表微含成分。

在一些工程中都会对黏性土的稠度与塑性做出要求，比如在筑坝工程中，为保证坝体安全，要求黏性土的液限小于45，塑性指数小于15；在建造由钢筋混凝土材料筑成的柔性基础时，要求液限小于35，塑性指数小于10。

工程用土需要满足相关规范对土体液限和塑限的要求，例如在国家标准《公路路基施工技术规范》(JTG F10—2006)中规定，液限大于50、塑性指数大于26的土不得直接作为路堤填土。除此之外还对土的强度(CBR值)和最大粒径提出了具体要求。

一般土的工程分类体系见图4-2所示。

第二节　一般土的工程性质

一、碎石类土的工程性质

碎石类土包括卵砾类土，其颗粒粗大，主要由岩石碎屑或石英、长石等原生矿物组成，呈单粒结构、块状和假斑状构造；孔隙大，透水性强，压缩性低，抗剪强度高；一般构成良好的地基，但易渗漏和易发生基坑帮壁坍塌以及边坡失稳。该类土的性质与黏粒含量、孔隙中充填物的性质和数量有关。例如，典型的流水沉积的碎石类土，分选性好，孔隙中充填少量砂粒，其透水性最强，压缩性最低，而抗剪强度最高；基岩风化碎石和山坡堆积的碎石类土，分选性较差，孔隙中充填大量的砂粒、粉粒和黏粒，使透水性相对较弱，压缩性稍高，抗剪强度较低，特别是内摩擦角较小。

二、砂类土的工程性质

砂类土简称砂土，其一般颗粒较大，主要由石英、长石、云母等原生矿物组成，呈单粒结构，伪层状构造；透水性强，压缩性低，压缩速度快，抗剪强度较高，内摩擦角较大。粗、中砂土构成良好的地基，但可能产生涌水或渗漏；细、粉砂性质相对较差，特别是在饱水情况下受到振动后易液化，使其强度丧失。

三、粉土的工程性质

粉土具有假塑性，缺乏韧性，有明显的摇振反应，干强度很低，承载力变异明显。该类土的性质与土中粗粒含量多少有关。例如，砂质粉土，其粗粒含量很高，外观特征很接近于黏性土，工程地质性质与黏性土相似，但又不具有典型的可塑性，不存在半固态，干时尘土飞扬。

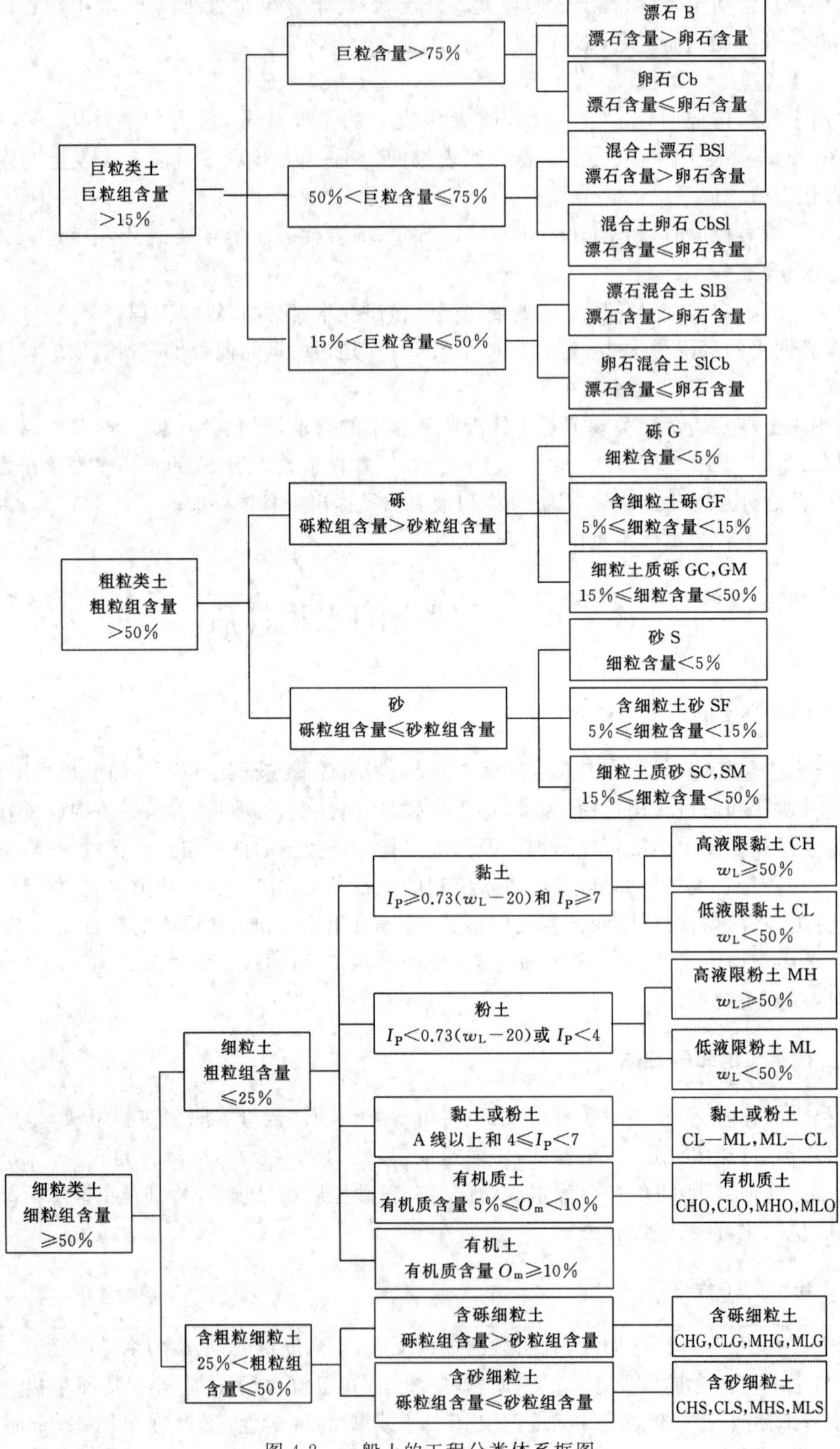

图 4-2　一般土的工程分类体系框图

四、黏性土的工程性质

黏性土中黏粒含量较多，常含亲水性较强的黏土矿物，具水胶联结，团聚结构，有时为结晶联结。其孔隙微小，孔隙率高，有各种稠度状态，压缩量大，压缩速度小，抗剪强度主要取决于黏聚力，内摩擦角较小。该类土的性质受黏粒含量的影响大，即黏粒增多，塑性指数、胀缩量和黏聚力将增大，渗透系数和内摩擦角变小；而稠度对土的性质影响最大，即流塑、软塑状态的土有较高的压缩性、较低的抗剪强度，硬塑、坚硬状态的土则相反。

第三节　特殊土的工程性质

特殊土是指某些具有特殊物质成分和结构而工程地质性质比较特殊的土。我国的特殊土不仅类型多，而且分布广，各种天然或人为形成的特殊土的分布，都有其一定的规律，表现出一定的区域性。在我国，具有一定分布区域和特殊工程意义的特殊土包括：沿海及内陆地区各种成因的软土，西北、华北等干旱、半干旱气候区的黄土，西南亚热带湿热气候区的红黏土，南部和中部地区的膨胀土，高纬度、高海拔地区的多年冻土以及盐渍土、人工填土和污染土等。本章主要介绍各类特殊土的基本物质组成、结构及主要工程性质，了解土体改良的基本方法。

一、软土

软土泛指淤泥质土，是在水流缓慢、不通畅、缺氧和饱水条件下的环境中沉积，有微生物参与作用的条件下，含较多的有机质，疏松软弱的粉质黏性土。当 $e \geqslant 1.5$ 时，称淤泥；当 $1 \leqslant e < 1.5$ 时，称淤泥质土，它是淤泥与一般黏性土的过渡类型。

（一）软土的分布及成分结构特征

软土的粒度成分主要为粉粒和黏粒，一般属于黏土或粉质黏土、粉土。含大量黏土矿物和部分石英、长石、云母；有机质含量较多（5%～15%）。其土质呈灰、灰蓝、灰绿和灰黑等暗淡的颜色，污染手指并有臭味。软土具有蜂窝状和絮状结构，疏松多孔，定向排列明显、层理较发育，常具薄层状构造。

我国软土基本上可以分为两大类：一类是沿海沉积软土；另一类是内陆和山区湖盆地及山前谷地沉积的软土。沿海沉积的软土，分布较稳定，厚度较大，土质较疏松软弱；大致可分为四个类型——泻湖相沉积、溺湖相沉积、滨海相沉积、三角洲相沉积。分布在内陆平原区的软土主要分布地区有湖泊、河漫滩、牛轭湖。

（二）软土的工程地质性质

软土是在特定的环境中形成的，具有某些特殊的成分和结构，工程地质性质也表现出下列一些特点：

① 高孔隙比、饱水、天然含水率大于液限。孔隙比常见值为1.0～2.0；液限一般为40%～60%，饱和度一般大于90%，天然含水率多为50%～70%。未扰动时，处于软塑状态，一经扰动，结构破坏，处于流动状态。

② 透水性极弱。渗透系数一般在 $i \times 10^{-4} \sim 10^{-8}$ cm/s之间，一般垂直方向的渗透系数较水平方向小些。

③ 高压缩性。$a_{1\sim2}$ 一般为 0.7～1.5 MPa^{-1}，且随天然含水率的增大而增大。

④ 抗剪强度很低，且与加荷速度和排水固结条件有关。在不排水条件下进行三轴 UU 试验时，$\varphi_u \approx 0$，c_u 值一般小于 0.02 MPa；直剪试验所得的 $\varphi = 2^\circ \sim 5^\circ$，$c$ 值一般为 0.01～0.015 MPa；固结不排水剪所得的 $\varphi_{cu} = 10^\circ \sim 15^\circ$，$c_{cu}$ 值在 0.02 MPa 左右。

⑤ 具有较显著的触变性和蠕变性。这类土饱水而结构疏松，所以在振动等强烈扰动下，其强度也会剧烈降低，甚至液化成悬液，称之为触变性。

软土的成分和结构是决定其工程地质性质的根本因素。有机物和黏粒含量越多，土的亲水性越强，则压缩性就越高；孔隙比越大，则含水率越高，压缩性就越高，强度就低，灵敏度越大，性质越差。

二、黄土

黄土是一种特殊的第四纪陆相松散堆积物。黄土的颜色主要呈黄色或褐黄色，颗粒成分以粉粒为主，富含碳酸钙，有肉眼可见的大孔隙，天然剖面上垂直节理发育，被水浸湿后土体显著沉陷（湿陷性）。具有以上全部特征的土，称为典型黄土；而与之相似但缺少个别特征的土，称为黄土状土。典型黄土和黄土状土统称为黄土类土，简称黄土。

（一）黄土的分布及成分结构特征

黄土在世界上分布很广，欧美和中亚均有分布。我国黄土主要分布于西北、华北和东北等地，这些地区干旱少雨，具有大陆性气候特点。我国黄土从早更新世开始堆积，经历了整个第四纪，直到目前还没有结束。按地层时代及其基本特征，黄土可分为三类，各类黄土的主要特征见表 4-6。形成于早更新世的午城黄土和中更新世的离石黄土称为老黄土。午城黄土主要分布在陕甘高原，覆盖在古近纪或新近纪红土层或基岩上。离石黄土分布广，厚度大，构成了黄土高原的主体。老黄土一般无湿陷性，承载力较高。晚更新世的马兰黄土及全新世早期的现代黄土称为新黄土。新黄土广泛覆盖于老黄土之上，在北方各地分布较广，尤以马兰黄土分布最广，一般都具有湿陷性。近几百年至近几十年形成的黄土称新近堆积黄土。新近堆积黄土分布在局部地区，厚度仅数米，土质松散，压缩性高，湿陷性不一，承载力较低。

表 4-6　不同黄土的主要特征

黄土类型		颜色	土层特征	姜石及包含物	古土壤层	沉积环境及层位
近代堆积黄土 Q_4^2		浅至深褐色，暗黄或灰黄等	多虫孔及植物根孔，孔壁常有白色粉末状碳酸钙盐结晶，结构松散呈蜂窝状	少量小砾石及小姜石，有时混有人类活动遗物	无	山前、山脚坡积洪积扇表层，古河道及沟谷
新黄土	次生黄土 Q_4^1	褐黄至黄褐等	具大孔性，有虫孔及植物根孔，土质较均匀，稍密至中密	少量小姜石及砾石和人类活动遗迹	有埋藏土，呈浅灰色	河流两岸阶地沉积
	马兰黄土 Q_3	浅黄至灰黄等	具大孔性，有虫孔及植物根孔，铅直节理发育，土质较均匀，结构较疏松	少量细小姜石，零星分布	浅部有埋藏土，一般为浅灰色	阶地、塬坡表部及其过渡地带

表 4-6(续)

黄土类型		颜色	土层特征	姜石及包含物	古土壤层	沉积环境及层位
老黄土	离石黄土 Q_2	深黄、棕黄及微红	少量大孔或无，土质紧密，块状节理发育，抗蚀能力强，土质较均匀	上部有姜石，少而小，古土壤层下姜石呈层分布，钙质胶结	有数层至十余层，上部间距 3～4 m，下部间距 1～2 m	下部为 Q_1 黄土
	午城黄土 Q_1	微红及橙红	不具大孔性，土质紧密而坚硬，颗粒均匀，柱状节理发育，不见层理，有时夹砂砾石等粗颗粒	姜石含量较 Q_2 少，呈层及零星分布于土层内，粒径 1～3 cm	古土壤层不多，呈棕红或褐色	下与红黏土或砂砾层接触

（二）黄土的一般工程地质性质

天然状态下的黄土具有如下一些特点：

① 塑性较弱。黄土的液限一般为 23%～33%，塑限常在 15%～20%之间，塑性指数在 8～13 之间。

② 含水较少。含水率一般在 10%～25%之间，常处于半固态或硬塑状态，饱和度一般为 30%～70%。

③ 压实程度很差，孔隙较大。黄土的干密度较小，孔隙较大，孔隙率高。

④ 抗水性弱，遇水强烈崩解，膨胀量较小，但失水收缩较明显。

⑤ 透水性较强。由于大孔隙和垂直节理发育，黄土的透水性比粒度成分相类似的一般细粒土要强得多，渗透系数可达 1 m/d 或以上，且各向异性明显，铅直方向比水平方向要强得多，渗透系数达数倍甚至数十倍。

⑥ 压缩性中等，抗剪强度较高。压缩系数一般介于 0.2～0.5 MPa^{-1}之间，φ 值一般为 15°～25°，c 值一般为 0.03～0.06 MPa。随着含水率的增加，黄土的压缩性急剧增大，抗剪强度显著降低。

（三）黄土湿陷性的形成及影响因素

湿陷性黄土是黄土在上覆土的自重压力作用下或在上覆土的自重压力与附加压力共同作用下，受水浸湿后土的结构迅速破坏而发生显著附加下沉的黄土。

黄土湿陷性形成的内在因素是黄土的结构特征及其物质组成；外部条件是水的浸润和压力作用。黄土湿陷性的强弱与其微结构特征、颗粒组成、化学成分等因素有关，在同一地区，土的湿陷性又与其天然孔隙比和天然含水率有关，并取决于浸水程度和压力大小。

湿陷性黄土是一种特殊性质的土，在一定的压力下，下沉稳定后，受水浸湿，土骨架结构迅速破坏，并产生显著附加下沉，故在湿陷性黄土场地上进行建设时，应根据建筑物的重要性、地基受水浸湿可能性的大小和在使用期间对不均匀沉降限制的严格程度，采取以地基处理为主的综合措施，防止地基湿陷对建筑产生危害。湿陷性黄土地基处理的目的主要是通过消除黄土的湿陷性，提高地基的承载力。常用的地基处理方法有土或灰土垫层、土桩或灰土桩、强夯法、重锤夯实法、桩基础、预浸水法等。

土的湿陷性及评价等内容详见第一章第八节土的胀缩性、崩解性与湿陷性。

三、膨胀土

在工程建设中，经常会遇到一种具有特殊变形性质的黏性土，它的体积随含水率的增加而膨胀，随含水率的减小而收缩，并且这种作用循环可逆，具有这种膨胀和收缩性的土，称为膨胀土。

（一）膨胀土的分布及成分结构特征

1. 膨胀土的分布

我国是世界上膨胀土分布广、面积大的国家之一，据现有资料显示，在广西、云南、湖北、河南、安徽、四川、河北、山东、陕西、浙江、江苏、贵州和广东等地均有不同范围的分布。按其成因大体有残积—坡积、湖积、冲积—洪积和冰水沉积等四个类型，其中以残积—坡积型和湖积型胀缩性最强。

从形成年代看，一般为上更新统及其以前形成的土层。从分布的气候条件看，在亚热带气候区的云南、广西等地的膨胀土与全国其他温带地区比较，胀缩性明显强烈。

膨胀土一般分布在盆地内岗、山前丘陵地带和二、三级阶地上。大多数是上更新世及以前的残坡积、冲积、洪积物，也有新近纪至第四纪的湖泊沉积及其风化层。

2. 成分和结构特征

① 岩性以黏土为主，黏土占总数的98%，黏土矿物多为蒙脱石、伊利石和高岭石。蒙脱石含量越多，膨胀性越强烈。具有黄、红、灰、白等色。

② 结构致密，呈坚硬～硬塑状态，强度较高，黏聚力较大。

③ 裂隙发育，竖向、斜交和水平三种方向均有，可见光滑镜面和擦痕。

④ 富含铁、锰结核和钙质结核。

⑤ 化学成分为SiO_2（45%～66%）、Al_2O_3（13%～31%）、Fe_2O_3（3～15%）、硅铝率$K=$ 3～5。

（二）膨胀土的工程地质性质

① 膨胀土的液限、塑限和塑性指数都较大，液限为40%～68%，塑限为17%～35%，塑性指数为18～33。

② 膨胀土的饱和度一般较大，常在80%以上；天然含水率较小，常介于17%～30%之间，天然含水率接近或略小于塑限。天然孔隙比小，其天然孔隙比随土体湿度的增减而变化，即土体增湿膨胀，孔隙比变大；土体失水收缩，孔隙比变小。

③ 在天然条件下一般处于硬塑或坚硬状态，强度较高，压缩性较低，易被误认为是工程性能较好的土，一旦地表水浸入或地下水位上升使含水率剧烈增大或土的原状结构被扰动时，土体强度会骤然降低、压缩性增高。在膨胀土地区进行工程建筑时，如果不采取必要的设计和施工措施，会导致大批建筑物的开裂和损坏，甚至造成坡体建筑场地的崩塌、滑坡和地裂等。

影响膨胀土胀缩变形的主要内在因素有土的黏粒含量和蒙脱石含量、土的天然含水率和密实度及结构强度等；主要外部因素是引起地基土含水率剧烈或反复变化的各种因素，如气候条件、地形地貌及建筑物地基不同部位的日照、通风及局部渗水影响等。

（三）膨胀土的判别

膨胀土的判别是解决膨胀土问题的前提，因为只有确认了膨胀土及其胀缩性等级才可能有针对性地研究、确定需要采取的防治措施。

膨胀土的判别一般按自由膨胀率δ_{ef}、液限w_L、塑性指数I_P、液性指数I_L及天然含水率w综合确定。

自由膨胀率δ_{ef}是以人工制备的烘干土在水中增加的体积和原体积之比。若$\delta_{ef}>40\%$，$w_L>40\%$，$I_P>17$（I_P多在22～35之间），w接近或略小于w_P，$I_L<0$，则可初步定为膨胀土。

利用自由膨胀率δ_{ef}可将膨胀土分为弱膨胀土（$40\%\leqslant\delta_{ef}<65\%$）、中等膨胀土（$65\%\leqslant\delta_{ef}<90\%$）和强膨胀土（$\delta_{ef}\geqslant90\%$）三类。

膨胀土的判别方法应采用现场调查、室内物理性质和胀缩特性试验指标鉴定相结合的原则，即首先必须根据土体及其埋藏、分布条件以及工程地质特征和建于同一地貌单元的已有建筑物的变形、开裂情况作初步判断，然后再根据试验指标进一步验证，综合判别。

凡具有前述土体的工程地质特征以及已有建筑物变形、开裂特征的场地，且土的自由膨胀率大于或等于40%的土，应判定为膨胀土。

（四）膨胀土的地基处理

膨胀土具有较高强度和较低压缩性的特点，由于具有膨胀性，在设计和施工中如果没有采取必要的措施，会对工程造成危害，特别是在渠系工程中，开挖易坍塌的现象十分严重，而坝基透水、渗透和土坝滑坡现象也很多。

在膨胀土上修筑建筑物，可从上部结构和地基土层两方面采取相应的措施。如做好地基的防渗和排水，设置沉降缝，增大建筑物的刚度，采取换土垫层，对水利工程采取预湿法等。一般避免采用膨胀土作坝料，但若受坝址材料限制必须使用时，在设计和施工中应采取必要的措施，如可将填筑标准干密度定得低一些，含水率较最优含水率高一些。

四、红黏土

红黏土是指在亚热带湿热气候条件下，碳酸盐类岩石及其间所夹的其他岩石，经风化作用形成的棕红、褐黄等色的高液限黏土。其液限一般大于50%，液限大于45%、小于50%的土称为次生红黏土。红黏土上硬下软，具有明显的收缩性，裂隙发育，经再搬运后仍保留红黏土基本特征。红黏土一般天然含水率高、孔隙比大，液限和塑性指数高，但抗水性强，压缩性较低，抗剪强度也较高，可用作土坝填料。

（一）红黏土的分布及成分结构特征

红黏土主要为残积—坡积类型，也有洪积类型，多分布在山区或丘陵地带，我国广泛分布于云贵高原、四川东部、广西、粤北及鄂西、湘西等地区的低山、丘陵地带顶部和山间盆地、洼地、缓坡及坡脚地段。分布在黔、桂、滇等地古溶蚀地面上堆积的红黏土层，其厚度的变化与原始地形和下伏基岩面的起伏变化密切相关。

红黏土的黏粒组分（粒径<0.005 mm）含量高，一般可达55%～70%，粒度较均匀，具有高分散性。黏土颗粒主要以高岭石和伊利石类黏土矿物为主，主要化学成分为SiO_2（33.5%～68.9%）、Al_2O_3（9.6%～12.7%）和Fe_2O_3（13.4%～36.4%），硅铝率一般均小于2。常呈蜂窝状结构和棉絮状结构，红黏土中常有较多裂隙（网状裂隙）、结核和土洞存在，从而影响了土体的均匀性。

（二）红黏土的工程地质性质

① 红黏土具有高塑性和分散性。颗粒细而均匀，黏粒含量很高，液限一般为50%～80%，塑限为30%～60%，塑性指数一般为20～50。

② 红黏土强度较高，压缩性较低。固结快剪φ值一般为8°～18°，c值一般为0.04～0.09 MPa，压缩模量一般为6～16 MPa，多属于中—低压缩性土。

③ 红黏土具有高含水率、低密度等特点。天然含水率一般为30%～60%，饱和度大于85%，密实度低，大孔隙明显，孔隙比大于1.0；液性指数一般都小于40%，故多处于坚硬或硬塑状态。一般用含水比a_w表示红黏土的湿度状态，它是红黏土的天然含水率与其液限之比。

④ 红黏土不具有湿陷性，但收缩性明显，失水后强烈收缩，原状土体收缩率可达25%。红黏土具有这些特殊性质，是与其生成环境及其相应的组成物质有关。

在深度上，随着深度的加大，红黏土的天然含水率、孔隙比、压缩系数都有较大的增高，状态由坚硬、硬塑可变为可塑、软塑，强度则大幅度降低。在水平方向上，由于地形地貌和下伏基岩起伏变化，性质变化也很大，地势较高的红黏土，由于排水条件好，天然含水率和压缩性较低，强度较高，而地势较低的红黏土则相反。

处于坚硬和硬塑状态的红黏土层，由于胀缩作用形成了大量裂隙，且裂隙的发生和发展速度极快，在干旱气候条件下，新挖坡面数日内便可被收缩裂隙切割得支离破碎，使地面水易侵入，土的抗剪强度降低，常造成边坡变形和失稳。

（三）红黏土的地基处理

红黏土虽然强度较高，压缩性较小，但因与岩溶伴生，且含水率、液限均较一般黏土高，具有胀缩性，因此必须进行处理，才可以建筑。红黏土的处理措施一般有垫层置换法、土性改良法、包边法等。以红黏土路基为例，要紧密结合路基工程的特点，寻找合适的压实标准及相应的压实工艺，使压实后的路基具有较高的强度和较好的强度稳定性，只有满足强度和稳定要求的红黏土才能作为路基填料。红黏土路基施工应注意，连续施工情况下，避免已压实路基表面因暴露时间较长，风干失水出现龟裂；应尽量避免雨季施工，路堤施工前应做好临时排水及防渗设施；截断流向路堤作业区的水源，疏干地表水；对红黏土路基顶层采用胀缩性的黏土作为包边土，包边厚1.5 m左右，夯实后可以防止坡面开裂及地表水的渗入。

五、人工填土

填土是在一定的地质、地貌和社会历史条件下，由于人类活动而堆填的土。填土性质很不均匀，分布和厚度变化上缺乏规律性；物质成分异常复杂，包括天然土颗粒、砖瓦碎片和石块以及人类生产生活所抛弃的各种垃圾。人工填土是一种欠压密土，一般具有较高的压缩性，孔隙比很大，往往具有浸水湿陷性。

根据《建筑地基基础设计规范》(GB 50007—2011)，填土可划分为素填土、杂填土、冲填土三类。

（一）素填土

素填土是由碎石、砂土、粉土或黏性土等一种或几种材料组成的填土。一般密实度较差，但若堆积时间较长，由于土的自重压密作用，也能达到一定的密实度。如堆填时间超过10年的黏性土、超过5年的粉土、超过2年的砂土，均具有一定的密实度和强度，可以作为一般建筑物的天然地基。素填土地基具有不均匀性，防止建筑物不均匀沉降是填土地基的关键。

（二）杂填土

杂填土为含有大量杂物的填土，如建筑垃圾土、工业废料土、生活垃圾土等。以生活垃圾和腐蚀性及易变性工业废料为主要成分的杂填土，一般不宜作为建筑物地基；对主要以建筑垃圾或一般工业废料组成的杂填土，采用适当措施处理后可作为一般建筑物地基。利用杂填土作为地基时应注意颗粒成分、密实度和平面分布及厚度的不均匀性等特点；杂填土的工程性质随堆填时间而变化；结构松散、干或稍湿的杂填土一般具有浸水湿陷性。

（三）冲填土（吹填土）

冲填土是由水力冲填泥砂形成的沉积土，即在整理和疏浚江河航道时，有计划地用挖泥船通过泥浆泵将夹有大量水分的泥砂，吹送至江河两岸而形成的一种填土。在我国长江、上海黄浦江、广州珠江两岸，都分布有不同性质的冲填土。冲填土的含水率大，透水性较弱，排水固结差，一般呈软塑或流塑状态，比同类自然沉积饱和土的强度低、压缩性高；冲填土的颗粒组成和分布规律与所冲填泥砂的来源及冲填时的水力条件有关系。

填土在堆填方式、组成成分、分布特征及其工程性质等方面，表现出一定的复杂性。在一般的岩土工程勘察与设计工作中，如何正确评价、利用和处理填土层，将直接影响到基本建设的经济效益和环境效益。当填土被应用于地基时，如填土的自重压密尚未完成或土质松软不能满足地基承载力和变形的要求，应进行人工加固处理之后才能作为地基。填土地基处理方法多种多样，选择处理方法时应根据勘察测试成果，从建筑物种类、加固效果、经济费用、工程周期、环境影响等方面并结合地区经验综合考虑。对一般建筑而言，当填土厚度不大时，可采用换填法和表层压实法等浅层处理方法；如填土厚度较大，则可考虑用强夯法和振冲挤密桩法加固地基。

六、冻土

（一）冻土的概念及分布

凡温度等于或低于 0 ℃且含有固态冰的土称为冻土。按其冻结时间长短可分为以下三类。

瞬时冻土是指冻结时间小于一个月，一般为数天或几个小时（夜间冻结）。冻结深度从几毫米至几十毫米。

季节冻土是指冻结时间等于或大于一个月，冻结深度从几十毫米至 1～2 m。它是每年冬季发生的周期性冻土。

多年冻土是指冻结时间连续三年或三年以上。主要分布在青藏高原和东北大、小兴安岭，在东部和西部地区一些高山顶部也有分布。多年冻土占我国总面积的 20%以上。

土层冻结产生体积膨胀，融化使土层变软产生沉陷，甚至土石翻浆，从而形成冻胀和融沉作用。冻土的冻胀会使路基隆起，使柔性路面鼓包、开裂，使刚性路面错缝或折断；冻胀还使修建在其上的建筑物抬起，引起建筑物开裂、倾斜，甚至倒塌。

对工程危害更大的是在季节性冻土地区，一到春暖土层解冻融化之后，由于土层上部积累的冰晶体融化，使土中的含水率大大增加，加之细粒土排水能力差，土层处于饱和状态，土层软化，强度大大降低。路基土冻融后，在车辆反复碾压下，轻者路面变得松软，限制行车速度，重者路面开裂、冒泥，即出现翻浆现象，使路面完全破坏。冻融也会使房屋、桥梁、涵管发生大量下沉或不均匀下沉，引起建筑物开裂破坏。因此，冻土的冻胀及冻融都会给工程带来危害，必须引起注意，采取必要的防治措施。

（二）冻土的物质组成

冻土是由土的颗粒、水、冰、气体等组成的四相体。冻土与未冻土的物理力学性质有着许多共性，但由于冻结时水相变化及其对结构和物理力学性质的影响，使冻土还有若干不同于未冻土的特点，冻胀和冻融现象会给季节性冻土和多年冻土地基上的结构物带来危害，因而对冻土地区基础工程除按一般地区的要求进行设计施工外，还要考虑季节性冻土或多年冻土的特殊要求。

（三）冻土的性质

冻土的性质可以用总含水率、未冻结含水率、相对含水率、冻胀率、起始冻胀含水率和融沉系数等表达。

季节性冻土地区结构物的破坏很多是由于地基土冻胀造成的。含黏土和粉土颗粒较多的土，在冻结过程中，由于负温梯度使土中水分不断向冻结峰面迁移积聚，致使冰晶体增大，造成冻土的体积膨胀。土的冻胀在侧向和下面均有土体的约束，因此，主要反映在体积向上的增量上（隆胀）。

土冻胀性的评价多采用冻胀率 η_f 的大小来衡量：

$$\eta_f = \frac{\Delta h}{Z_0} \tag{4-1}$$

式中 Δh ——地表冻胀量，cm，以土层冻结前后地表高差值计算；

Z_0——冻结深度，cm，可实测。

对季节性冻土按冻胀变形量大小，结合对结构物的危害程度可分为五类，以野外冻胀观测得出的冻胀率为分类标准：

Ⅰ类不冻胀土——冻胀率 $\eta_f < 1\%$，冻结时基本无水分迁移，冻胀变形很小，对各种浅埋基础都没有任何危害。

Ⅱ类弱冻胀土——冻胀率 η_f 在 1%～3.5%之间，冻结时水分迁移很少，地表无明显冻胀隆起，对一般浅埋基础也没有危害。

Ⅲ类冻胀土——冻胀率 η_f 在 3.5%～6%之间，冻结时水分有较多迁移，形成冰夹层，如结构物自重轻、基础埋置过浅，会产生较大的冻胀变形，冻深大时会由于切向冻胀力而使基础上拔。

Ⅳ类强冻胀土——冻胀率 η_f 在 6%～13%之间，冻结时水分大量迁移，形成较厚冰夹层，冻胀严重，即使基础埋深超过冻结线，也可能由于切向冻胀力而上拔。

Ⅴ类特强冻胀土——冻胀率 $\eta_f > 13\%$，冻胀量很大，是使各类基础冻胀上拔破坏的主要原因。

地基土的冻胀变形，除与负温条件有关外，与土的粒度成分、冻前含水率及地下水补给条件密切相关。《公路桥涵地基与基础设计规范》(JTG D63—2007)根据这些因素的统计分析资料，对季节性冻土进行划分，Ⅰ～Ⅴ类冻胀性的具体分类方法可查阅该规范。

融沉系数（下沉系数）A_0 是冻土融化时减小的高度与原高度的比值，是评价建筑物融陷破坏的指标，其公式为：

$$A_0=\frac{h'-h_2}{h'}=\frac{e'-e_2}{1+e'} \tag{4-2}$$

式中　A_0——融沉系数(下沉系数)；

h'、h_2——冻土融化前后的高度,cm；

e'、e_2——冻土融化前后的孔隙比。

(五) 冻土基础设计原则

冻土基础设计应遵循以下原则:多年冻土按照保持冻结状态设计;季节性冻土基础埋深大于活动层;保持基底地基温度的稳定性;冻土融化期,能维持足够的抗拔力;允许回填土小幅沉降,及时补填;结构重要性系数达到特高压水平;回填土夯实到Ⅰ类土的要求。

七、混合土

在自然界中,存在一种粗细粒混杂且缺乏中间粒径的土,这种土如果按颗粒组成成分常可视为砂类土或碎石类土,而其通过 0.5 mm 筛后的数量较多并且可进行可塑性试验,按其塑性指数又可视为粉土或黏性土。这类土在分类中找不到相应的位置,为了正确评价这一类土的工程性质,把它们称为混合土。混合土主要是由级配不连续的黏粒、粉粒和碎石粒(砾粒)组成的土。

混合土的成因一般有冲积、洪积、坡积、冰碛、崩塌堆积、残积等。前几种成因形成混合土的重要条件是要有提供大颗粒(如碎石、卵石)的条件。残积混合土的形成条件是在原岩中含有不易风化的粗颗粒,例如花岗岩中的石英颗粒。

(一) 混合土的特点

混合土中常因含有大量的粗颗粒,如碎(卵)石颗粒甚至漂砾,因此,取样十分困难,甚至也很难取得有代表性的扰动土样。用一般室内试验方法,几乎不能取得其正确的物理力学性质指标,甚至不能掌握其级配情况。

混合土中的粗颗粒可能相互接触,可能为细粒局部包围,也可能呈斑状浮在细粒中,因而使混合土极不均匀。要正确评价混合土的工程性能,必须查明这些情况。

混合土常具有地区土所具有的特殊性质,如膨胀性、湿陷性等。

(二) 混合土的性质

混合土因其成分复杂多变,各种成分粒径相差悬殊,故其性质变化很大。总的来说,混合土的性质主要取决于土中的粗、细粒含量的比例,粗粒的大小及其相互接触关系以及细粒土的状态。已有的试验资料表明,粗粒土的性质将随其中细粒的含量增多而变差,细粒土的性质常因粗粒的含量增多而改善。但是,在上述两种情况下,都存在一个粗、细粒含量的特征点,超过此特征点后,土的性质会突然发生改变。

(三) 混合土地基处理措施

① 对具有不稳定的混合土地基,应根据其处理的技术可能性及经济合理性采取避开或其他处理措施。

② 在崩塌堆积的混合土地基上建筑时,应考虑到形成这些崩塌堆积物的不良地质作用再次发生的可能性(如滑坡、泥石流等),采取避开或其他处理措施。

③ 具有不良性质的混合土(如膨胀性、湿陷性),可参照有关特殊土的处理措施。

④ 对于含有漂石且其间隙填充不实的混合土地基,可根据漂石的大小,采取重夯、强

夯、灌浆等加固措施。

八、污染土

近代工业生产产生的废弃物，由于无组织地排放或排放系统失效，使其渗入土层，导致土的物理、力学、化学性质发生变化，直接影响工程活动(强度降低、压缩性增大、对混凝土和金属材料产生腐蚀等)或有害于人类健康、动物繁衍、植物生长的土称为污染土。《岩土工程勘察规范》(GB 50021—2001)对污染土的定义为："污染土是指由于外来致污物质侵入土体改变了原生性状的土"。对污染土的定名可在土的原分类定名前冠以"污染"两字，例如"污染粉质黏土""污染粉土"等。

(一) 污染土的形成及结构特征

污染物主要是由于工厂在生产过程中的酸、碱、煤焦油、石灰渣等废液、废渣渗漏进入土中，引起地基土发生了化学变化。它能溶蚀粒间的胶结盐类，使得胶结强度降低，孔隙比和压缩性增大，抗剪强度降低；土颗粒本身被腐蚀，形成的新物质在空隙中产生相变结晶而膨胀，并逐渐溶蚀或分裂碎化成小颗粒，新生成含结晶水的盐类，它在干燥时膨胀，浸水后收缩；酸碱等腐蚀物质还参与离子交换，从而改变了土的性质。

污染土呈黑色、黑褐色、灰色，有的呈棕红、杏红色，有铁锈斑点；蜂窝状结构，颗粒分散，表面粗糙，甚至出现局部空穴；含水量高时，可呈软塑至流塑状态。

(二) 污染土的工程地质性质

目前对污染土工程特性的认识尚不足，由于土与污染物相互作用的复杂性，每一特定场地的污染土有它自己的特性。因此，污染土的承载力特性宜采用荷载试验和其他原位测试确定，并进行污染土与未污染土的对比试验。国内已有在可能受污染场地做野外浸酸载荷试验的经验，这种试验是评价污染土工程特性的可靠依据。

(三) 污染土的等级划分

污染等级应根据场地内"污染特征"指标来确定，见表 4-7 所示。特征指标应该能较明确地反映场地土体被污染的程度，一般情况下可采用土中易溶盐含量、pH 值、有机质含量或某一个土的物理力学指标。如有可能，也可采用几个指标的综合值进行划分。

表 4-7　污染土等级划分

污染等级	定　义
严重污染土	指地基土的物理力学性质有较大幅度变化，土的性质也发生了较大变化的土
中等污染土	指地基土的物理力学性质有明显变化，土的性质也发生了一定变化的土
轻微污染土	指从土化学分析中检测出含有污染物，而其物理力学性质无变化或变化不明显的土

(四) 污染土的地基处理

污染土的防治处理应在污染土分区基础上，对不同污染程度的土区别对待。一般情况下严重和中等污染土是必须处理的，轻微污染土可不处理，但对建筑物或基础具有腐蚀性时，应提出防护措施的建议。

在目前条件下，对污染土地基处理可采用下列方法：

① 换填法：将有害的受污染的土全部挖除，换填未被污染的土夯实，以满足设计承载力

和变形的要求。

② 桩基处理法:对于污染层较厚、设计承载力较高或对地基变形要求严格的建筑物,适合采用桩基础,将经过防腐处理的桩打穿污染土层,以未受污染土层或基岩作为桩的持力层,从而使基础在受到污染的情况下保持强度。

③ 隔离处理法:该方法是使用垂直挡墙或地下连续墙,切断污染物进入的通道,并防止污染物的迁移和扩散。

④ 化学处理法:该方法是采用灌浆法或其他方法向土中压入或混入某种化学材料,使其与污染土发生反应而生成一种无害的、能提高土的强度的新物质。其优点是作用快,缺点是多余的化学物质可能侵入土体内,成为新的有害物质。

不论采用何种处理方法,都必须同时对污染源进行处理,隔绝污染物入侵土中的途径,杜绝二次污染的发生。

九、盐渍土

盐渍土指的是岩土中易溶盐含量大于0.3%,并具有溶陷、盐胀、腐蚀等工程特性的岩土。一般分布在地表以下1.5 m之内,个别达到4 m左右。由于它发育在地表,所以与道路等表层工程建筑关系密切。

盐渍土按地理分布可分为滨海盐渍土、冲积平原盐渍土和内陆盐渍土等类型。我国盐渍土分布很广,主要分布在江苏北部、渤海西岸、河北、河南、山西、松辽平原西部和北部以及西北地区和内蒙古等地区。

(一) 盐渍土的成因和类型划分

盐渍土的形成及其所含盐的成分和数量,是与当地的地形地貌、气候条件、地下水埋藏深度和矿化度、土壤性质和人类活动有关。土中的粉粒含量高,盐分来源充分,地下水矿化度较高且埋深较浅,气候干燥多风,年平均降雨量小于年平均蒸发量是盐渍土形成的必要条件。

滨海盐渍土主要是海水入侵,经过蒸发,盐分残留地面而形成;冲积平原盐渍土主要是河床淤积抬高,或修建水库渠道、渗漏等使地下水位升高,并通过毛细作用将盐分输送到地表土层,经蒸发盐分集聚而形成;内陆盐渍土主要是由内陆洼地的矿化潜水蒸发,残留盐分形成或封闭盆地中水分蒸发盐分沉积而形成。

盐渍土中的含盐量是变化的,近地表处盐分较多,向深处逐渐减少,旱季地表盐分大量聚积,雨季由于冲洗淋滤下渗而减少。

盐渍土的性质不仅与含盐量有关,还与所含盐的成分有关。不同的盐类有其不同的特性,对土的影响也不相同。按土中所含盐的成分分为氯盐、硫酸盐和碳酸盐三类。

(二) 盐渍土的基本工程地质性质

盐渍土的主要特点是干旱时具有较高的强度,潮湿时强度减弱,压缩性增强,而且与含盐量和成分有关。含盐量越高,土的液、塑限越低。含盐类型不同,会出现湿陷或胀缩特性。粉质黏土和黏质粉土的盐渍土具有触变性。

1. 氯盐类型盐渍土的特征

主要盐类成分是$NaCl$、KCl、$CaCl_2$、$MgCl_2$等,具有很大的溶解度($330\sim750\ g/dm^3$),随温度变化甚微,但易随水分流动而迁移,具强烈的吸湿性,使土常处于潮湿状态,所以又被称为湿盐土;干燥时具有良好的工程地质性质,强度很高,且有随总含盐量增大而变大的趋势;结晶时体积不膨胀。由于氯盐容易溶解,受潮后具有很大的塑性和压缩性,强度大大下降,并显示出湿陷特性。

2. 硫酸盐类型盐渍土的特征

主要盐类成分为 Na_2SO_4、$MgSO_4$ 等,具有较大的溶解度(110～350 g/dm^3),随温度的变化而显著变化。当温度降低时,盐分结晶析出,使体积增加;温度升高时,晶体溶解而使体积缩小;干燥脱水时成粉末状,体积进一步缩小。这种周期性的胀缩,使土的结构被破坏而产生了松胀,所以含硫酸盐为主的盐渍土被称为松胀盐土。该土工程地质性质不良,干燥时土层松散,潮湿时被泡软而降低强度,且有随总含盐量增大而减小的趋势。

3. 碳酸盐类型盐渍土的特征

主要盐类成分为 $NaHCO_3$、Na_2CO_3 等,具较大的溶解度和膨胀性。水溶液具有较大的碱性,所以含碳酸盐的盐渍土又称为碱土。在盐渍土中,虽碳酸盐的含量一般较少,但其影响很大。干燥时紧密坚硬,强度较高,潮湿时具有很大的亲水性,塑性、膨胀性和压缩性都很大,稳定性很低,且不易排水,很难干燥。

此外,土中还含有少量的中溶盐和难溶盐,在土中能起到胶结和凝聚作用,使土紧密而又坚硬,即使在潮湿时也不疏松,性质相对较好。

(三) 盐渍土的工程地质分类

影响盐渍土性质的主要因素是含盐成分和数量,所以盐渍土可按含盐成分和含盐量进行分类。

① 按含盐性质分类,见表 4-8 所示。

表 4-8 盐渍土按含盐性质分类

盐渍土名称	Cl^- / SO_4^{2-}	$\frac{CO_3^{2-}+HCO_3^-}{Cl^-+SO_4^{2-}}$
氯盐渍土	>2	—
亚氯盐渍土	2～1	—
亚硫酸盐渍土	1～0.3	—
硫酸盐渍土	<0.3	—
碱性盐渍土	—	>0.3

注:表中 Cl^- / SO_4^{2-},$\frac{CO_3^{2-}+HCO_3^-}{Cl^-+SO_4^{2-}}$ 是指这些离子在 100 g 土中所含毫克当量数的比值。

② 按含盐量分级,见表 4-9 所示。

表 4-9 盐渍土按含盐量分级

盐渍土名称	平均含盐量/%		
	氯及亚氯盐渍土	硫酸及亚硫酸盐渍土	碱性盐渍土
弱盐渍土	0.3～1	—	—
中盐渍土	1～5	0.3～2	0.3～1
强盐渍土	5～8	2～5	1～2
超盐渍土	>8	>5	>2

▶概念与术语

细粒土
粗粒土
塑性图
特殊土
软土
黄土
黄土状土
膨胀土
红黏土
人工填土
冻土
混合土
污染土
盐渍土

▶能力及学习要求

1. 熟练掌握用塑性指数和塑性图对土进行分类定名的方法、掌握根据土的粒度成分和塑性综合确定土名的方法。

2. 掌握软土的物理性质、触变性、蠕变性。

3. 掌握黄土湿陷性的形成及其判别方法。

4. 掌握膨胀土的胀缩原因及其判别方法。

5. 掌握人工填土、冻土的分类。

6. 掌握混合土、盐渍土、污染土的特征，了解其性质改良的基本原理。

▶练习题

4-1　绘制塑性图：

按 17 mm 液限，A 线 $I_P=0.73(w_L-20)$；B 线 $w_L=50\%$，$I_P=4$ 或 7。

4-2　根据下列分析结果及塑性图对土进行分类定名。

(1) 土样 a　$w_L=59.1\%$，$w_P=34.3\%$

粒组/mm	0.1～0.075	0.075～0.005	<0.005
含量/%	21.7	49.9	28.4

(2) 土样 b　$w_L=58.5\%$，$w_P=38\%$

粒组/mm	10～5	5～2	2～0.5	0.5～0.25	0.25～0.075	0.075～0.005	<0.005
含量/%	4.5	3.0	4.2	3.6	11.9	57.6	15.2

(3) 土样 c　$w_L=40.7\%$，$w_P=30.9\%$

粒组/mm	0.1～0.075	0.075～0.005	<0.005
含量/%	13.6	65.5	20.9

(4) 土样 d　$w_L=39\%$，$w_P=20.3\%$

粒组/mm	0.1～0.075	0.075～0.005	<0.005
含量/%	14.2	51.0	34.8

(5) 土样 e　其中小于 0.075 mm 的 $w_L=39\%$，$w_P=19\%$

粒径/mm	20	10	5	2	0.5	0.1	0.075	0.005	0.001
x_d/%	100	70	52	40	32	20	19	17	10

(6)土样 f　其中小于 0.075 的 $w_L=39\%$，$w_P=20\%$

粒组/mm	10～5	5～2	2～0.5	0.5～0.25	0.25～0.075	0.075～0.005	<0.005
含量/%	2.2	19.2	37.2	8.9	12.2	14.8	5.5

4-3　经自由膨胀率试验测得体积 10 mL 的某土试样在水中膨胀稳定后的体积为 14.5 mL,求该土样的自由膨胀率,并判断是否为膨胀土。

4-4　在特殊土定义中,淤泥类土、膨胀土、红黏土在基本概念层次上都属于黏土,请比较分析三类特殊土的异同。

4-5　人工填土场地勘察应注意哪些问题?

4-6　简述冻土的工程性质及冻土区工程对策。

▶研讨选题参考

1. 一般土的工程特性。

2. 选择某特殊土的工程案例进行讨论。

第五章　土中的应力计算

内容提要

土体在自身重力、建(构)筑物荷载或其他因素(如土中水的渗流、地震等)作用下均产生应力,并由此引起土体或地基的变形,使建造在土体上的建(构)筑物(如土坝、路堤、房屋、桥梁等)发生下沉、倾斜等。当土中应力超过土的强度时,将导致土体破坏,使其失去稳定性。土中应力的大小及分布规律,是研究土体强度、变形及进行稳定性分析的基础。本章主要内容有:土中自重应力分布、大小及计算方法;基底压力的分布、大小及计算方法;集中力和分布力作用下地基中附加应力的计算方法。

第一节　基本概念

计算土中应力的目的是为定量预测土体变形(如地基沉降)、稳定性(如地基、边坡、洞室的稳定性)服务,并结合工程要求选择合理的基础形式和结构形式,以及确定建(构)筑物地基勘探的深度和范围等。

一、基础与地基

(一) 基础

基础是指建筑物的下部结构,它将整个建筑物(包括基础)的重量及荷载传递给地基。按施工方法和砌置深度基础可分为浅基础和深基础。

浅基础(埋深一般小于 5 m),包括独立基础、条形基础、联合基础、片筏基础、壳体基础、箱形基础等。

① 独立基础:当建筑物上部为框架结构或单独柱子时,常采用独立基础;若柱子为预制时,则采用杯形基础形式。

② 条形基础:当建筑物采用砖墙承重时,墙下基础常连续设置,形成基础长宽比大于等于 10 的条形基础。

③ 联合基础:有两根或两根以上的立柱(简体)共用的基础,或两种不同形式基础共同工作的基础。

④ 片筏基础:具有一定厚度、支承整个建筑物大面积整体钢筋混凝土的板式基础,为了增加结构刚度,在板上或板底的单向或双向设置肋梁,以形成梁板组合基础。片筏基础适用

于土质软弱、地基承载力低、上部结构传递到基础的荷载很大及上部结构对地基不均匀沉降敏感的情况。

⑤ 壳体基础:烟囱、水塔、贮仓、中小型高炉等各类筒形构筑物基础的平面尺寸较一般独立基础大,为节约材料,同时使基础结构有较好的受力特性,常将基础做成壳体形式。

⑥ 箱形基础:是由钢筋混凝土的底板、顶板、侧墙及一定数量的内隔墙构成封闭的箱体,基础中部可在内隔墙开门洞作地下室。

深基础(埋深一般大于 5 m),包括沉箱基础、沉井基础等。

① 沉箱基础:以气压沉箱来修筑的桥梁墩台或其他构筑物的基础。

② 沉井基础:以沉井作为基础结构,将上部荷载传至地基的一种深基础。沉井是一个无底无盖的井筒,一般由刃脚、井壁、隔墙等部分组成。在沉井内挖土使其下沉,达到设计标高后,进行混凝土封底、填心、修建顶盖,构成沉井基础。

按砌体材料的性质基础可分为柔性基础、刚性基础和半刚性基础。

① 柔性基础:是指用抗拉、抗压、抗弯、抗剪强度均较好的钢筋混凝土材料作基础(不受刚性角的限制),用于地基承载力较差、上部荷载较大、设有地下室且基础埋深较大的建筑,如土坝路基。

② 刚性基础:是指基础底部扩展部分不超过基础材料刚性角的天然地基基础,基础本身基本不变形,如砖石、混凝土等。

③ 半刚性基础:如钢筋混凝土可发生一定的变形。

(二) 地基

建(构)筑物修建后,使土体中一定范围内应力状态发生了变化,这部分由建(构)筑物荷载引起土体内应力变化的土层叫地基(图 5-1)。地基有天然地基和人工地基两类。

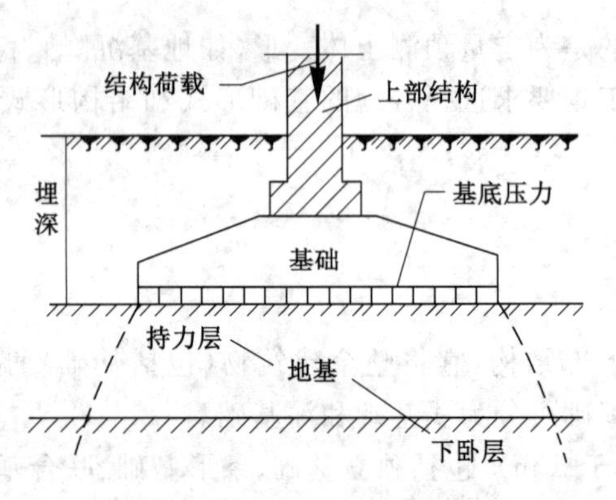

图 5-1 地基与基础示意图

天然地基指的是不需要对地基进行处理就可以直接放置基础的天然土层。人工地基是因为天然土层的土质过于软弱或存在不良的地质条件,需要人工加固或处理后才能修建的地基。当土层承载力较强时可以采用天然地基;当土层的变形较大、承载力不够或者上部荷载过大时,为使地基具有足够的承载能力,则要采用人工地基。

桩基础(图 5-2)属于一种人工地基,主要用于地质条件较差或者建筑要求较高的情况。

桩基础按照基础的受力原理大致可分为端承桩[图 5-2(a)]和摩擦桩[图 5-2(b)]。端承桩是将建(构)筑物荷载通过桩传递到埋深较大、有足够支撑能力的基岩上或者硬土层上。

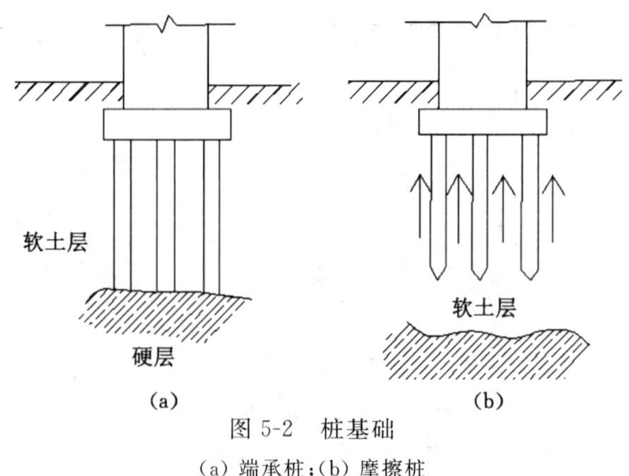

图 5-2　桩基础

(a) 端承桩；(b) 摩擦桩

摩擦桩是借助于桩与土间的摩擦将建(构)筑物荷重传递到桩周围土层中去，即靠桩土之间的摩擦力支撑建筑物。

按照施工方式桩基础可分为预制桩和灌注桩。预制桩施工时通过打桩机将预制的钢筋混凝土桩或钢桩等其他材料的桩打入地下。灌注桩施工时首先在施工场地钻孔，当达到所需深度后将钢筋笼放入并浇灌混凝土。

持力层是指直接与基础接触，并承受压力的土层。持力层要根据土体的工程特性、基础埋深、上部荷载及结构等综合考虑选择确定。

二、自重应力与附加应力

自重应力是指未修建建(构)筑物之前，由土体重力在土中产生的应力。地质历史长的土体在自重作用下已经压缩稳定或完全固结，自重应力不再引起地基的变形。新近沉积土或近期人工填土，在自重作用下尚未压缩稳定或未完成固结，因而自重应力将使土体进一步产生变形。

附加应力是指修建建(构)筑物后，建(构)筑物荷重及荷载对土体产生的应力增量。附加应力是地基沉降的来源。

第二节　土中的自重应力计算

假设天然土体是均质的半无限体，重度为 γ，土体在自身重力作用下任一竖直切面都是对称面，因此切面上不存在剪应力($\tau=0$)。如图 5-3 所示，考虑长度为 z，截面积 $F=1$ 的土柱体，取隔离体，考虑 z 方向的平衡，设土柱体重为 W，底截面上的应力大小为 σ_{cz}，则：

$$\sigma_{cz}F = W = \gamma z F$$

$$\sigma_{cz} = \gamma z \tag{5-1}$$

一、竖向自重应力

(1) 分层土层时

当土层分层时，设各土层厚度及重度分别为 h_i 和 $\gamma_i=(i=1,2,3,\cdots,n)$，这时土体的总

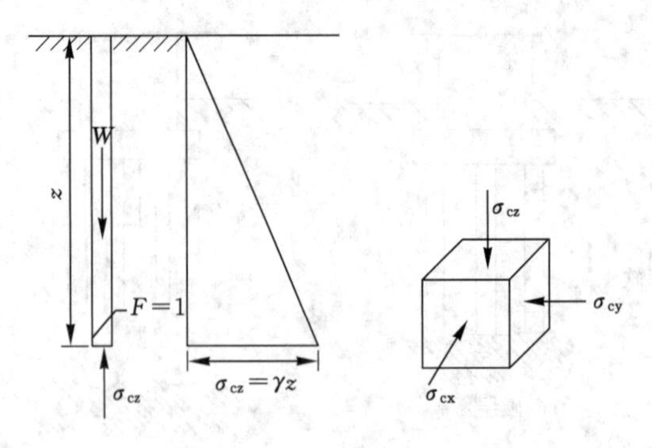

图 5-3　均质土的自重应力分布

重力为 n 段小土柱体之和，在成层地基中，自重应力沿深度呈折线分布(图 5-4)，则在第 n 层土的底面，自重应力的计算公式为：

$$\sigma_{cz}=\gamma_1 h_1+\gamma_2 h_2+\cdots+\gamma_n h_n=\sum_{i=1}^{n}\gamma_i h_i \tag{5-2}$$

式中　γ_i—— 第 i 层土的天然重度，地下水位以下的土层取 γ'，kN/m^3；

h_i——第 i 层土的厚度，m。

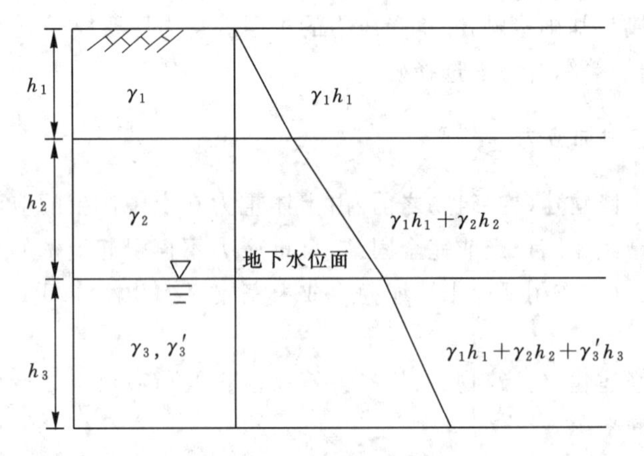

图 5-4　成层土的自重应力分布

(2) 有地下水时

地下水位以下的土受到水的浮力作用，在计算自重应力时水下部分土的重度应按浮重度 γ'计算(图 5-4)，其计算方法如同成层土的情况。在土层分界面处和地下水位处，自重应力分布线发生转折。

在地下水位以下，如埋藏有不透水层(例如岩层或只含结合水的坚硬黏土层)，由于不透水层不存在水的浮力，所以不透水层面以下土的自重应力应按上覆土层的水土总重力计算(按饱和重度来计算)，如图 5-5 虚线所示。

自重应力分布的特点：在均匀地基中，自重应力随深度呈直线分布，分布线的斜率等于土的重度；在成层地基中，自重应力呈折线分布；在土层分界面处和地下水位处，自重应力分布线发生转折；有不透水层时，顶面下自重应力按上覆水土总重力来计算。

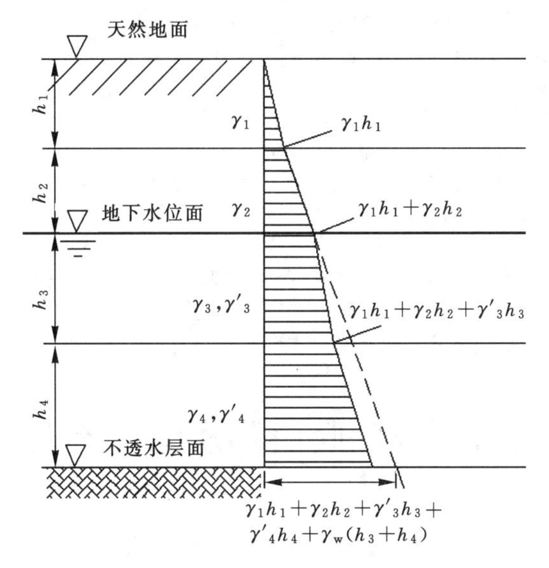

图 5-5　成层土中水下土的自重应力分布

二、水平方向自重应力

地基中除有作用于水平面上的竖向自重应力外，在竖直面上还作用有水平向的侧向自重应力。由于地基中的自重应力状态属于侧限应力状态，故 $\varepsilon_x=\varepsilon_y=0$，且 $\sigma_{cx}=\sigma_{cy}$，根据广义虎克定律，侧向自重应力 σ_{cx} 和 σ_{cy} 应与 σ_{cz} 成正比，而剪应力均为零，即：

$$\sigma_{cx}=\sigma_{cy}=K_0\sigma_{cz} \tag{5-3}$$

式中，K_0 为比例系数，称为土的侧压力系数或静止土压力系数。按照广义虎克定律，有 $K_0=\dfrac{\mu}{1-\mu}$，μ 为泊松比。K_0 可在实验室测定，也可用经验公式估算，见第八章第二节。

【例题 5-1】 计算如图 5-6 所示水下地基土中的自重应力分布。

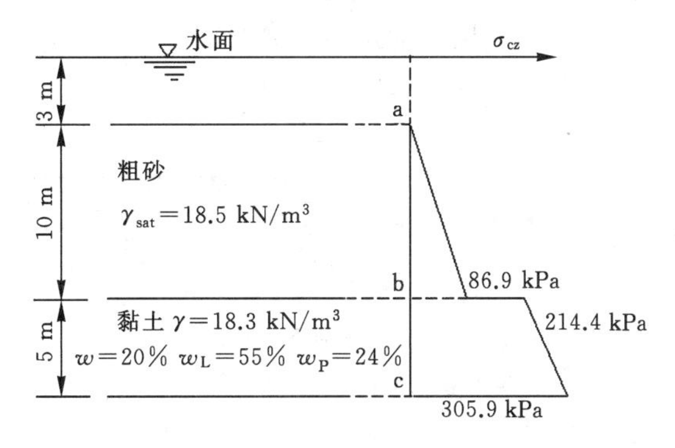

图 5-6　例题 5-1 图

解： 水下的粗砂受到水的浮力作用，其浮重度为：

$$\gamma'=(\gamma_{sat}-\gamma_w)=18.5-9.81=8.69\ (\text{kN/m}^3)$$

黏土层因为 $w=20\%<w_P=24\%$，则 $I_L<0$，故认为土层不受到水的浮力作用，土层面上还受到上面的静水压力作用。土中各点的自重应力计算如下：

a 点：$z=0$，$\sigma_{cz}=\gamma z=0$；

$b_上$点：$z=10$ m，但该点位于粗砂层中，则

$$\sigma_{cz}=\gamma' z=8.69\times 10=86.9\ (\text{kPa})$$

$b_下$点：$z=10$ m，但该点位于黏土层中，则

$$\sigma_{cz}=\gamma' z+\gamma_w h_w=8.69\times 10+9.81\times 13=214.4\ (\text{kPa})$$

c 点：$z=15$ m，$\sigma_{cz}=214.4+18.3\times 5=305.9\ (\text{kPa})$。

土中自重应力分布如图 5-6 所示。

第三节　基础底面的压力分布与计算

一、基底压力分布

上部结构的自重及各种荷载都是通过基础传到地基中的，基础底面传递给地基表面的压力，称为基底压力。

地基中的附加应力是指建筑物等荷载通过基底压力在地基中引起的应力增量，因此，要计算附加应力必须先计算基础底面传到地基顶面的压力，这个压力对土体来说是外加荷载。

基底压力的大小和分布状况受基础上作用荷载的性质、大小和基础的刚度、尺寸、形状、埋置深度以及地基土的性质等诸多因素的影响。精确地确定基底压力是一个非常复杂的问题，通常依据基础刚度，考虑荷载与土的性质等因素分析确定基底压力的分布形式。基础刚度是指其抗弯强度，可划分为如下两种类型。

1. 柔性基础

柔性基础刚度很小，在荷载作用下，基础的变形与地基土表面的变形协调一致，作用在基础底面上的压力分布与作用在基础上的荷载分布完全一样。所以，上部荷载均匀分布，基底压力也为均匀分布，如图 5-7(a)所示；如由土筑成的路堤，可以认为它是一种柔性基础，路堤自重引起的基底压力分布就与路堤断面形状相似，近似呈倒梯形分布，如图 5-7(b)所示。

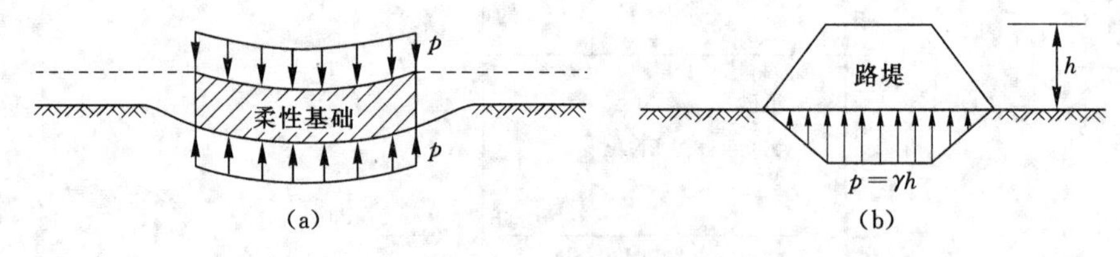

图 5-7　柔性基础下的压力分布

(a) 理想柔性基础；(b) 路堤下的压力分布

2. 刚性基础

绝对刚性基础的基础底面为一平面，即在中心荷载下基础各点的沉降是一样的，基础底面上的压力分布不同于上部荷载的分布情况。当荷载较小时，基底压力分布形状如拱形，如图 5-8(a)中虚线所示，接近于弹性理论解；荷载增大后，基底压力呈马鞍形，如图 5-8(a)中实

线所示；荷载再增大时，边缘塑性破坏区逐渐扩大，所增加的荷载必须靠基底中部力的增大来平衡，基底压力图形可变为抛物线形，如图 5-7(b)所示；若外荷载继续增大，则基底压力会继续发展呈倒钟形分布，如图 5-7(c)所示。

接触面处的压力分布求解困难，根据作用力与反作用力定律可知，地基作用在基础底面上的总压力等于建筑物的荷重（包括基础的重量）。用一个等效力系代替复杂的基底压力，把基础和地基看成一体，根据材料力学杆件受压公式，用截面法求得基础底面的应力（即土体与基础底面的相互作用力），如图 5-9 所示。

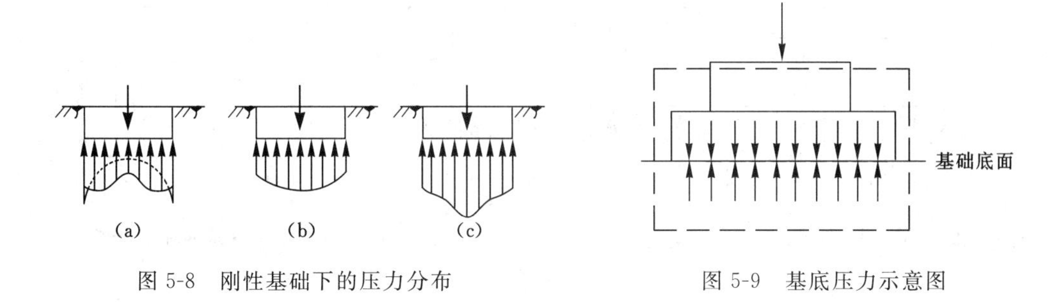

图 5-8　刚性基础下的压力分布

图 5-9　基底压力示意图

根据圣维南原理，在总荷载保持不变的前提下，地表下一定深度处，基底压力分布对土中应力分布的影响并不显著，而只取决于荷载合力的大小和作用点位置。因此，除了在基础设计中，对于面积较大的片筏基础、箱形基础等需要考虑基底压力的分布形状的影响外，对于具有一定刚度以及尺寸较小的柱下单独基础和墙下条形基础等，其基底压力可近似地按直线分布的图形计算，即可以采用材料力学计算方法进行简化计算。

二、基底压力的计算

1. 矩形面积垂直中心荷载

中心荷载下的基础，其所受荷载的合力通过基底形心，如图 5-10 所示。

$$p=\frac{N+G}{F}=\frac{P}{F} \tag{5-4}$$

式中　N——作用在基础顶面中心的竖直荷载，kN；

G——基础及其上回填土的总重力，kN；$G=\gamma dF$，其中 γ 为基础及回填土之平均重度，一般取 20 kN/m^3，地下水位以下取浮重度；d 为基础埋置深度，从设计地面或室内外平均设计地面算起；

F——基础底面积，m^2；

P——作用在基础底面中心的竖直荷载，kN。

2. 矩形面积垂直单向偏心荷载

单向偏心荷载下的矩形基础如图 5-11 所示。设计时通常取基底长边方向与偏心方向一致，此时两短边边缘最大压力设计值 p_{max} 与最小压力设计值 p_{min} 按材料力学短柱偏心受压公式计算：

$$p_{\substack{max \\ min}}=\frac{P}{F}\pm\frac{M}{W}=\frac{P}{F}\left(1\pm\frac{6e}{l}\right) \tag{5-5}$$

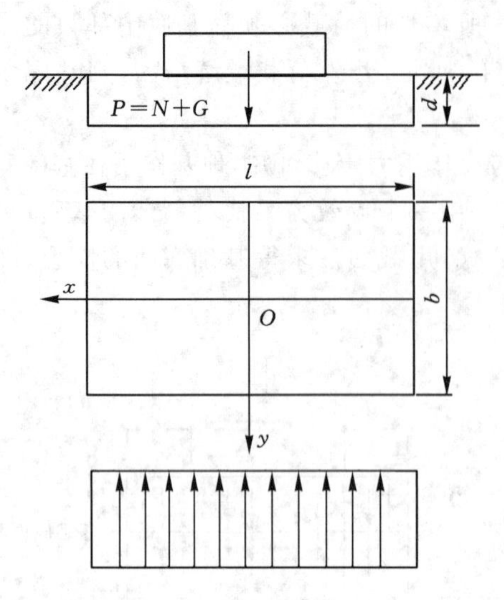

图 5-10　中心荷载下基底压力分布

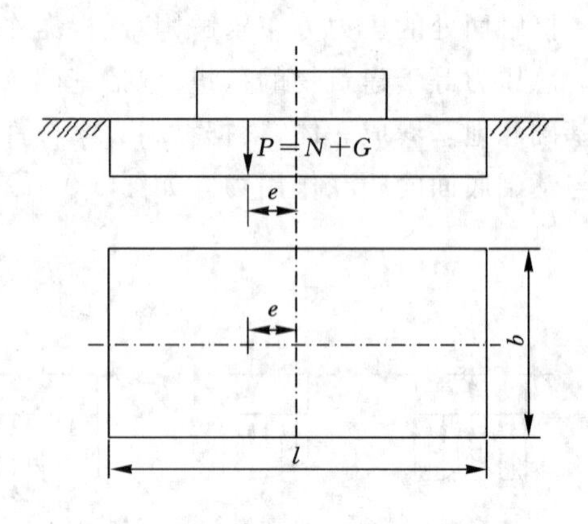

图 5-11　偏心荷载下基底压力计算

式中　M——作用在基础底面的弯矩，$M=Pe$；

e——荷载偏心距；

W——基础底面的抵抗矩，对于矩形基础 $W=\dfrac{bl^2}{6}$，m^3；

b,l——基础底面的宽度与长度。

从式(5-5)可知，按荷载偏心距 e 的大小，基底压力的分布可能出现下述三种情况(图 5-12)：

① 当 $e<\dfrac{l}{6}$ 时，$p_{\max}$，$p_{\min}>0$，基底压力呈梯形分布，如图 5-12(a)所示；

② 当 $e=\dfrac{l}{6}$ 时，$p_{\max}>0$，$p_{\min}=0$，基底压力呈三角形分布，如图 5-12(b)所示；

③ 当 $e>\dfrac{l}{6}$ 时，$p_{\max}>0$，$p_{\min}<0$，基底出现拉应力，如图 5-12(c)所示，但基底与土之间是不能承受拉应力的，这时产生拉应力的部分的基底将与土脱开，而不能传递荷载，基底压力将重新分布，如图 5-12(d)所示。重新分布后的基底最大压应力，可以根据平衡条件求出：

$$p'_{\max}=\frac{2P}{3ab}=\frac{2P}{3\left(\dfrac{l}{2}-e\right)b} \tag{5-6}$$

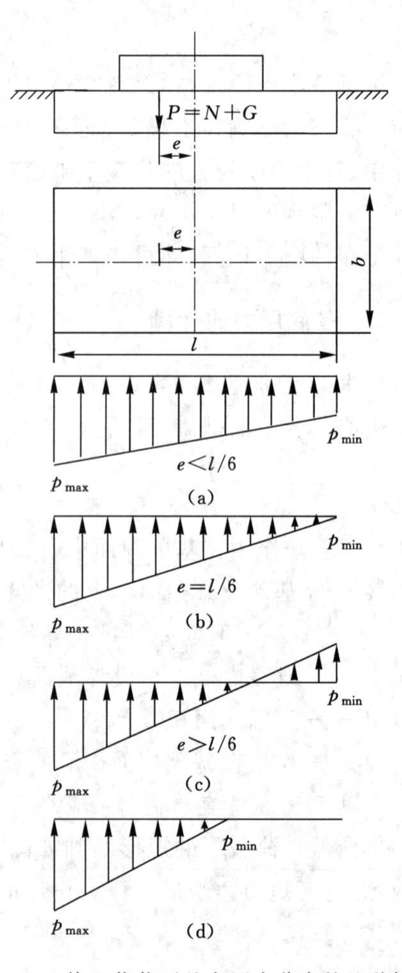

图 5-12　偏心荷载下基底压力分布的几种情况

3. 矩形面积双向偏心荷载

双向偏心荷载下的矩形基础如图 5-13 所示，取基底长边方向与偏心方向的偏心距为 e_x，基底短边方向与偏心方向的偏心距为 e_y，此时的基底压力 $p(x,y)$ 按下式计算：

$$p(x,y)=\frac{P}{F}+\frac{M_x y}{I_x}+\frac{M_y x}{I_y} \tag{5-7}$$

式中　M_x,M_y——竖直偏心荷载对基础底面 x 轴和 y 轴的力矩，kN・m；$M_x=P\cdot e_y$，$M_y=P\cdot e_x$；

I_x,I_y——基础底面对 x 轴和 y 轴的惯性矩，m^4；

当 $e_y=0$，$e_x=e$ 时，$p_{\substack{max\\min}}=\frac{P}{F}\left(1\pm\frac{6e}{l}\right)$，与矩形面积垂直单向偏心荷载下的压力计算公式相同。

4. 条形基础竖直偏心荷载

由矩形基础竖直偏心荷载公式，令 $b=1$，可得出相应条形基础公式(图 5-14)：

$$p_{\substack{max\\min}}=\frac{P}{l}\left(1\pm\frac{6e}{l}\right) \tag{5-8}$$

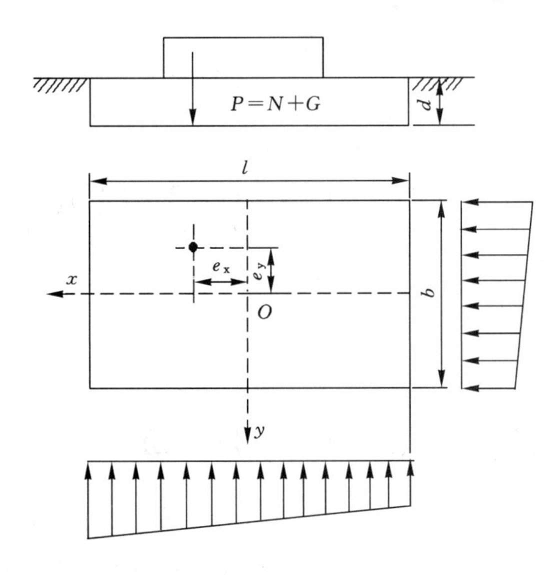

图 5-13　双向偏心荷载下的基底压力分布

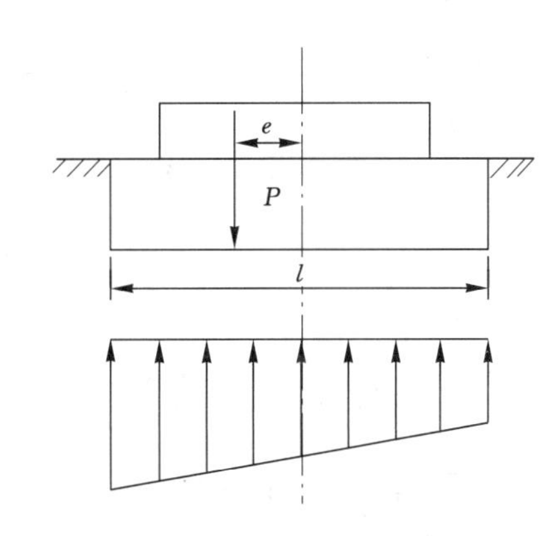

图 5-14　条形基础竖直偏心荷载下的基底压力分布

三、基础底面附加压力

一般情况下，建(构)筑物建造前天然土层在自重作用下的变形早已结束，因此，只有基底附加压力才能引起地基的附加应力和变形。

修建建(构)筑物之前，基础底面处的压力为 $\gamma_m d$；基底附加压力(p_0)是指由于建(构)筑物的修建，使基础底面处的地基压力增加值，即(图 5-15)：

$$p_0=p-\gamma_m d \tag{5-9}$$

式中　γ_m——基底以上土层的加权平均重度；

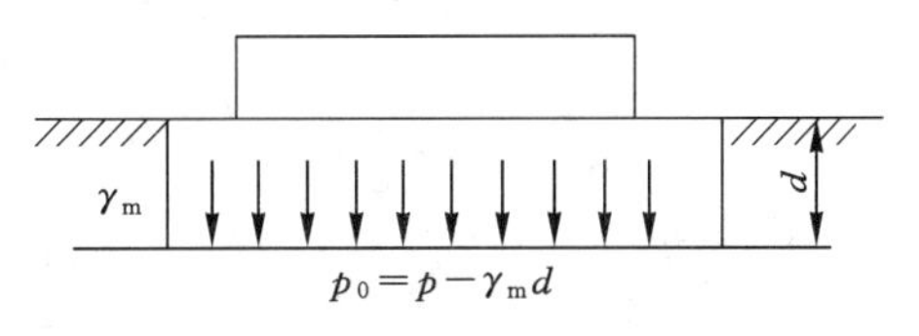

图 5-15　基础底面的附加压力

d——基础埋置深度。

基底附加压力是地基中附加应力的来源。

【例题 5-2】 若在土层上修建一条形基础，其尺寸、埋置深度及荷重情况如图 5-16(a)所示，试绘出基底附加压力分布图。

解：先画出基础、地基土层剖面（标出基础宽度、埋置深度、土层分层、深度、厚度、各土层的重度、地下水位位置等）。

取 1 m 长条形基础分析：

① 求基底压力：

$$p=\frac{N+G}{F}=\frac{560+20\times4\times2}{4}=180\ (\text{kPa})$$

② 求基底附加压力：

$$p_0=p-\gamma d=180-18\times2=144\ (\text{kPa})$$

③ 绘制基底附加压力分布图。基底附加压力均匀分布，如图 5-16(b)所示，大小等于 144 kPa。

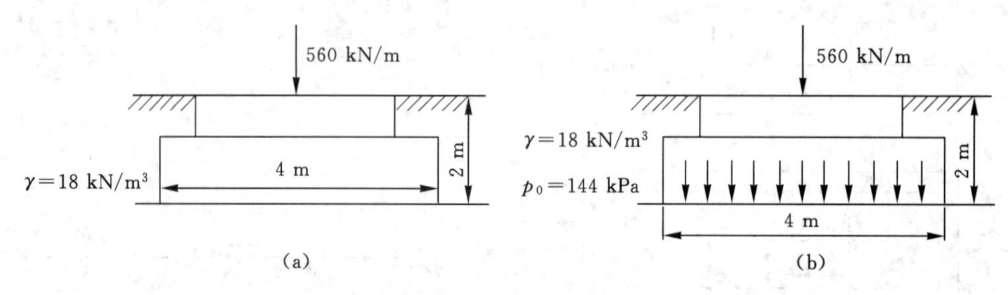

图 5-16 例题 5-2 图

第四节 竖向集中力作用下的土中应力计算

土中附加应力是由建(构)筑物荷载引起的应力增量。竖向集中力作用时土中的应力计算是一个基本公式。应用布西奈斯克集中力在土中应力分布的解答，通过叠加原理或者数值积分的方法，可以得到各种分布荷载作用时的土中应力计算公式。

如图 5-17 所示，在均匀的各向同性的半无限弹性体表面，作用一竖向集中力 P，计算半无限体内任一点 M 的应力（不考虑弹性体的体积力），其应力及位移的表达式由布西奈斯克公式解得。

设 M 点坐标为(x, y, z)，M 点距坐标原点距离为 R，法向应力为：

$$\sigma_z=\frac{3P}{2\pi}\frac{z^3}{R^5}=\frac{3P}{2\pi R^2}\cos^3\theta \tag{5-10}$$

$$\sigma_x=\frac{3P}{2\pi}\left\{\frac{zx^2}{R^5}+\frac{1-2\mu}{3}\left[\frac{R^2-Rz-z^2}{R^3(R+z)}-\frac{x^2(2R+z)}{R^3(R+z)^2}\right]\right\} \tag{5-11}$$

$$\sigma_y=\frac{3P}{2\pi}\left\{\frac{zy^2}{R^5}+\frac{1-2\mu}{3}\left[\frac{R^2-Rz-z^2}{R^3(R+z)}-\frac{y^2(2R+z)}{R^3(R+z)^2}\right]\right\} \tag{5-12}$$

剪应力为：

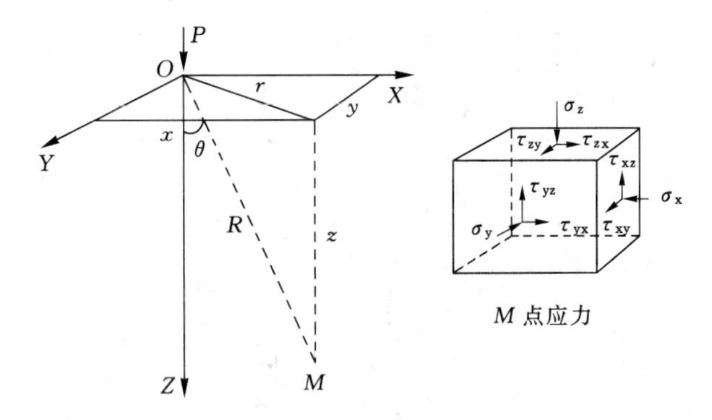

图 5-17　布西奈斯克解(直角坐标表示)

$$\tau_{xy}=\tau_{yx}=\frac{3P}{2\pi}\left[\frac{xyz}{R^5}-\frac{1-2\mu}{3}\cdot\frac{xy(2R+z)}{R^3(R+z)^2}\right] \tag{5-13}$$

$$\tau_{yz}=\tau_{zy}=-\frac{3P}{2\pi}\frac{yz^2}{R^5}=-\frac{3Py}{2\pi R^3}\cos^2\theta \tag{5-14}$$

$$\tau_{zx}=\tau_{xz}=-\frac{3P}{2\pi}\frac{xz^2}{R^5}=-\frac{3Px}{2\pi R^3}\cos^2\theta \tag{5-15}$$

X、Y、Z 轴方向的位移分别为:

$$u=\frac{P(1+\mu)}{2\pi E}\left[\frac{xz}{R^3}-(1-2\mu)\frac{x}{R(R+z)}\right] \tag{5-16}$$

$$v=\frac{P(1+\mu)}{2\pi E}\left[\frac{yz}{R^3}-(1-2\mu)\frac{y}{R(R+z)}\right] \tag{5-17}$$

$$w=\frac{P(1+\mu)}{2\pi E}\left[\frac{z^2}{R^3}+2(1-\mu)\frac{1}{R}\right] \tag{5-18}$$

$$R=\sqrt{x^2+y^2+z^2} \tag{5-19}$$

式中　E——弹性模量;

μ——泊松比。

上述的应力及位移分量计算公式,在集中力作用点处是不适用的,因为当 R 趋于零时,从上述公式可见应力及位移均趋于无穷大,按弹性理论解得的公式已不再适用。

在上述应力及位移分量中,应用最多的是竖向法向应力 σ_z 及竖向位移 w,因此,本节将着重讨论 σ_z 的计算。为了应用方便,式(5-10)的 σ_z 表达式可以写成如下形式:

$$\sigma_z=\frac{3Pz^3}{2\pi R^5}=\frac{3P}{2\pi z^2}\frac{1}{\left[1+\left(\frac{r}{z}\right)^2\right]^{5/2}}=\alpha\frac{P}{z^2} \tag{5-20}$$

式中,应力系数 $\alpha=\dfrac{3}{2\pi\left[1+\left(\frac{r}{z}\right)^2\right]^{5/2}}$,它是 $\left(\dfrac{r}{z}\right)$ 的函数,可制成图 5-18 和表 5-1 查用。

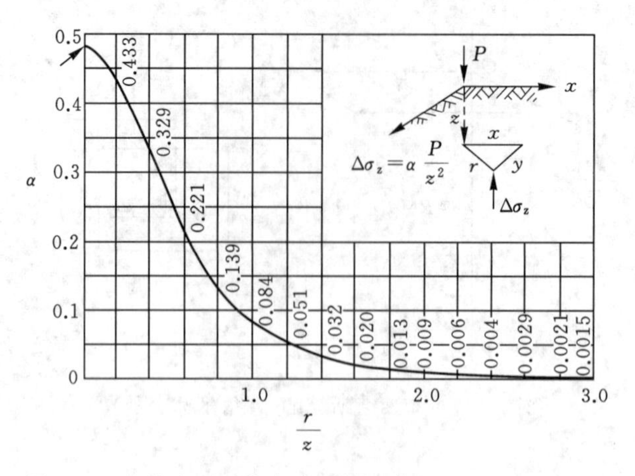

图 5-18　集中力下竖向应力系数 α（据 Boussinesq,1885）

表 5-1　集中力作用下的应力系数 α

r/z	α	r/z	α	r/z	α	r/z	α	r/z	α
0.00	0.4775	0.50	0.2733	1.00	0.0844	1.50	0.0251	2.00	0.0085
0.05	0.4745	0.55	0.2466	1.05	0.0744	1.55	0.0224	2.20	0.0058
0.10	0.4657	0.60	0.2214	1.10	0.0658	1.60	0.0200	2.40	0.0040
0.15	0.4516	0.65	0.1978	1.15	0.0581	1.65	0.0179	2.60	0.0029
0.20	0.4329	0.70	0.1762	1.20	0.0513	1.70	0.0160	2.80	0.0021
0.25	0.4103	0.75	0.1565	1.25	0.0454	1.75	0.0144	3.00	0.0015
0.30	0.3849	0.80	0.1386	1.30	0.0402	1.80	0.0129	3.50	0.0007
0.35	0.3577	0.85	0.1226	1.35	0.0357	1.85	0.0116	4.00	0.0004
0.40	0.3294	0.90	0.1083	1.40	0.0317	1.90	0.0105	4.50	0.0002
0.45	0.3011	0.95	0.0956	1.45	0.0282	1.95	0.0095	5.00	0.0001

由式(5-20)计算竖向集中力在地基中引起的竖向附加应力 σ_z，表现出如图 5-19 所示的分布规律：

① 集中力 P 的作用线上($r=0$)，当 $z=0$ 时，竖向附加应力 $\sigma_z\to\infty$，随着深度增加 σ_z 逐渐减小。

② 在深度 z 为定值的水平面上，竖直附加应力 σ_z 呈钟形分布，在集中力的作用线下($r=0$ 处)最大，随着水平距离 r 的增加，σ_z 逐渐减小。这一分布形态随着深度 z 增加保持不变，但峰值随深度的增大而减小，分布范围随深度的增大而增大。

如果在空间将 σ_z 相同的点连接起来形成曲面，就可以得到如图 5-20 所示的等值线，其空间曲面的形状如泡状，所以也称应力泡。

通过上述附加应力 σ_z 分布图形的讨论，可见土中应力分布的特征，即集中力 P 在地基中引起的附加应力 σ_z 的分布是向下、向四周无限扩散的，其特性与杆件中应力的传递完全不一样。

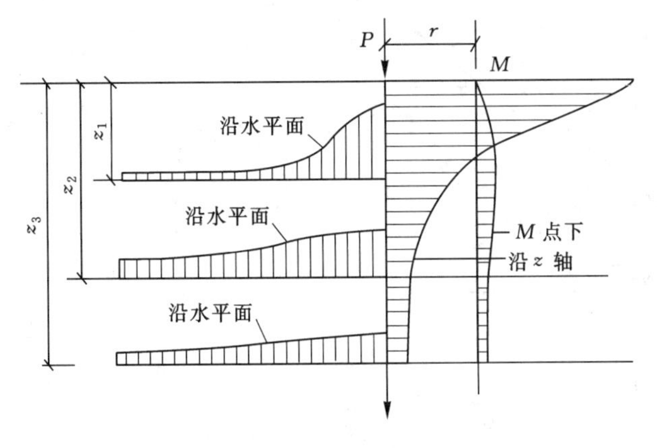

图 5-19　集中力作用下土中应力 σ_z 的分布

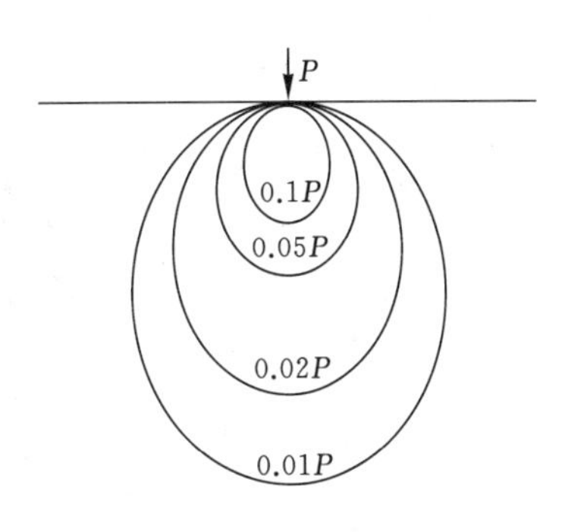

图 5-20　σ_z 等值线图

当地基表面作用有几个集中力时，可以分别计算出各个集中力在地基中引起的附加应力，然后根据弹性体的应力叠加原理，求出地基的附加应力的总和。

在实际工程应用中，当基础底面形状不规则或荷载分布比较复杂时，可将基底划分为若干个小面积，把小面积上的荷载当成集中力，然后利用上述公式计算附加应力。如果小面积的最大边长小于计算应力点深度的 1/3，用此法所得的应力值与正确应力值相比，误差不超过 5%。

第五节　竖向分布荷载作用下土中应力计算

在实际中荷载很少以集中力的形式作用在土上，而往往是通过基础分布在一定面积上。当基础底面的形状或基底下的荷载分布不规则时，可以把分布荷载分割为许多集中力，然后应用布西奈斯克公式和叠加方法计算土中的应力。若基础底面的形状及分布荷载都是有规律的，则可以应用积分方法解得相应的土中应力。

一、矩形面积竖直均布荷载作用下土中附加应力的计算

1. 角点下的垂直附加应力

在图 5-21 中所示均布荷载 p 作用下，以矩形荷载面角点为坐标原点 O，在荷载面内坐标为(x,y)处取一微小面积 $\mathrm{d}x\mathrm{d}y$，计算矩形面积角点 O 下一定深度处 M 点的竖向应力 σ_z 时，可以由下式求得：

$$\mathrm{d}P = p\,\mathrm{d}x\,\mathrm{d}y$$

$$\mathrm{d}\sigma_z = \frac{3\mathrm{d}P}{2\pi}\frac{z^3}{R^5} = \frac{3p}{2\pi}\frac{z^3}{R^5}\mathrm{d}x\,\mathrm{d}y$$

$$\begin{aligned}\sigma_z &= \int_0^b\int_0^l \mathrm{d}\sigma_z \\ &= \frac{p}{2\pi}\left[\arctan\frac{m}{n\sqrt{1+m^2+n^2}} + \frac{m\cdot n}{\sqrt{1+m^2+n^2}}\left(\frac{1}{m^2+n^2}+\frac{1}{1+n^2}\right)\right] \\ &= \sigma_z(p,m,n)\end{aligned} \tag{5-21}$$

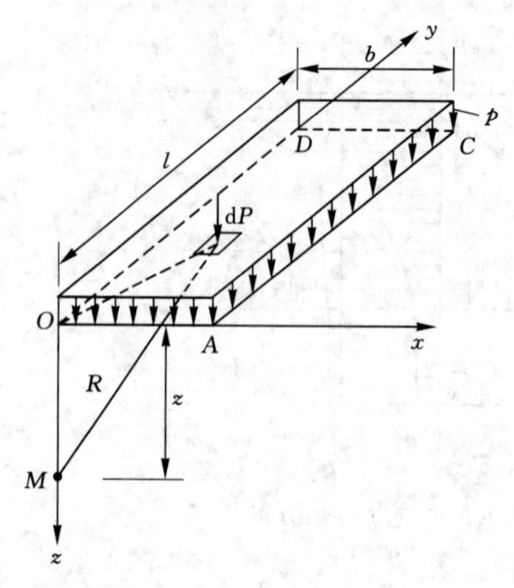

图 5-21 矩形面积均布荷载角点下附加应力计算

为了方便计算，简写成：

$$\sigma_z = \alpha_a p \tag{5-22}$$

式中，α_a 为矩形面积竖直均布荷载作用下时角点下的附加应力系数，它是 m、n 的函数，其值可由 $m=\dfrac{l}{b}$ 及 $n=\dfrac{z}{b}$ 查表 5-2 得出。

表 5-2 矩形面积上均布荷载角点下竖向应力系数 α_a 值

深宽比 $n=z/b$	长宽比 $m=l/b$									
	1.0	1.2	1.4	1.6	1.8	2.0	3.0	4.0	5.0	≥10
0	0.250	0.250	0.250	0.250	0.250	0.250	0.250	0.250	0.250	0.250
0.2	0.249	0.249	0.249	0.249	0.249	0.249	0.249	0.249	0.249	0.249
0.4	0.240	0.242	0.243	0.243	0.244	0.244	0.244	0.244	0.244	0.244
0.6	0.223	0.228	0.230	0.232	0.232	0.233	0.234	0.234	0.234	0.234
0.8	0.200	0.208	0.212	0.215	0.217	0.218	0.220	0.220	0.220	0.220
1.0	0.175	0.185	0.191	0.196	0.198	0.200	0.203	0.204	0.204	0.205
1.2	0.152	0.163	0.171	0.176	0.179	0.182	0.187	0.188	0.189	0.189
1.4	0.131	0.142	0.151	0.157	0.161	0.164	0.171	0.173	0.174	0.174
1.6	0.112	0.124	0.133	0.140	0.145	0.148	0.157	0.159	0.160	0.160
1.8	0.097	0.108	0.117	0.124	0.129	0.133	0.143	0.146	0.147	0.148
2.0	0.084	0.095	0.103	0.110	0.116	0.120	0.131	0.135	0.136	0.137
2.5	0.060	0.069	0.077	0.083	0.089	0.093	0.106	0.111	0.114	0.115
3.0	0.045	0.052	0.058	0.064	0.069	0.073	0.087	0.093	0.096	0.099
4.0	0.027	0.032	0.036	0.040	0.044	0.048	0.060	0.067	0.071	0.076
5.0	0.018	0.021	0.024	0.027	0.030	0.033	0.044	0.050	0.055	0.061

表 5-2(续)

深宽比 $n=z/b$	长宽比 $m=l/b$									
	1.0	1.2	1.4	1.6	1.8	2.0	3.0	4.0	5.0	≥10
7.0	0.010	0.011	0.013	0.015	0.016	0.018	0.025	0.031	0.035	0.043
9.0	0.006	0.007	0.008	0.009	0.010	0.011	0.016	0.020	0.024	0.032
10.0	0.005	0.006	0.007	0.007	0.008	0.009	0.013	0.017	0.020	0.028
12.0	0.003	0.004	0.005	0.005	0.006	0.008	0.009	0.012	0.014	0.022
16.0	0.002	0.002	0.003	0.003	0.003	0.004	0.005	0.007	0.009	0.014
20.0	0.001	0.001	0.002	0.002	0.002	0.002	0.004	0.005	0.006	0.010
30.0	0.001	0.001	0.001	0.001	0.001	0.001	0.002	0.002	0.003	0.005
40.0	0.000	0.000	0.000	0.000	0.001	0.001	0.001	0.001	0.001	0.003

2. 土中任意点的竖向应力 σ_z 计算

如图 5-22 所示，在矩形面积上作用均布荷载 p，要求计算任一点 M 的竖向应力 σ_z，M 点既不在矩形面积中点的下面，也不在角点的下面，而是任意点。M 点的竖直投影点 N 可以在矩形面积之内，也可能在范围之外。这时可以用下述叠加方法计算，这种方法称为角点法。

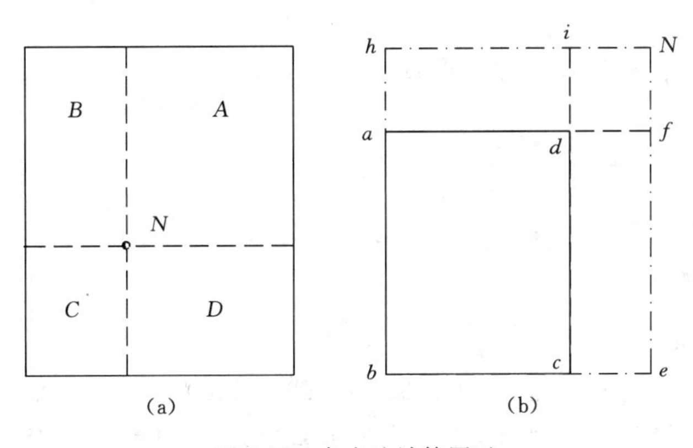

图 5-22　角点法计算图示

① 若 N 点在矩形面积范围之内，如图 5-22(a)所示，计算时可以通过 N 点将矩形划分为 4 个小矩形面积 A、B、C、D。这时 N 点分别为这 4 个小矩形的角点，这样利用公式(5-22)分别计算 4 个小矩形面积均布荷载在角点 N 下引起的竖向应力 σ_{zi}，再叠加起来即得：

$$\sigma_z=\sum\sigma_{zi}=(\alpha_a^A+\alpha_b^B+\alpha_c^C+\alpha_d^D)p \tag{5-23}$$

② 若 N 点在矩形面积范围之外，如图 5-22(b)所示，计算时可按图示划分的方法，分别计算矩形面积 $beNh$、$hafN$、$ceNi$、$dfNi$ 在角点 N 下引起的竖向应力，然后按下述叠加方法计算：

$$\sigma_z=(\alpha_a^{beNh}-\alpha_a^{hafN}-\alpha_a^{ceNi}+\alpha_a^{dfNi})p \tag{5-24}$$

应用角点法时，需满足以下三要素：

① 划分每一个矩形都要有一个角点位于公共角点下；

② 所有划分矩形的面积总和应等于原有受荷面积；

③ 查附加应力表时，所有矩形都是长边为 l，短边为 b。

【例题 5-3】 如图 5-23 所示，为一矩形基础，施加均布荷载 1 000 kPa，求 A 点 10 m 下的附加应力。

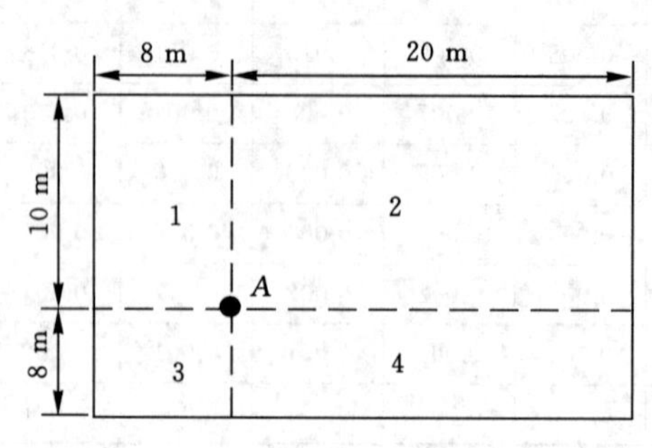

图 5-23　例题 5-3 图

解：已知基底附加压力均匀分布，采用角点法计算，由 A 点划分四个矩形，如图 5-23 所示。由图可知：

$l_1=10$ m，$b_1=8$ m；$l_2=20$ m，$b_2=10$ m；$l_3=8$ m，$b_3=8$ m；$l_4=20$ m，$b_4=8$ m；$z=10$ m。

求 α_1：$\frac{l_1}{b_1}=1.25$，$\frac{z}{b_1}=1.25$，查表 5-2 得 $\alpha_1=0.160$；

求 α_2：$\frac{l_2}{b_2}=2$，$\frac{z}{b_2}=1$，查表 5-2 得 $\alpha_2=0.200$；

求 α_3：$\frac{l_3}{b_3}=1$，$\frac{z}{b_3}=1.25$，查表 5-2 得 $\alpha_3=0.147$；

求 α_4：$\frac{l_4}{b_4}=2.5$，$\frac{z}{b_4}=1.25$，查表 5-2 得 $\alpha_4=0.181$。

所以：$\sigma_z=p(\alpha_1+\alpha_2+\alpha_3+\alpha_4)=1\ 000\times(0.160+0.200+0.147+0.181)=688$ (kPa)。

【例题 5-4】 如图 5-24(a)所示，A 点在矩形基础外，仍施加均布荷载 1 000 kPa，求 A 点 10 m 下的附加应力。

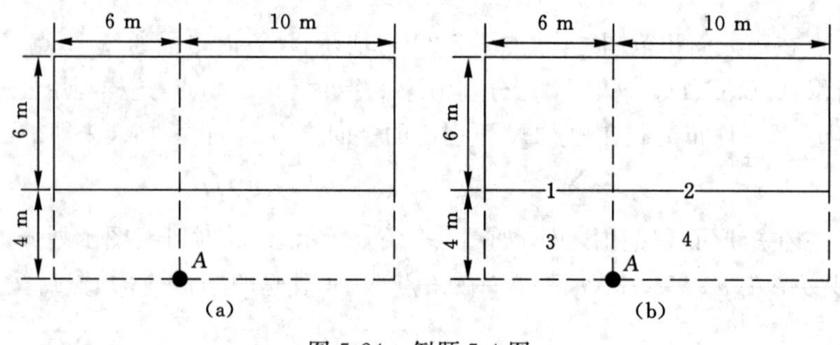

图 5-24　例题 5-4 图

解：已知基底附加压力均匀分布，根据角点法计算，将 A 点所在面积划分四个矩形，如

图 5-24(b)所示矩形 1、2、3、4。

由图可知：

$l_1=10\ \text{m}, b_1=6\ \text{m}; l_2=10\ \text{m}, b_2=10\ \text{m}; l_3=6\ \text{m}, b_3=4\ \text{m}; l_4=10\ \text{m}, b_4=4\ \text{m}$；$z=10\ \text{m}$。

求 α_1：$\dfrac{l_1}{b_1}=\dfrac{5}{3}$，$\dfrac{z}{b_1}=\dfrac{5}{3}$，查表 5-2 得 $\alpha_1=0.138$；

求 α_2：$\dfrac{l_2}{b_2}=1$，$\dfrac{z}{b_2}=1$，查表 5-2 得 $\alpha_2=0.175$；

求 α_3：$\dfrac{l_3}{b_3}=1.5$，$\dfrac{z}{b_3}=2.5$，查表 5-2 得 $\alpha_3=0.147$；

求 α_4：$\dfrac{l_4}{b_4}=2.5$，$\dfrac{z}{b_3}=2.5$，查表 5-2 得 $\alpha_4=0.181$。

所以：$\sigma_z=p(\alpha_1+\alpha_2-\alpha_3-\alpha_4)=1\,000\times0.128=128\ (\text{kPa})$。

二、矩形面积三角形分布荷载作用下的土中附加应力计算

如图 5-25 所示，在地基表面作用矩形($l\times b$)三角形分布荷载，计算荷载为零的角点下一定深度 z 处 M 点的竖向应力 σ_z 时，同样可以用积分方法求解。将坐标原点取在荷载为零的角点上，z 轴通过 M 点。

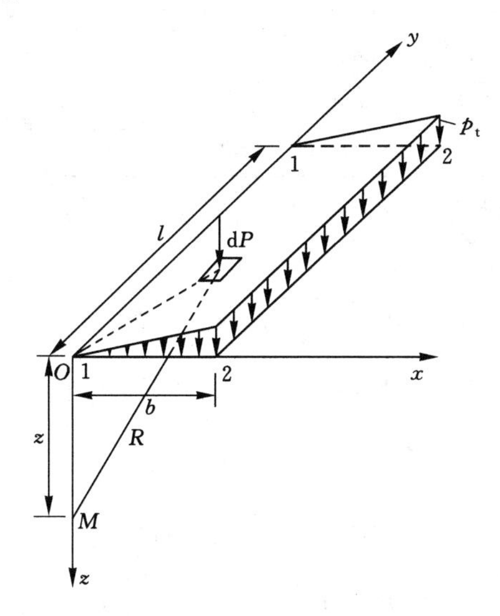

图 5-25　矩形面积三角形分布荷载作用下 σ_z 计算

$$\sigma_z=\int_0^b\int_0^l \mathrm{d}\sigma_z=\sigma_z(p_t,m,n)$$

$$\sigma_z=\alpha_{t1}p_t \tag{5-25}$$

$$\alpha_{t1}=F(b,l,z)=F\left(\frac{l}{b},\frac{z}{b}\right)=F(m,n)$$

式中，α_{t1}为压力等于零的角点下的竖向应力系数，它是 $m=\dfrac{l}{b}$，$n=\dfrac{z}{b}$的函数，可以从表 5-3

查得。其中,b 为承载面积沿荷载呈三角形分布方向的边长。

表 5-3　矩形面积上三角形分布荷载作用下,压力为零的角点下竖向应力系数 α_{t1} 值

$n=z/b$	$m=l/b$							
	0.2	0.6	1.0	1.4	1.8	3.0	8.0	10.0
0	0.0000	0.0000	0.0000	0.0000	0.0000	0.0000	0.0000	0.0000
0.2	0.0233	0.0296	0.0304	0.0305	0.0306	0.0306	0.0306	0.0306
0.4	0.0269	0.0487	0.0531	0.0543	0.0546	0.0548	0.0549	0.0549
0.6	0.0259	0.0560	0.0654	0.0684	0.0694	0.0701	0.0702	0.0702
0.8	0.0232	0.0553	0.0688	0.0739	0.0759	0.0773	0.0776	0.0776
1.0	0.0201	0.0508	0.0566	0.0735	0.0766	0.0790	0.0796	0.0796
1.2	0.0171	0.0450	0.0615	0.0698	0.0733	0.0774	0.0783	0.0783
1.4	0.0145	0.0392	0.0554	0.0644	0.0692	0.0739	0.0752	0.0753
1.6	0.0123	0.0339	0.0492	0.0586	0.0639	0.0697	0.0715	0.0715
1.8	0.0105	0.0294	0.0453	0.0528	0.0585	0.0652	0.0675	0.0675
2.0	0.0090	0.0255	0.0384	0.0474	0.0533	0.0607	0.0636	0.0636
2.5	0.0063	0.0183	0.0284	0.0362	0.0419	0.0514	0.0547	0.0548
3.0	0.0046	0.0135	0.0214	0.0230	0.0331	0.0419	0.0474	0.0476
5.0	0.0018	0.0054	0.0088	0.0120	0.0148	0.0214	0.0296	0.0301
7.0	0.0009	0.0028	0.0047	0.0064	0.0081	0.0124	0.0204	0.0212
10.0	0.005	0.0014	0.0024	0.0033	0.0041	0.0066	0.0128	0.0139

注:b 为三角形荷载分布方向的基础边长,l 为另一方向的全长。

三、圆形面积均布荷载作用下的土中附加应力计算

在图 5-26 中,圆形面积上作用均布荷载 p,计算圆形面积中点下土中竖向应力:

$$\sigma_z=\alpha_0 p \tag{5-26}$$

$$\alpha_0=F(r/z)$$

式中　α_0——圆形面积均布荷载作用下竖应力系数,可从表 5-4 查得;

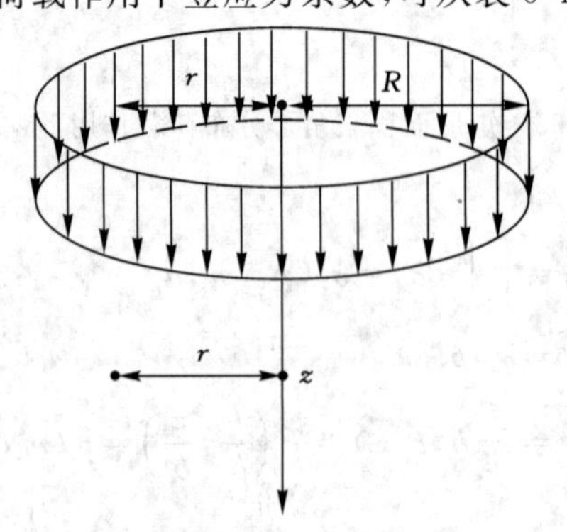

图 5-26　圆形面积中心点下均布荷载作用

R——圆形面积的半径，m；

r——应力计算点到 z 轴的水平距离，m，在中心点下取 0。

表 5-4　圆形面积均布荷载作用下竖向应力系数 α_0 值

z/R	r/R					
	0.0	0.4	0.8	1.2	1.6	2.0
0.0	1.000	1.000	1.000	0.000	0.000	0.000
0.2	0.993	0.987	0.890	0.077	0.005	0.001
0.4	0.949	0.922	0.712	0.181	0.026	0.006
0.6	0.864	0.813	0.591	0.24	0.056	0.016
0.8	0.756	0.699	0.504	0.237	0.083	0.029
12	0.646	0.593	0.434	0.235	0.102	0.042
1.4	0.461	0.425	0.329	0.212	0.118	0.062
1.8	0.332	0.311	0.254	0.182	0.118	0.072
2.2	0.246	0.233	0.198	0.153	0.109	0.074
2.6	0.187	0.179	0.158	0.129	0.098	0.071
3.0	0.146	0.141	0.127	0.108	0.087	0.067
3.8	0096	0.093	0.087	0.078	0.067	0.055
4.6	0.067	0.066	0.063	0.058	0.052	0.045
5.0	0.057	0.56	0.054	0.050	0.046	0.041
6.0	0.040	0.040	0.039	0.037	0.034	0.031

四、竖直均布线荷载作用下的土中附加应力计算

在地基土表面作用无限分布的均布线荷载 $\overline{p}$，如图 5-27 所示，计算土中任一点的应力时，可以用布西奈斯克解积分求得，在弹性理论中称为弗拉曼解：

$$\sigma_z = \frac{2\overline{p}z^3}{\pi(x^2+z^2)^2} \tag{5-27}$$

$$\sigma_x = \frac{2\overline{p}x^2 z}{\pi(x^2+z^2)^2} \tag{5-28}$$

$$\tau_{zx} = \frac{2\overline{p}xz^2}{\pi(x^2+z^2)^2} \tag{5-29}$$

五、条形面积竖直均布荷载作用下的土中附加应力计算

在土体表面作用均布条形荷载 p，其分布宽度为 b，如图 5-28 所示，计算土中任一点 $M(x,z)$ 的竖向 σ_z 时，可以将式(5-28)在荷载分布宽度上 b 范围内的积分求得：

$$\sigma_z = \alpha_u p \tag{5-30}$$

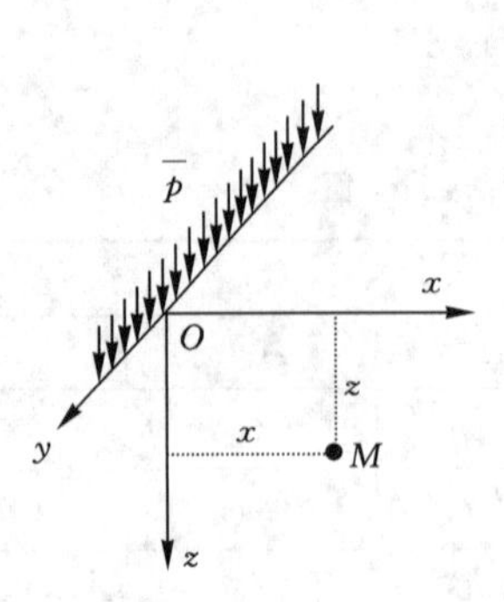

图 5-27　均布线荷载作用下土中应力计算

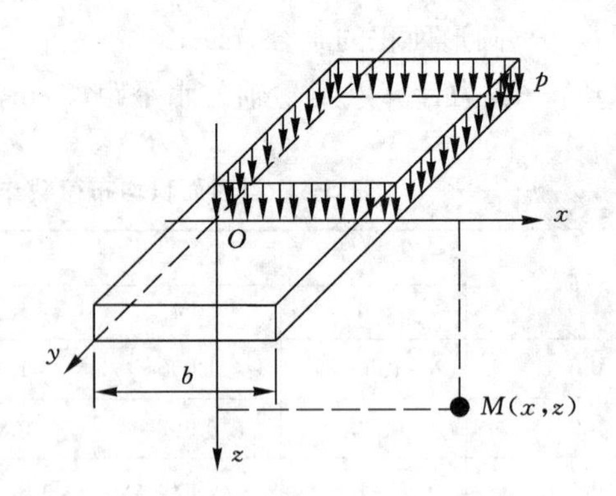

图 5-28　均布条形荷载用下土中应力计算

式中　α_u——均布条形荷载下竖应力系数；它是 $n=\dfrac{x}{b}$ 及 $m=\dfrac{z}{b}$ 的函数，可从表 5-5 中查得；

m——计算点的深度 z 与荷载宽度 b 的比值；

n——计算点距离荷载分布图形中轴线的距离 x 与荷载宽度 b 的比值。

表 5-5　均布条形荷载下竖向应力系数 α_u 值

m	n					
	0	0.25	0.5	1.00	1.50	2.00
0	1.00	1.00	0.50	0	0	0
0.25	0.96	0.90	0.50	0.02	0	0
0.50	0.82	0.74	0.48	0.08	0.02	0
0.75	0.67	0.61	0.45	0.15	0.04	0.02
1.00	0.55	0.51	0.41	0.19	0.07	0.03
1.25	0.46	0.44	0.37	0.20	0.10	0.04
1.50	0.40	0.38	0.33	0.21	0.11	0.06
1.75	0.35	0.34	0.30	0.21	0.13	0.07
2.00	0.31	0.31	0.28	0.20	0.13	0.08
3.00	0.21	0.21	0.20	0.17	0.14	0.10
4.00	0.16	0.16	0.15	0.14	0.12	0.10
5.00	0.13	0.13	0.12	0.12	0.11	0.09
6.00	0.11	0.10	0.10	0.10	0.10	—

六、平均附加应力计算

当对一基础底面施加均布荷载时，如图 5-29(a)、(b)所示，基础下的附加应力会随着深度不断减小，并呈不规则曲线形式，如图 5-29(c)所示。根据定积分拉格朗日中值定理，应力曲线中至少存在一点，使得曲线围成的面积与矩形面积相等，这时与矩形面积相对应的附加应力即为平均附加应力。

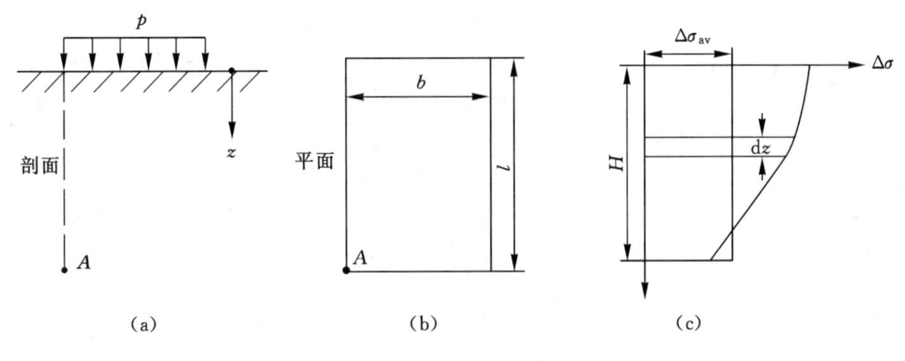

图 5-29　附加应力曲线

角点法同样适用于基础平面内任意点深度的平均应力计算，可根据矩形的 b、l 计算 m、n，并在图 5-30 中查找平均附加应力系数 $\bar{\alpha}_a$，由此求得附加应力增量，如式(5-31)所示：

$$\Delta\sigma_{av}=\bar{\alpha}_a p \tag{5-31}$$

式中　$\bar{\alpha}_a$ ——关于(m_2,n_2)的函数，$\bar{\alpha}_a=f(m_2,n_2)$，$m_2=b/H$，$n_2=l/H$；

p——基底压力，kPa。

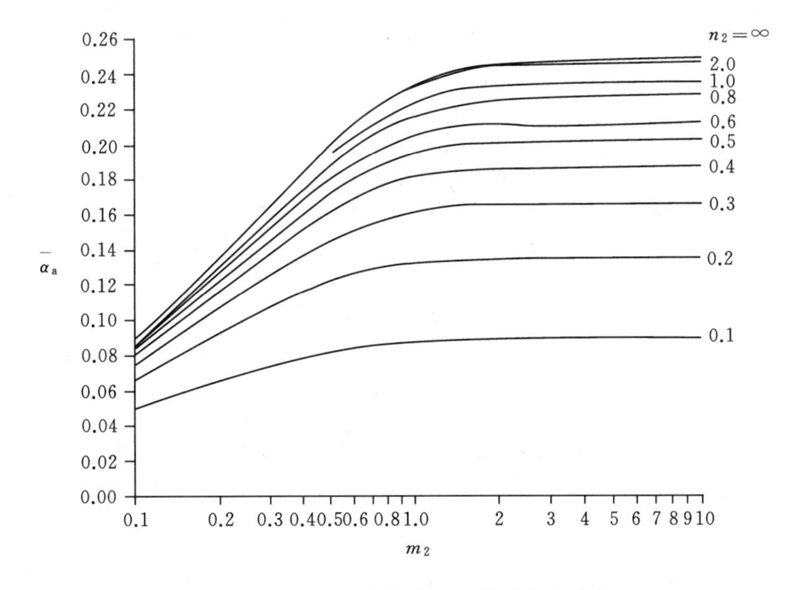

图 5-30　矩形分布荷载下平均附加应力值

如图 5-31 所示，计算某一土层 A、A'的附加应力，方法同上，可以用整个土层的应力面积减去该土层之上的土层应力面积，计算公式如下：

$$\Delta\sigma_{av(H_2/H_1)}=p\left[\frac{H_2\bar{\alpha}_{a(H_2)}-H_1\bar{\alpha}_{a(H_1)}}{H_2-H_1}\right] \qquad 5\text{-}32)$$

【例题 5-5】　如图 5-32 所示，试求基底以下埋深 3～5 m(A 点至 A'点)的平均附加应力。

解：首先将 $A(A')$点受荷面积划分为四个 1.5 m ×1.5 m ($l\times b$)的小矩形，则不同埋深

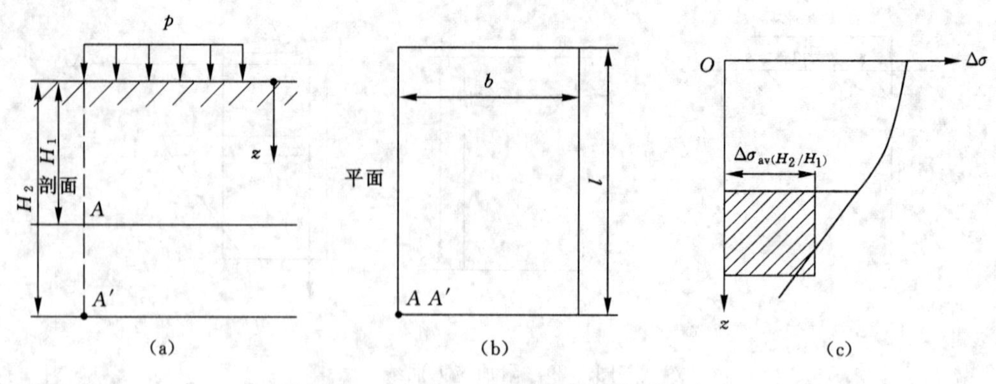

图 5-31　某一土层附加应力示意图

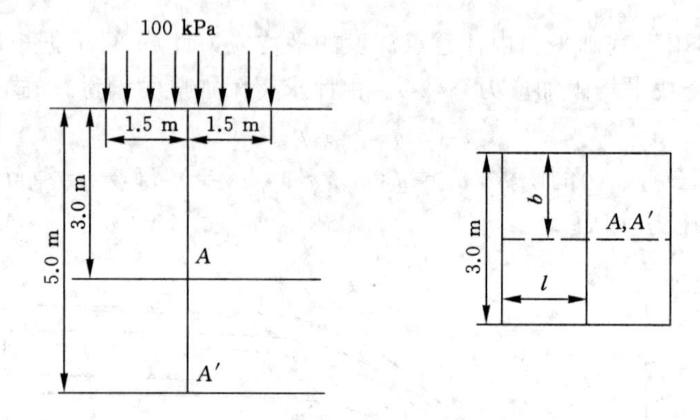

图 5-32　例题 5-5 图

的 m、n 值为：

A 点 $m_{2(A)}=\dfrac{b}{H_1}=\dfrac{1.5}{3}=0.5$，$n_{2(A)}=\dfrac{l}{H_1}=\dfrac{1.5}{3}=0.5$，查图 5-30 得应力系数为 $\bar{\alpha}_{a(H_1)}=0.175$。

A′ 点 $m_{2(A')}=\dfrac{b}{H_2}=\dfrac{1.5}{5}=0.3$，$n_{2(A')}=\dfrac{l}{H_2}=\dfrac{1.5}{5}=0.3$，查图 5-30 得应力系数为 $\bar{\alpha}_{a(H_2)}=0.126$。

代入公式 $\Delta\sigma_{av(H_2/H_1)}=p\left[\dfrac{H_2\bar{\alpha}_{a(H_2)}-H_1\bar{\alpha}_{a(H_1)}}{H_2-H_1}\right]=p\left[\dfrac{5\bar{\alpha}_{a(H_2)}-3\bar{\alpha}_{a(H_1)}}{5-3}\right]$ 得：

$$\Delta\sigma_{av(H_2/H_1)}=100\left[\frac{5\times0.126-3\times0.175}{5-3}\right]=5.25\ (\text{kPa})$$

则埋深 3～5 m 的平均附加应力增量为：

$$\Delta\sigma_{av(H_2/H_1)}=4\times5.25=21\ (\text{kPa})$$

七、非均质土层的附加应力计算

当土质较均匀、土颗粒较细，压力并不很大时，用上述方法计算出的竖向附加应力 σ_z 与实测值相比较，误差不是很大，不满足这些条件时将产生较大误差。下面简要讨论非均质土层中的附加应力分布。

1. 变形模量随深度增加而增大

地基土中，由于土体在沉积过程中受力条件不同使土的变形模量 E_0 随深度逐渐增大，特别是在砂土地基中尤其明显。前者的地基附加应力 σ_z 将发生应力集中，如图 5-33(a)所示，这种现象从试验和理论得到了证实。对于集中力作用下的地基附加应力 σ_z 的计算，可采用费洛列希等建议的半经验公式计算：

$$\sigma_z = \frac{vP}{2\pi R^2}\cos^v\theta \tag{5-33}$$

式中，v 为大于 3 的集中因素。

当 $v=3$ 时，上式与式(5-10)一致，即代表布西奈斯克解，对于砂土，取 $v=6$；介于黏土与砂土之间的土，取 $v=3\sim6$。

2. 薄交互层地基

天然沉积形成的水平薄交互层地基(各向异性地基)，由于在垂直方向和水平方向的变形模量不同，从而影响土层中的附加应力分布。研究表明，与通常假定的均质各向同性地基比较，若水平向变形模量大于竖向变形模量，即 $E_{0h}>E_{0v}$，则在各向异性地基中将出现应力扩散现象，如图 5-33(b)所示；若水平向变形模量小于竖向变形模量，即 $E_{0h}<E_{0v}$，则在各向异性地基中将出现应力集中现象，如图 5-33(a)所示。

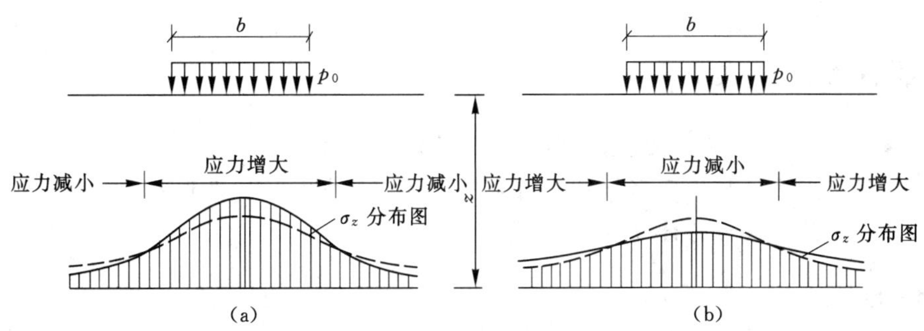

图 5-33　非均质地基对附加应力的影响

(虚线表示均质地基中水平面上的附加应力分布)

3. 双层地基

天然形成的双层地基(非均质地基)有两种可能的情况：一种是岩层上覆盖着不厚的压缩土层，另一种则是上层坚硬、下层软弱的双层地基。前者在荷载作用下将发生应力集中现象，而后者则将发生应力扩散现象。

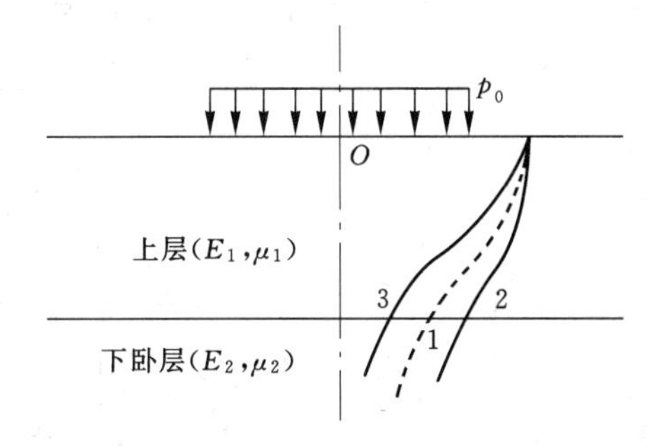

图 5-34　双层地基竖向应力分布比较

图 5-34 为均布荷载中心线下竖向应力分布的比较。图中曲线 1(虚线)为均质地基中的附加应力分布图；曲线 2 为岩层上可压缩土层中的附加应力分布图；曲线 3 则表示上层坚硬下层软弱的双层地基中附加应力分布图。

由于下卧刚性岩层的存在而引起的应力集中与岩层的埋深有关，岩层埋深越浅，应力集中的影响越显著。

在坚硬的土层地基与软弱下卧层地基中引起的应力扩散随上层厚度的增大而更加显

著;它还与双层地基的变形模量 E_0 和泊松比 μ 有关,即随下列参数 f 的增加而显著:

$$f=\frac{E_{01}}{E_{02}}\frac{1-\mu_2^2}{1-\mu_1^2} \tag{5-34}$$

式中 E_{01} 和 μ_1——上层土的变形模量和泊松比;

E_{02} 和 μ_2——软弱下卧层土的变形模量和泊松比。

由于土的泊松比变化不大(一般 $\mu=0.3\sim0.4$),故参数 f 值的大小主要取决于变形模量的比值 E_{01}/E_{02}。双层地基中应力集中和扩散的概念十分重要,特别是在软土地区,地表常有一层硬壳,由于应力扩散作用,使应力分布趋于均匀,从而减少地基的沉降和差异沉降,所以在设计中基础应尽量浅埋,在施工中也应采取保护措施,避免遭受破坏。

▶概念与术语

基础
地基
持力层
下卧层
基底压力
附加应力
自重应力
基底附加压力
应力扩散
应力集中

▶能力及学习要求

1. 掌握自重应力、基底压力、基底附加压力的计算方法。
2. 掌握用角点法计算不同形状及非均布荷载下地基中附加应力的方法。
3. 掌握平均附加应力的计算方法。

▶练习题

5-1 如图 5-35 所示,矩形基底长为 4 m,宽为 2 m,基础埋深为 0.5 m,基础两侧的土的重度为 18 kN/m³。已知上部中心荷载和基础自重计算得到的基底均布压力为 140 kPa。试求:基础中心 O 点下、A 点下、H 点下 $z=1$ m 深度处的附加应力。

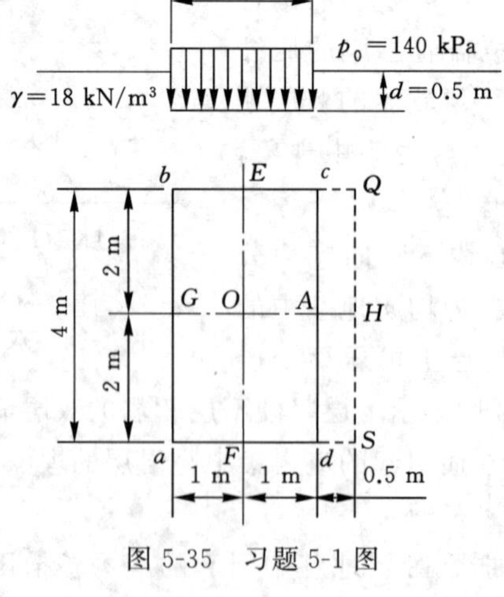

图 5-35 习题 5-1 图

5-2　某相邻两基础尺寸、埋深及受力情况如图 5-36 所示，试求基础 A 的 O 点下 $z=4$ m 处的附加应力 σ_z。

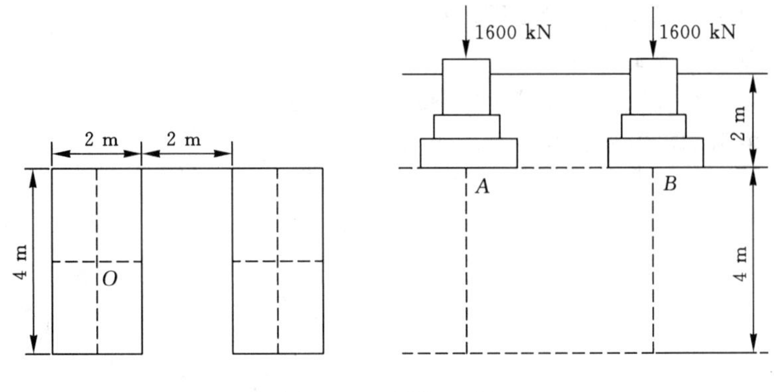

图 5-36　习题 5-2 图

5-3　如图 5-37 所示矩形基础边长分别为 4 m 和 2 m，基础埋深 1.5 m，已知地基土的重度为 19 kN/m^3。受上部结构偏心力 800 kN 作用，其偏心距为 0.2 m，A 点位于基底中心，B 点位于 A 点正下方 2 m 处。试求：点 A 和 B 处的附加应力。

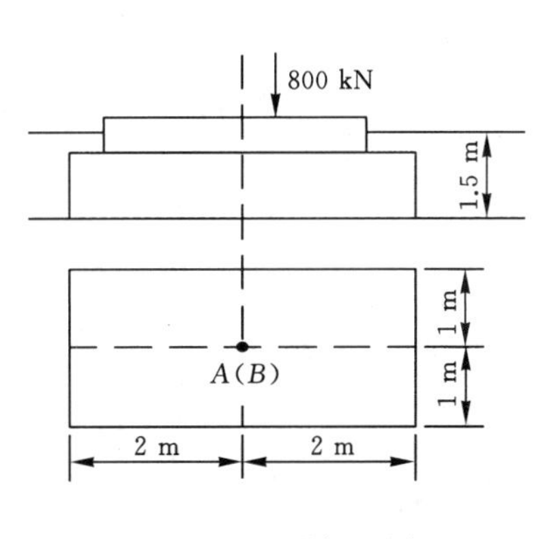

图 5-37　习题 5-3 图

5-4　某方形基础的尺寸为 2 m×2 m，埋深 1 m，载荷 800 kN，$e=0.2$ m。试求在轴线的铅直面平面上，地基中的 A、O、B 各点的附加压力（水位埋深 3 m，A、O、B 埋深为 3 m，A、B 位于基础边缘，O 位于基础中点下，地基重度为 18 kN/m^3）。

5-5　某条形基础的宽为 4 m，埋深 1.4 m，受中心载荷 600 kN/m 作用。土层情况如下：0～3 m，中砂，重度为 19 kN/m^3；3～14.2 m，黏土，$\gamma_{sat}=21$ kN/m^3，地下水位埋深 3 m。试绘出基础中心轴线上土的自重应力和附加应力分布图。

5-6　如图 5-38 所示，一路堤高度为 6 m，顶宽为 12 m，底宽为 24 m，已知填土重度为 20 kN/m^3。试求：路堤中心线下 O 点（$z=0.012$ m）及 M 点（$z=12$ m）处附加应力。

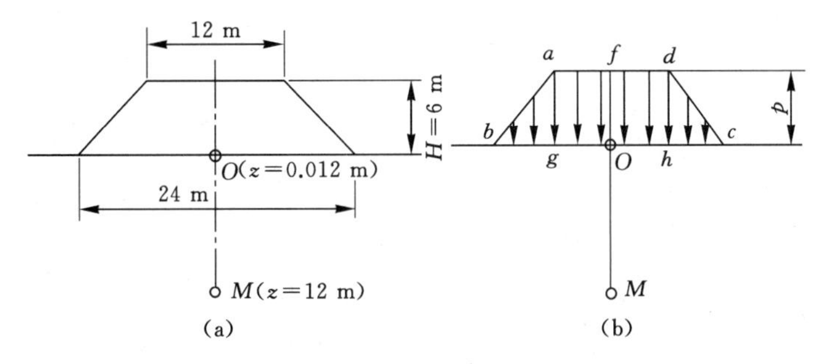

图 5-38　习题 5-6 图

▶研讨选题参考

1. 自重应力是有效应力还是总应力?
2. 基底压力计算假设分析。
3. 采用弹性理论假设计算地基土中附加应力的适用性。
4. 影响土中附加应力分布的因素。

第六章　地基沉降计算

内容提要

地基土体在附加应力作用下，产生变形(主要是竖向压缩变形)，从而引起地基的沉降。本章主要介绍地基变形种类；饱和土的一维压缩特性；地基沉降量的计算方法；饱和土的渗流固结理论；固结系数的确定方法；利用弹性理论法、应力面积法、原始压缩曲线法计算地基最终沉降量；利用太沙基一维固结理论计算沉降—时间的关系等内容。

第一节　地基变形特征

一、概述

《建筑地基基础设计规范》(GB 50007—2011)规定，对于某些地基除了进行承载力计算外，还需进行变形量计算，计算的目的是为了保证由于地基沉降而引起的建筑物上部结构的变形不出现影响使用的裂缝。主要包括以下六类建(构)筑物：

① 重要的、有纪念性的大型建(构)筑物；

② 生产工艺上、使用上对地基沉降有特殊要求的建(构)筑物；

③ 平面图形复杂的建(构)筑物；

④ 相邻建筑物荷载和作用形式上显著不同时；

⑤ 因变形产生的沉降会影响正常使用，需事先计算地基变形以便设计时采取提高建(构)筑物低层标高的措施者；

⑥ 对地基不均匀沉降较敏感的建(构)筑物。

二、地基变形量的种类

在建筑物地基附加应力作用下，地基土内各点除了承受土自重引起的自重应力外，还要承受附加应力。在附加应力的作用下，地基土要产生附加的变形，这种变形一般包括体积变形和形状变形。

1. 按变形特征分类

沉降量一般是指基础各点的绝对沉降值，对于独立基础来说，一般以基础中心沉降值表示，如图 6-1(a)所示；沉降差是指不同基础或同一基础各点间的相对沉降量，如图 6-1(b)所示。倾斜是指单独或整体基础倾斜前后端点的沉降差与其距离的比值 $i = \Delta s/L$，如图 6-1(c)所示；局部倾斜是指砖石承重结构沿纵墙 6～10 m(L)内基础两点的沉降差与其距离之比，如图 6-1(d)所示。

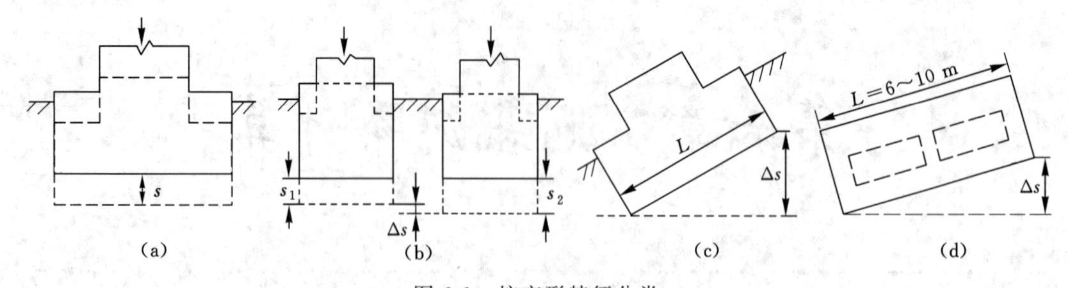

图 6-1 按变形特征分类

(a) 沉降量；(b) 沉降差；(c) 倾斜；(d) 局部倾斜

2. 按时间过程分类

饱和黏性土地基最终的沉降量是由三个部分组成的，如图 6-2 所示。

瞬时沉降(变形)是指加载瞬间发生的变形，如图 6-2 中的 s_d 。该沉降历时短、沉降量小，工程中常可忽略不计。

固结沉降(固结变形)是指超静孔隙水压力消散，有效应力增加，土体压缩引起的渗透固结沉降，如图 6-2 中的 s_c 。该沉降历时长、沉降量大，是沉降量的主要部分，也称为主固结沉降。

次固结沉降(变形)是指超静孔隙水压力完全消散以后，土中结合水膜或土粒发生蠕变而引起的沉降，如图 6-2 中的 s_s 。次固结沉降时间长、沉降量小。许多室内试验和现场测试结果都表明，在主固结沉降完成以后发生的次固结沉降的大小与时间关系在半对数图上接近于一条直线，如图 6-3 所示，因而次固结沉降引起的孔隙比变化可近似地表示为：

$$\Delta e = C_\alpha \lg \frac{t}{t_1} \tag{6-1}$$

式中 C_α ——半对数图上直线的斜率，称为次固结系数；

t ——所求次固结沉降的时间，$t > t_1$；

t_1——相当于主固结度为 100％的时间，根据 $e \sim \lg t$ 曲线外推所得。

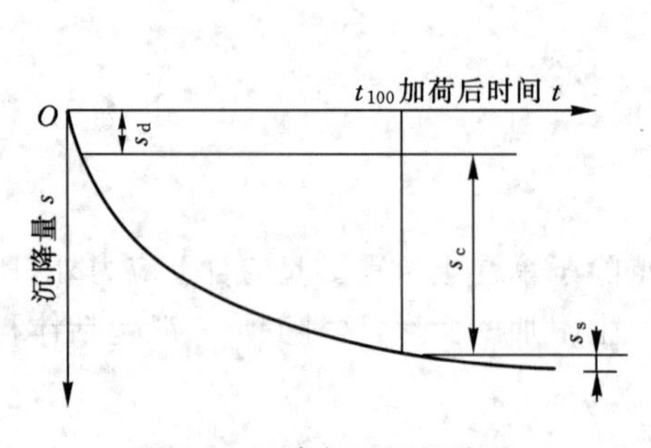

图 6-2 沉降与时间的关系

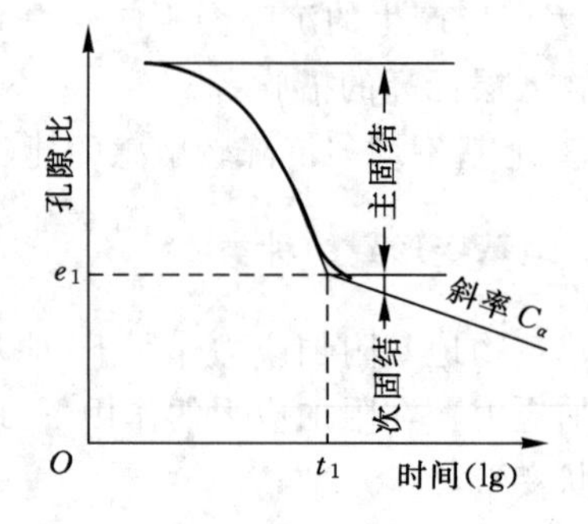

图 6-3 次固结沉降 $e \sim \lg t$ 曲线

地基土层单向压缩的次固结沉降的计算公式为：

$$s_s = \sum_{i=1}^{n} \frac{H_i}{1+e_{0i}} C_{ai} \lg \frac{t}{t_1} \tag{6-2}$$

式中　H_i ——第 i 层土的厚度；

e_{0i} ——第 i 层土的初始孔隙比。

根据许多室内和现场试验结果，C_α 值主要取决于土的天然含水率 w，近似计算时取 $C_\alpha = 0.018w$ 或近似取 $C_\alpha = 0.02\ C_c$。

第二节　地基最终沉降量计算

一、弹性理论法

（一）基本假设

弹性理论计算地基沉降是基于布西奈斯克的位移解，该法假定地基是均质的、各向异性的、线弹性的半无限体；假定基础整个底面和地基一直保持接触；布西奈斯克课题是研究荷载作用于地表的情形，因此，可以近似用来研究荷载作用面埋深较浅的情况。当荷载作用位置埋置深度较大时（如深基础），则应采用明德林的位移解进行线弹性理论法沉降计算。

（二）计算公式

1. 点荷载作用下的地表沉降

式(6-3)给出了半空间表面作用有一竖向集中力 P 时，半空间内任一点 $M(x,y,z)$ 的竖向位移 $w(x,y,z)$，运用到半无限地基中，当 z 值取 0 时，$w(x,y,z)$ 即为地表沉降：

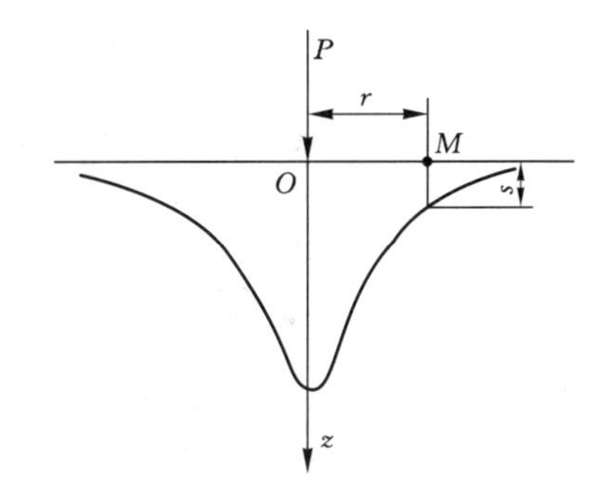

图 6-4　集中荷载作用下的地表沉降

$$s = \frac{P(1-\mu^2)}{\pi E\sqrt{x^2+y^2}} = \frac{P(1-\mu^2)}{\pi E r} \tag{6-3}$$

式中　s ——竖向集中力 P 作用下地表任意点沉降；

r ——集中力 P 作用点与地表沉降计算点的距离，即 $\sqrt{(x^2+y^2)}$；

E ——土的弹性模量（计算饱和黏性土的瞬时沉降）或变形模量（计算最终沉降）；

μ ——泊松比。

理论上的点荷载实际上是不存在的，荷载总是作用在一定面积上的局部荷载。只是当沉降计算点离开荷载作用范围的距离与荷载作用面的尺寸相比很大时，才可以用一个集中力 P 代替局部荷载，利用式(6-3)进行近似计算。

2. 矩形柔性基础上均布荷载角点的沉降

由于完全柔性基础抗弯刚度趋于零，无抗弯曲能力，因此，传至基底地基的荷载与作用于基础上的荷载分布完全一致。如图 6-5 所示，作用在一定面积上的均布荷载 $p_0(\xi,\eta)$，基础任一点 $M(x,y)$ 的沉降 $s(x,y)$ 可利用式(6-3)通过在荷载分布面积 A 上的积分得到：

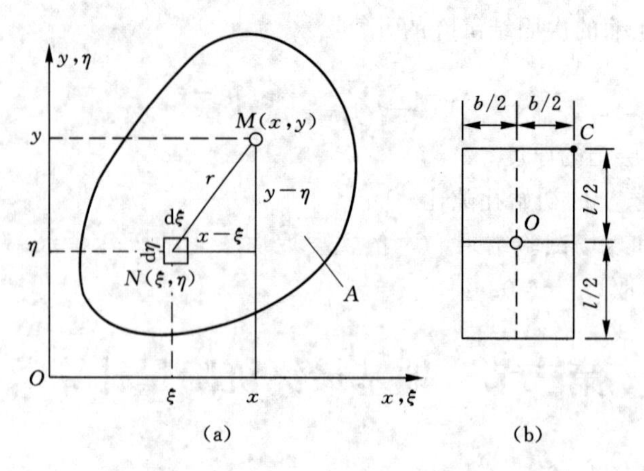

图 6-5 均布荷载作用下地基的沉降计算

$$s(x,y)=\frac{1-\mu^2}{\pi E}\iint\frac{p_0(\xi,\eta)\mathrm{d}\xi\mathrm{d}\eta}{\sqrt{(x-\xi)^2+(y-\eta)^2}} \tag{6-4}$$

$$\begin{aligned}s_c&=\frac{(1-\mu^2)b}{\pi E}\left[m\ln\frac{1+\sqrt{m^2+1}}{m}+\ln(m+\sqrt{m^2+1})\right]p_0\\&=\delta_c p_0\\&=\frac{1-\mu^2}{E}\omega_c b p_0\end{aligned} \tag{6-5}$$

式中 $m=\frac{l}{b}$ ——矩形面积的长宽比；

p_0——基底附加压力；

δ_c——角点沉降系数，即单位矩形均布荷载在角点引起的沉降，其表达式为：$\delta_c=\frac{(1-\mu^2)b}{\pi E}\left[m\ln\frac{1+\sqrt{m^2+1}}{m}+\ln(m+\sqrt{m^2+1})\right]$；

ω_c——角点沉降影响系数，是长宽比的函数，其表达式为：$\omega_c=\frac{1}{\pi}\left[m\ln\frac{1+\sqrt{m^2+1}}{m}+\ln(m+\sqrt{m^2+1})\right]$，$\omega_c$ 也可由表 6-1 查得。

利用式(6-5)并采用角点法可得到矩形完全柔性基础上均布荷载作用下地基任意点沉降。如基础中点的沉降为：

$$s_0=4\,\frac{1-\mu^2}{E}\omega_c\,\frac{b}{2}p_0=\frac{1-\mu^2}{E}\omega_o b p_0 \tag{6-6}$$

式中，ω_o 为中点沉降影响系数，是长宽比的函数，可由表 6-1 查得，对应于某一长宽比，$\omega_o=2\omega_c$。

另外，还可以得到矩形完全柔性基础上均布荷载作用下基底面积 A 范围内各点沉降的平均值，即基础平均沉降：

$$s_m=\frac{\iint s(x,y)\mathrm{d}x\mathrm{d}y}{A}=\frac{1-\mu^2}{E}\omega_m b p_0 \tag{6-7}$$

式中，ω_m 为平均沉降影响系数，是长宽比的函数，可由表 6-1 查得，对应于某一长宽比，$\omega_c < \omega_m < \omega_o$。

表 6-1　沉降影响系数 ω 值

		圆形	方形	矩形(l/b)										
		—	1.0	1.5	2.0	3.0	4.0	5.0	6.0	7.0	8.0	9.0	10.0	100.0
柔性基础	ω_c	0.64	0.56	0.68	0.77	0.89	0.98	1.05	1.12	1.17	2.21	1.25	1.27	2.00
	ω_o	1.00	1.12	1.36	1.53	1.78	1.96	2.10	2.23	2.33	2.42	2.49	2.53	4.00
	ω_m	0.85	0.95	1.15	1.30	1.53	1.70	1.83	1.96	2.04	2.12	2.19	2.25	3.69
刚性基础	ω_r	0.79	0.88	1.08	1.22	1.44	1.61	1.72					2.12	3.40

3. 绝对刚性基础的沉降

绝对刚性基础的抗弯刚度为无穷大时，受弯矩作用不会发生挠曲变形，因此，基础受力后，原来为平面的基底仍保持为平面，计算沉降时，上部传至基础的荷载可用合力来表示。

中心荷载作用下，地基各点的沉降是相等的。根据这个条件，可以从理论上得到圆形基础和矩形基础的沉降值：

$$s = \frac{1-\mu^2}{E}\frac{\pi}{2}dp_0 = \frac{1-\mu^2}{E}\omega_r dp_0 \tag{6-8}$$

式中　d ——圆形基础直径或矩形基础的宽度；

ω_r ——刚性基础的沉降影响系数，是关于长宽比的级数，近似地可由表 6-1 查得。

偏心荷载作用下，基础要产生沉降和倾斜。沉降后基底为一倾斜平面，基底倾斜可由弹性力学公式求得。

对于圆形基础，有：

$$\tan\theta = \frac{1-\mu^2}{E}\frac{6pe}{d^3} \tag{6-9}$$

对于矩形基础，有：

$$\tan\theta = \frac{1-\mu^2}{E}8K\frac{pe}{b^3} \tag{6-10}$$

式中　b ——偏心方向的边长；

p ——传至刚性基础上的合力大小；

e ——合力的偏心距；

K ——计算系数，可按基础上长宽比 l/b 由图 6-6 查得。

4. 饱和黏性土的沉降

饱和黏性土的弹性沉降计算公式为：

$$s_e = A_1 A_2 \frac{q_0 B}{E_s} \tag{6-11}$$

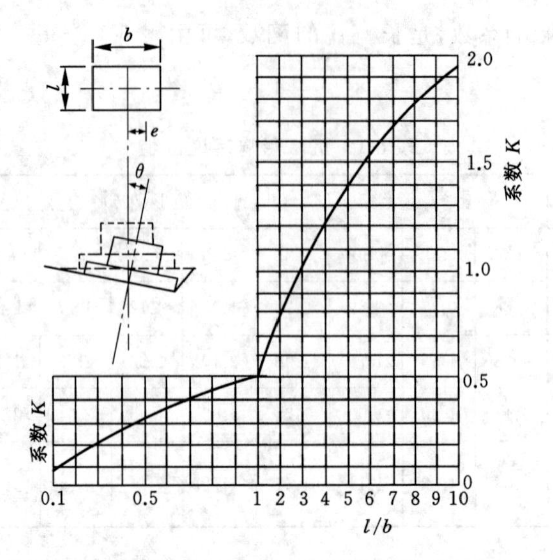

图 6-6　绝对刚性矩形基础倾斜计算系数 K 值

式中　A_1——H/b 和 l/b 的函数，H 为饱和黏土层厚度，l 为基础长度，b 为基础宽度，可根据图 6-7 查得；

A_2——深度影响系数，可由图 6-8 查得。

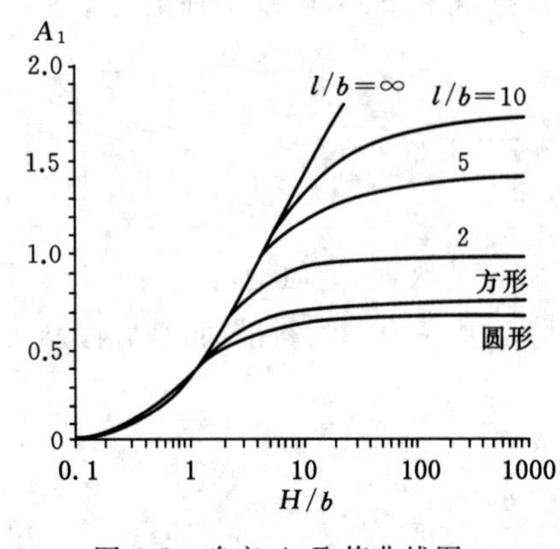

图 6-7　确定 A_1 取值曲线图

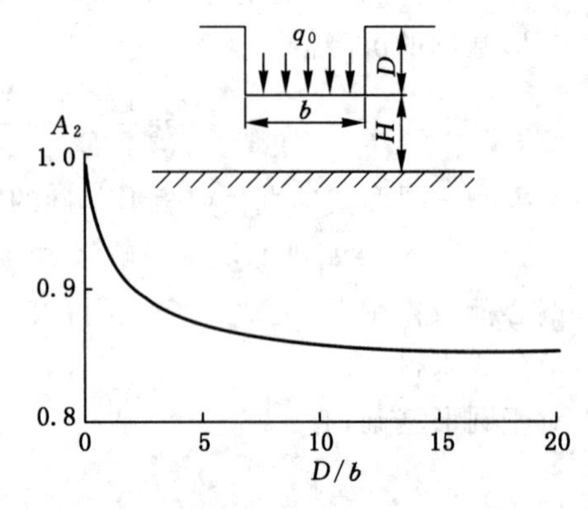

图 6-8　深度影响系数 A_2 取值曲线图

5. 砂土的沉降

利用勘察资料、砂土的性质与垂向应变之间的经验关系，计算砂层压缩、体积扰动等变化形成的综合变形。

根据弹性理论，如图 6-9 所示，应变乘以土层的高度就得出沉降量，土中一点的垂向应变 ζ_v 的计算公式为：

$$\zeta_v = \frac{\Delta q}{E_s} I_v \tag{6-12}$$

式中　Δq ——应力增量；

E_s ——弹性模量；

I_v ——应变影响系数。

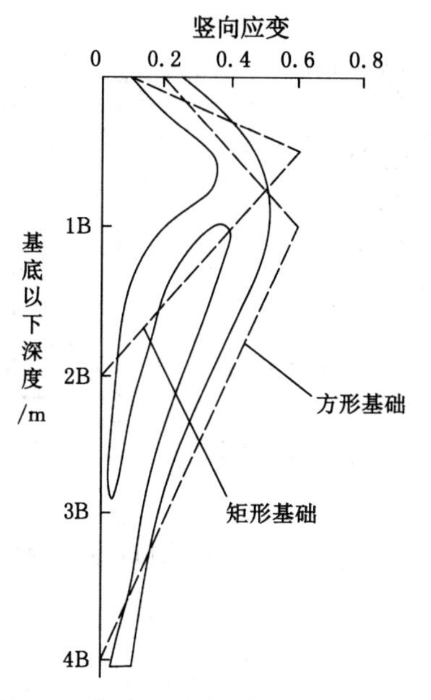

图 6-9　基础以下砂土的垂向应变分布图

某一层土的沉降计算公式为：

$$\Delta s_n = (\zeta_{vag})(\Delta z_n) = \Delta q(I_v/E_s)(\Delta z_n) \tag{6-13}$$

总沉降 s_t 的计算公式为：

$$\begin{aligned} s_t &= C_1 C_2 \sum (\zeta_{vag})(\Delta z_n) \\ &= C_1 C_2 \sum (I_v/E_s)(\Delta z_n) \end{aligned} \tag{6-14}$$

式中　C_1——关于基底压力的修正系数，$C_1 = 1 - 0.5(\sigma_{v0}/\Delta q)$；

C_2——关于时间的修正系数，$C_2 = 1 + 0.2(\lg 10t)$；

σ_{v0}——基础底部的竖向应力。

此方法为希默特曼提出的应变影响系数法。

二、应力面积法

《建筑地基基础设计规范》(GB 50007—2011)推荐使用的最终沉降计算方法对分层总和法和单向压缩公式作了进一步修正，应用了“应力面积”的基本概念，这种方法称为应力面积法，也称规范法。应力面积法一般按地基土的天然分层面划分计算土层。

1. 计算原理

如图 6-10 所示，若以基底以下 $z_{i-1} \sim z_i$ 深度范围第 i 土层的侧限压缩模量 E_{si}（可取该层中点处相应于自重应力至自重应力加附加应力段的 E_s 值），分析第 i 层土在基底附加应力作用下的压缩变形 s_i。任一单元体的变形 $\mathrm{d}s = \dfrac{\sigma_z \mathrm{d}z}{E_{si}}$，则自基础底面到 z_{i-1}、z_i 层深度范围内土层的压缩变形 s_{zi-1}、s_{zi} 分别为：

$$s_{zi} = \int_0^{z_i} \frac{\sigma_z \mathrm{d}z}{E_{si}} = \frac{1}{E_{si}} \int_0^{z_i} \sigma_z \mathrm{d}z = \frac{1}{E_{si}} A_i = \frac{1}{E_{si}} (\bar{\alpha}_i p_0 z_i) \tag{6-15}$$

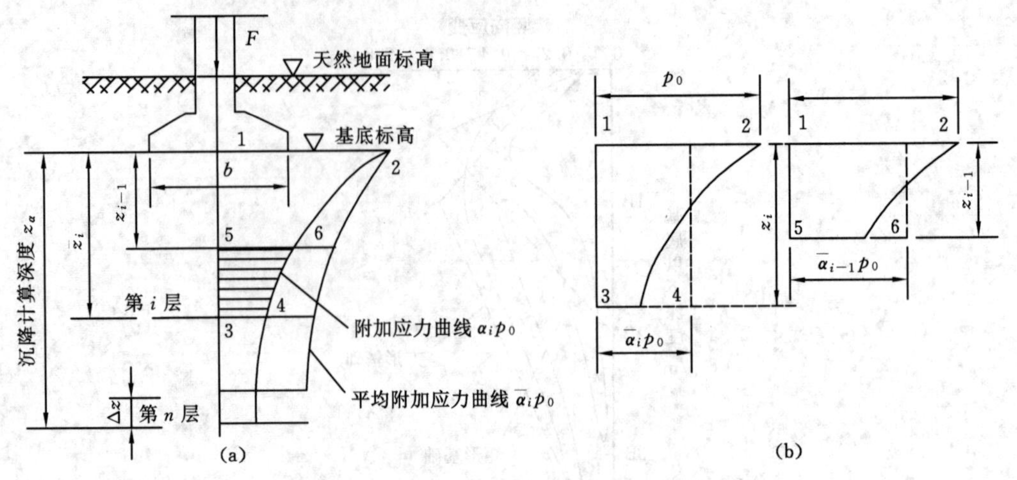

图 6-10 应力面积法计算地基最终沉降

$$s_{zi-1}=\int_0^{z_{i-1}}\frac{\sigma_z \mathrm{d}z}{E_{si}}=\frac{1}{E_{si}}\int_0^{z_{i-1}}\sigma_z \mathrm{d}z=\frac{1}{E_{si}}A_{i-1}=\frac{1}{E_{si}}(\bar{\alpha}_{i-1}p_0 z_{i-1}) \tag{6-16}$$

式中 A_i ——自基础底面至 z_i 深度间地基附加应力面积；

A_{i-1} ——自基础底面至 z_{i-1} 深度间地基附加应力面积。

实际第 i 层土的变形为：

$$s_i=s_{zi}-s_{zi-1}=\frac{p_0}{E_{si}}(z_i\bar{\alpha}_i-z_{i-1}\bar{\alpha}_{i-1}) \tag{6-17}$$

如果在地基压缩层范围内是成层土层，有 n 层，则地基变形量为：

$$s'=\sum_{i=1}^{n}s_i=\sum_{i=1}^{n}\frac{p_0}{E_{si}}(z_i\bar{\alpha}_i-z_{i-1}\bar{\alpha}_{i-1}) \tag{6-18}$$

式中 n ——沉降计算深度范围划分的土层数；

p_0——基底附加压力；

$\bar{\alpha}_i$、$\bar{\alpha}_{i-1}$ ——平均附加应力系数，表6-2给出了矩形面积上均布荷载作用下角点下平均竖向附加应力系数 $\bar{\alpha}$ 值；

$\bar{\alpha}_i p_0$、$\bar{\alpha}_{i-1} p_0$——将基底中心以下地基中 z_i、z_{i-1} 深度范围内附加应力，按等面积化为相同深度范围内矩形分布时应力的大小，即前述平均附加应力。

2. 沉降计算深度 z_n 的确定

《建筑地基基础设计规范》(GB 50007—2011)用符号 z_n 表示沉降计算深度，并规定 z_n 应符合下列要求：

$$\Delta s'_n \leqslant 0.025\sum_{i=1}^{n}s_i \tag{6-19}$$

式中，$\Delta s'_n$ 为自试算深度往上 Δz 厚度的压缩量(包括考虑相邻荷载的影响)，Δz 的取值按表 6-3 确定。

表 6-2　矩形基础角点平均附加应力系数 $\bar{\alpha}$

z/b	l/b												
	1.0	1.2	1.4	1.6	1.8	2.0	2.4	2.8	3.2	3.6	4.0	5.0	10.0
0.0	0.2500	0.2500	0.2500	0.2500	0.2500	0.2500	0.2500	0.2500	0.2500	0.2500	0.2500	0.2500	0.2500
0.2	0.2496	0.2497	0.2497	0.2498	0.2498	0.2498	0.2498	0.2498	0.2498	0.2498	0.2498	0.2498	0.2498
0.4	0.2474	0.2479	0.2481	0.2483	0.2483	0.2484	0.2485	0.2485	0.2485	0.2484	0.2485	0.2485	0.2485
0.6	0.2423	0.2437	0.2444	0.2448	0.2451	0.2452	0.2454	0.2455	0.2455	0.2455	0.2455	0.2455	0.2455
0.8	0.2436	0.2472	0.2387	0.2395	0.2400	0.2403	0.2407	0.2408	0.2409	0.2409	0.2410	0.2410	0.2410
1.0	0.2252	0.2291	0.2313	0.2326	0.2335	0.2340	0.2346	0.2349	0.2351	0.2352	0.2352	0.2353	0.2353
1.2	0.2149	0.2199	0.2229	0.2248	0.2260	0.2268	0.2278	0.2282	0.2285	0.2286	0.2287	0.2288	0.2289
1.4	0.2043	0.2020	0.2140	0.2164	0.2190	0.2191	0.2204	0.2211	0.2215	0.2217	0.2218	0.2220	0.2210
1.6	0.1939	0.2006	0.2049	0.2079	0.2099	0.2113	0.2130	0.2138	0.2143	0.2146	0.2148	0.2150	0.2152
1.8	0.1840	0.1912	0.1960	0.1994	0.2018	0.2034	0.2055	0.2066	0.2073	0.2077	0.2079	0.2082	0.2084
2.0	0.1746	0.1822	0.1875	0.1912	0.1938	0.1958	0.1982	0.1996	0.2004	0.2009	0.2012	0.2015	0.2018
2.2	0.1659	0.1737	0.1793	0.1833	0.1862	0.1883	0.1911	0.1927	0.1937	0.1943	0.1947	0.1952	0.1955
2.4	0.1578	0.1657	0.1715	0.1757	0.1789	0.1812	0.1843	0.1862	0.1873	0.1880	0.1885	0.1890	0.1895
2.6	0.1503	0.1583	0.1642	0.1686	0.1719	0.1745	0.1779	0.7990	0.1812	0.1820	0.1825	0.1832	0.1838
2.8	0.1433	0.1514	0.1574	0.1619	0.1654	0.1680	0.1717	0.1739	0.1753	0.1763	0.1769	0.1777	0.1784
3.0	0.1637	0.1449	0.1510	0.1556	0.1592	0.1619	0.1658	0.1682	0.1698	0.1708	0.1715	0.1725	0.1733
3.2	0.1310	0.1390	0.1450	0.1497	0.1533	0.1562	0.1602	0.1628	0.1645	0.1657	0.1664	0.1675	0.1685
3.4	0.1256	0.1334	0.1394	0.1441	0.1478	0.1508	0.1550	0.1577	0.1595	0.1607	0.1616	0.1628	0.1639
3.6	0.1205	0.1282	0.1342	0.1389	0.1427	0.1456	0.1500	0.1528	0.1548	0.1561	0.1570	0.1583	0.1595
3.8	0.1158	0.1234	0.1293	0.1340	0.1378	0.1408	0.1452	0.1482	0.1502	0.1516	0.1526	0.1541	0.1554
4.0	0.1114	0.1189	0.1248	0.1294	0.1332	0.1362	0.1408	0.1438	0.1459	0.1474	0.1485	0.1500	0.1516
4.2	0.1073	0.1147	0.1205	0.1251	0.1289	0.1319	0.1365	0.1396	0.1418	0.1434	0.1445	0.1462	0.1479
4.4	0.1035	0.1107	0.1164	0.1210	0.1248	0.1279	0.1325	0.1357	0.1379	0.1396	0.1407	0.1425	0.1444
4.6	0.1000	0.1070	0.1127	0.1172	0.1209	0.1240	0.1287	0.1319	0.1342	0.1359	0.1371	0.1390	0.1410
4.8	0.0967	0.1036	0.1091	0.1136	0.1173	0.1204	0.1250	0.1283	0.1307	0.1324	0.1337	0.1357	0.1379
5.2	0.0906	0.0972	0.1026	0.1070	0.1106	0.1136	0.1183	0.1217	0.1241	0.1259	0.1273	0.1295	0.1320
5.6	0.0852	0.0916	0.0968	0.1010	0.1046	0.1076	0.1122	0.1156	0.1181	0.1200	0.1215	0.1238	0.1266
6.4	0.0762	0.0820	0.0869	0.0909	0.0942	0.9710	0.1016	0.1050	0.1076	0.1096	0.1111	0.1137	0.1171
7.2	0.0688	0.0742	0.0787	0.0825	0.0857	0.0884	0.0928	0.0962	0.0987	0.1008	0.1023	0.1051	0.1090
8.0	0.0627	0.0678	0.0720	0.0755	0.0785	0.0811	0.0853	0.0886	0.0912	0.0932	0.0948	0.0976	0.1020
8.8	0.0576	0.0623	0.0663	0.0696	0.0724	0.0749	0.0790	0.0821	0.0846	0.0866	0.0882	0.0912	0.0959
9.6	0.0533	0.0577	0.0614	0.0645	0.0672	0.0696	0.0734	0.0765	0.0789	0.0809	0.0825	0.0855	0.0905
10.4	0.0496	0.0537	0.0572	0.0601	0.0627	0.0649	0.0686	0.0716	0.0739	0.0759	0.0775	0.0804	0.0857
11.2	0.0463	0.0502	0.0535	0.0563	0.0587	0.0609	0.0644	0.0672	0.0695	0.0714	0.0730	0.0759	0.0813
12.0	0.0435	0.0471	0.0502	0.0529	0.0552	0.0573	0.0606	0.0634	0.0656	0.0674	0.0690	0.0719	0.0774

表 6-2(续)

z/b	l/b												
	1.0	1.2	1.4	1.6	1.8	2.0	2.4	2.8	3.2	3.6	4.0	5.0	10.0
12.8	0.0409	0.0444	0.0474	0.0499	0.0521	0.0541	0.0573	0.0599	0.0621	0.0639	0.0654	0.0682	0.0739
13.6	0.0387	0.0420	0.0448	0.0472	0.0493	0.0512	0.0543	0.0568	0.0589	0.0607	0.0621	0.0649	0.0707
14.4	0.0367	0.3040	0.0425	0.0448	0.0468	0.0460	0.0516	0.0540	0.0561	0.0577	0.0592	0.0619	0.0677
16.0	0.0332	0.0361	0.0385	0.0407	0.0425	0.0442	0.0469	0.0492	0.0511	0.0527	0.0540	0.0567	0.0625
18.0	0.0297	0.0323	0.0345	0.0364	0.0381	0.0396	0.0422	0.0442	0.0460	0.0475	0.0487	0.0512	0.0570
20.0	0.0269	0.0292	0.0312	0.0330	0.0345	0.0359	0.0383	0.0402	0.0418	0.0432	0.0444	0.0468	0.0524

注：l 为基础长度，m；b 为基础宽度，m；z 为计算点离基础底面的垂直距离，m。

表 6-3　Δz 值

b/m	$b\leqslant 2$	$2<b\leqslant 4$	$4<b\leqslant 8$	$8<b\leqslant 15$	$15<b\leqslant 30$	$b>30$
Δz /m	0.3	0.6	0.8	1.0	1.2	1.5

如确定的沉降计算深度下部仍有较软弱土层时，应继续往下进行计算，同样也应满足上式为止。当无相邻荷载影响，基础宽度在 1～30 m 范围时，地基沉降计算深度也可按下列简化公式计算：

$$z_n = b(2.5 - 0.4\ln b) \tag{6-20}$$

式中，b 为基础宽度。

在计算深度范围内存在基岩时，z_n 可取至基岩表面；当存在较厚的坚硬黏性土层，其孔隙比小于 0.5、压缩模量大于 50 MPa，或存在较厚的密实砂卵石层，其压缩模量大于 80 MPa 时，z_n 可取至该土层表面。

3. 沉降计算经验系数

规范规定，按上述公式计算得到的沉降 s' 尚应乘以一个沉降计算经验系数 Ψ_s，以提高计算准确度。Ψ_s 定义为根据地基沉降观测资料推算的最终沉降量 s 与由式(6-18)计算得到的 s' 之比，一般根据地区沉降观测资料及经验确定，也可按表 6-4 查取。

综上所述，规范推荐的地基最终沉降计算公式为：

$$s = \Psi_s s' \tag{6-21}$$

表 6-4　沉降计算经验系数 Ψ_s

基底附加应力	$\overline{E}_s$/MPa				
	2.5	4.0	7.0	15.0	20.0
$p_0 \geqslant f_{ak}$	1.4	1.3	1.0	0.4	0.2
$p_0 \leqslant 0.75 f_{ak}$	1.1	1.0	0.7	0.4	0.2

注：$\overline{E}_s$ ——沉降计算深度范围内各分层压缩模量的当量值，按下式计算；f_{ak} 为地基承载力特征值；表中数值可内插。

$$\overline{E}_s = \sum A_i \Big/ \sum \frac{A_i}{E_{si}} \tag{6-22}$$

式中，A_i 为第 i 层土附加应力面积，$A_i = p_0(z_i\bar{\alpha}_i - z_{i-1}\bar{\alpha}_{i-1})$。

沉降计算经验数 $\Psi_s = 1.4 \sim 0.2$，与土质软硬有关，和基底附加应力 p_0/f_{ak} 的大小有关。对于软黏土会应力集中，导致 s' 偏小，$\Psi_s > 1$；硬黏土会应力扩散，导致 s' 偏大，$\Psi_s < 1$。

引入沉降计算经验系数 Ψ_s 对计算结果进行修正，是因为用压力面积法计算沉降时基于以下假设条件：① 基底压力线性分布假设；② 弹性附加应力计算；③ 单向压缩的假设；④ 主固结沉降，未考虑次固结；⑤ 原状土现场取样的扰动；⑥ 参数线性的假设；⑦ 按中点下附加应力计算。各种假定导致计算产生误差，例如取中点下附加应力值，使 s' 偏大；侧限压缩使计算值偏小；地基不均匀性导致的误差等。

【例题 6-1】 如图 6-11 所示的基础底面尺寸为 4.8 m×3.2 m，埋深为 1.5 m，传至地面的中心荷载 $F = 1\,800$ kN，地基的土层及分层土的压缩模量（相应于自重应力至自重应力加附加应力段）如图所示，地基承载力特征值 $f_{ak} = 120$ kPa。试用应力面积法计算基础中点的最终沉降。

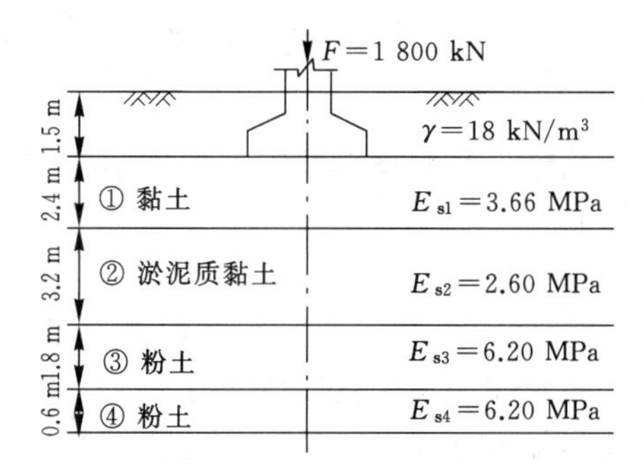

图 6-11　例题 6-1 图

解：(1) 基底附加压力

$$p_0 = \frac{1\,800 + 4.8 \times 3.2 \times 1.5 \times 20}{4.8 \times 3.2} - 18 \times 1.5 = 120\ (\text{kPa})$$

(2) 计算过程

z /m	l/b	z/b	$\bar{\alpha}$	$z_i\bar{\alpha}$	$z_i\bar{\alpha}_i - z_{i-1}\bar{\alpha}_{i-1}$	E_{si} /MPa	$\Delta s'_i$ /mm	$\sum \Delta s'_i$ /mm
0.0	1.5	0/1.6=0	4×0.2500=1.0000	0.000				
2.4	1.5	2.4/1.6=1.5	4×0.2108=0.8432	2.024	2.024	3.36	66.3	66.3
5.6	1.5	5.6/1.6=3.5	4×0.1392=0.5568	3.118	1.094	2.60	50.5	116.8
7.4	1.5	7.4/1.6=4.6	4×0.1145=0.4580	3.389	0.271	6.20	5.3	122.1
8.0	1.5	8.0/1.6=5	4×0.1080=0.4320	3.456	0.067	6.20	1.3	123.4

(3) 确定沉降计算深度 z_n

上面计算表格中 $z = 8$ m 深度范围内的计算沉降量为 123.4 mm，相应于 7.4～8.0 m 深度范围，土层计算沉降量为 1.3 mm＜0.025×123.4＝3.1 mm，满足要求，故沉降计算深度 z_n

$=8\ \text{m}$。

(4) 确定 Ψ_s

$$\bar{E}_s=\sum A_i/\sum \frac{A_i}{E_{si}}$$

$$=\frac{p_0(z_n\bar{\alpha}_n-0\times\bar{\alpha}_0)}{p_0\left[\frac{z_1\bar{\alpha}_1-0\times\bar{\alpha}_0}{E_{s1}}+\frac{z_2\bar{\alpha}_2-z_1\times\bar{\alpha}_1}{E_{s2}}+\frac{z_3\bar{\alpha}_3-z_2\times\bar{\alpha}_2}{E_{s3}}+\frac{z_4\bar{\alpha}_4-z_3\times\bar{\alpha}_3}{E_{s4}}\right]}$$

$=3.36\ (\text{MPa})$

根据表 6-4 可知，当 $p_0=120\ \text{kPa}\geqslant f_{ak}=120\ \text{kPa}$ 得：$\Psi_s=1.34$。

(5) 计算基础中点最终沉降量

$$s=\Psi_s s'=1.34\times 123.4=165.4\ (\text{mm})$$

三、原位压缩曲线法

原位压缩曲线法是根据由相应的 $e\sim\lg p$ 曲线修正得到的原位压缩曲线进行沉降计算的方法。原位压缩曲线是由折线组成的，通过 C_c 和 C_e 两个压缩指标即可计算沉降量，计算时较为方便。此外，原位压缩曲线很直观地反映出前期固结压力 p_c，从而可以清楚地考虑地基的应力历史对沉降的影响。

1. 正常固结土的沉降计算

土样先期固结压力的确定在第三章第一节中已经叙述，一般可假定取样过程中试样不发生体积变化，即试样的初始孔隙比 e_0 就是它的原位孔隙比，再由 e_0 和 p_c 在 $e\sim\lg p$ 坐标上定出 b 点，此即试样在原位压缩的起点。不管试样的扰动程度如何，当压力较大时，它们的压缩曲线都近于直线，且大致交于一点，这一点的纵坐标约为 $0.42e_0$，从纵坐标 $0.42e_0$ 处作一直线交室内压缩曲线于 c 点，作 b 点与 c 点的连线即为所求的原位压缩曲线，如图6-12所示。正常固结土各分层自重应力平均值等于各分层土的先期固结压力，即 $p_{0i}=p_{ci}$，如图 6-13 所示，则固结压缩量的计算公式为：

$$s_c=\sum_{i=1}^{n}\varepsilon_i H_i=\sum_{i=1}^{n}\frac{\Delta e_i}{1+e_{0i}}H_i=\sum_{i=1}^{n}\frac{C_{ci}}{1+e_{0i}}H_i\lg\left(\frac{p_{0i}+\Delta p_i}{p_{0i}}\right)\tag{6-23}$$

式中 ε_i ——第 i 层土的侧限压缩应变；

H_i ——第 i 层土的厚度；

Δe_i ——第 i 层土孔隙比的变化；

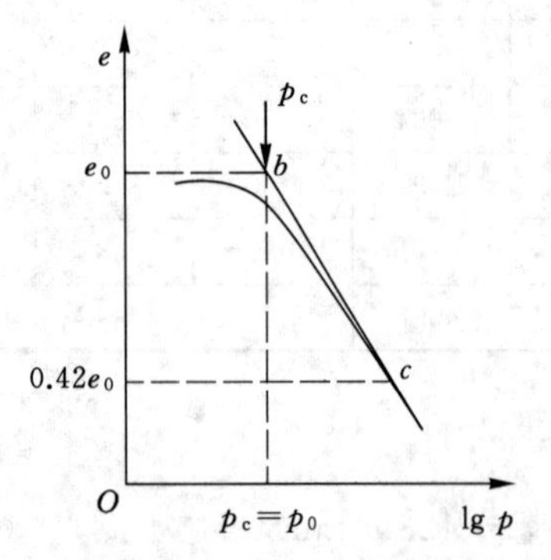

图 6-12　正常固结土的原位压缩曲线图

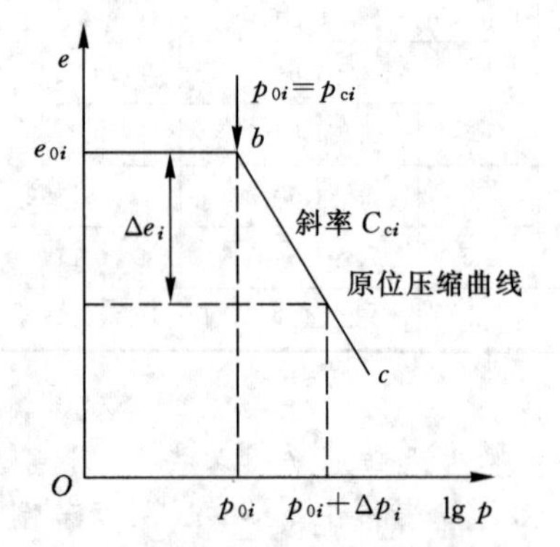

图 6-13　正常固结土的孔隙比变化

e_{0i} ——第 i 层土的初始孔隙比；

C_{ci} ——第 i 层土的原位压缩指数；

p_{0i} ——第 i 层土的自重应力平均值，$p_{0i}=(\sigma_{ci}+\sigma_{c(i-1)})/2$；

p_{ci} ——第 i 层土的先期固结压力平均值；

Δp_i ——第 i 层土的附加应力平均值，$\Delta p_i=(\sigma_{zi}+\sigma_{z(i-1)})/2$。

2. 欠固结土的沉降计算

欠固结土的沉降不仅包括地基受附加应力所引起的沉降，而且还包括地基土在自重作用下尚未固结的那部分沉降。可近似地按正常固结土一样的计算方法求得原位压缩曲线来计算孔隙比的变化 Δe_i，Δe_i 包括两部分：一部分是各分层从现有的实际有效应力 p_{ci} 至地基土在自重作用下固结结束时达到的土自重应力 p_{0i} 所引起的孔隙比变化 $\Delta e'_i$；另一部分是从 p_{0i} 至 Δp_i+p_{0i} 所引起的孔隙比变化 $\Delta e''_i$，这些孔隙比的变化均沿着图 6-14 所示的原位压缩曲线 bc 段发生，所以计算公式为：

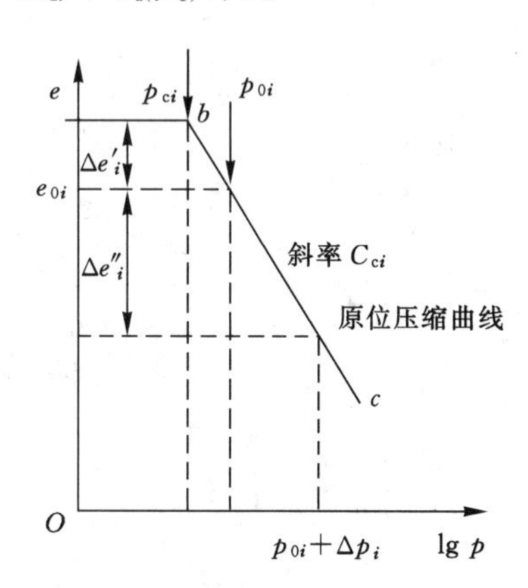

图 6-14　欠固结土的孔隙比变化

$$\Delta e_i=\Delta e'_i+\Delta e''_i=-C_{ci}\lg\left(\frac{p_{0i}+\Delta p_i}{p_{ci}}\right) \tag{6-24}$$

将上式代入 $s=\dfrac{e_1-e_2}{1+e_1}H$，即可得到第 i 层土的压缩量为：

$$s=\frac{H_i}{1+e_{0i}}C_{ci}\left(\lg\frac{p_{0i}+\Delta p_i}{p_{ci}}\right) \tag{6-25}$$

于是，地基的固结沉降量为：

$$s_c=\sum_{i=1}^{n}\frac{H_i}{1+e_{0i}}C_{ci}\left(\lg\frac{p_{0i}+\Delta p_i}{p_{ci}}\right) \tag{6-26}$$

3. 超固结土的沉降计算

超固结土原位压缩曲线分为两段，如图 6-15(a)所示，bc 段作法同正常固结土，$b'b$ 的斜率为 C_{ei}，b'为 e_{0i} 和 p_{0i} 交点，b 点压力为 p_{ci}。超固结土各分层 $p_{0i}<p_{ci}$，固结沉降 s_c 的计算应分下列两种情况：

① 当 $p_{0i}+\Delta p_i\geqslant p_{ci}$ 时，如图 6-15(a)所示，即孔隙比变化只沿着前期的直线段发生。此时沉降是由两部分加起来的，初始应力到拐点这一部分的沉降和拐点到应力增加这一部分沉降的总沉降。

$$s_{cn}=\sum_{i=1}^{n}\frac{\Delta e_i}{1+\Delta e_{0i}}H_i=\sum_{i=1}^{n}\frac{\Delta e'_i+\Delta e''_i}{1+\Delta e_{0i}}H_i$$

$$=\sum_{i=1}^{n}\frac{H_i}{1+e_{0i}}\left(C_{ei}\lg\frac{p_{ci}}{p_{0i}}+C_{ci}\lg\frac{p_{0i}+\Delta p}{p_{ci}}\right) \tag{6-27}$$

式中　n ——土层中 $p_{0i}+\Delta p_i\geqslant p_{ci}$ 的土层数；

Δe_i ——第 i 层土的总孔隙比的变化；

$\Delta e'_i$ ——第 i 分层土由现有土平均自重应力 p_{0i} 增至该分层前期固结压力 p_{ci} 的孔隙比变化，即沿着压缩曲线 $b'b$ 段发生的孔隙比变化，$\Delta e'_i = C_{ei}\lg\dfrac{p_{ci}}{p_{0i}}$；

$\Delta e''_i$ ——第 i 分层由前期固结压力 p_{ci} 增至 $p_{0i}+p_{ci}$ 的孔隙比变化，即沿着压缩曲线 bc 段发生的孔隙比变化 $\Delta e''_i = C_{ci}\lg\dfrac{p_{0i}+\Delta p_i}{p_{ci}}$；

C_{ei} ——第 i 层土的回弹指数。

② 当 $p_{0i}+\Delta p_i < p_{ci}$ 时，如图 6-15(b)所示，有：

$$s_{cm} = \sum_{i=1}^{m}\frac{\Delta e_i}{1+e_{0i}}H_i = \sum_{i=1}^{m}\frac{C_{ei}}{1+e_{0i}}H_i\lg\frac{p_{0i}+\Delta p_i}{p_{0i}} \tag{6-28}$$

式中，m 为土层中 $p_{0i}+\Delta p_i < p_{ci}$ 的分层数。

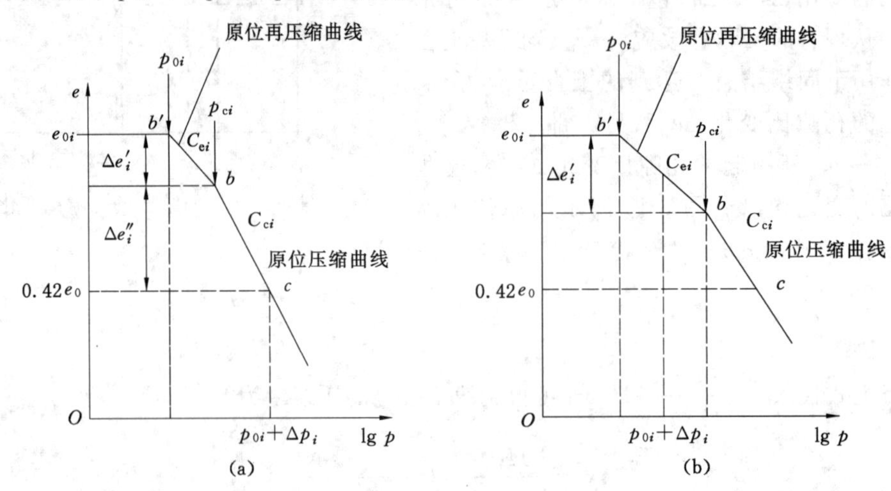

图 6-15　超固结土孔隙比变化

第三节　地基变形与时间的关系

饱和黏性土地基在建筑物荷载作用下要经过相当长时间才能达到最终沉降量，为了建筑物的安全与正常使用，对于一些特殊重要的建筑物应分析研究沉降与时间的关系，这是因为较快的沉降速率对于建筑物有较大的危害。本节主要分析地基变形与时间的关系，计算地基沉降所需时间、沉降量随着时间的变化，为控制变形发展、采取预防事故的措施以及为软土地基处理等提供依据。

一、渗压模型

饱和土的渗流固结，可借助如图 6-16 所示的弹簧活塞模型来说明，结合有效应力原理解释土体承受和传递附加应力。弹簧与土的固体颗粒构成的骨架相当，圆筒内的水与土骨架周围孔隙中的水相当，水从活塞内的细小孔排出相当于水在土中的渗透。

加载瞬间，作用于弹簧与水模型中各点的附加应力 σ 开始完全由模型中的水来承担，弹

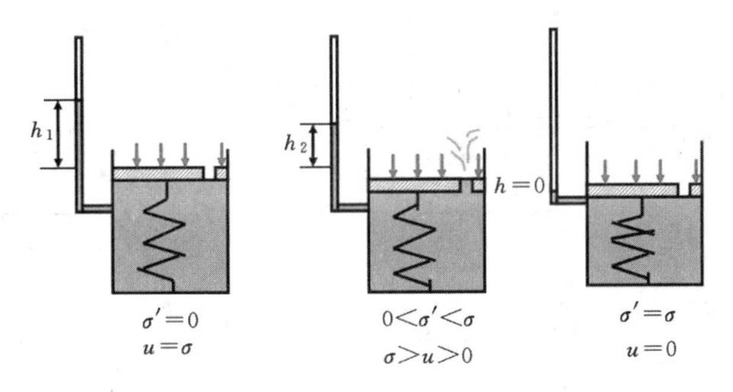

图 6-16　饱和土的渗流固结弹簧活塞模型

簧(相当于土骨架)还未来得及变形,不承担附加应力,即超静孔隙水压力 $u=\sigma$,弹簧承担的有效应力 σ' 为零;随后模型圆筒内的水开始从活塞内的小孔排出,活塞下降,弹簧受压所提供的反力平衡了一部分 σ ,弹簧承担的有效应力 σ' 逐渐增加,相应的超静孔隙水压力 u 逐渐减小;水在超静孔隙水压力的作用下继续渗流,弹簧继续下降,弹簧提供的反力逐渐增加,直至最后全部附加应力 σ 由弹簧承担,即 $\sigma'=\sigma$,超静孔隙水压力 u 消散为零。

二、太沙基一维固结理论

1. 基本假设

① 土层是均质的、完全饱和的;

② 土颗粒和水不可压缩;

③ 土的压缩和排水仅在竖直方向发生;

④ 土中水的渗流服从达西定律,土的渗透系数 k 不变;

⑤ 孔隙比的变化与有效应力的变化成正比,压缩系数 a 为常数;

⑥ 外荷载一次瞬时施加,并且假定荷载是常数。

2. 固结微分方程的建立

如图 6-17 所示,在厚度为 H 的可压缩饱和土层上面施加无限均布荷载 p,土中附加应力沿深度均匀分布(面积为 $abce$),土层上面为排水边界,底面为不透水边界,土层只在竖直方向发生渗透和变形,有关条件符合基本假定,考察土层顶面以下 z 深度的微元体 $\mathrm{d}x\mathrm{d}y\mathrm{d}z$ 在 $\mathrm{d}t$ 时间内的变化。

① 连续性条件:$\mathrm{d}t$ 时间内微元体内水量的变化应等于微元体内孔隙体积的变化。$\mathrm{d}t$ 时间内微元体内水量 Q 的变化为:

$$\mathrm{d}Q=\frac{\partial Q}{\partial t}\mathrm{d}t=\left[q\mathrm{d}x\mathrm{d}y-(q-\frac{\partial q}{\partial z}\mathrm{d}z)\mathrm{d}x\mathrm{d}y\right]\mathrm{d}t=\frac{\partial q}{\partial z}\mathrm{d}x\mathrm{d}y\mathrm{d}z\mathrm{d}t \tag{6-29}$$

式中,q 为单位时间内流过单位水平横截面积的水量。

$\mathrm{d}t$ 时间内微元体内孔隙体积 V_v 的变化为:

$$\mathrm{d}V_v=\frac{\partial V_v}{\partial t}\mathrm{d}t=\frac{\partial(eV_s)}{\partial t}\mathrm{d}t=\frac{1}{1+e_1}\frac{\partial e}{\partial t}\mathrm{d}x\mathrm{d}y\mathrm{d}z\mathrm{d}t \tag{6-30}$$

式中　V_s——固体体积,$V_s=\dfrac{1}{1+e_1}\mathrm{d}x\mathrm{d}y\mathrm{d}z$,不随时间而变;

e_1——渗流固结前初始孔隙比。

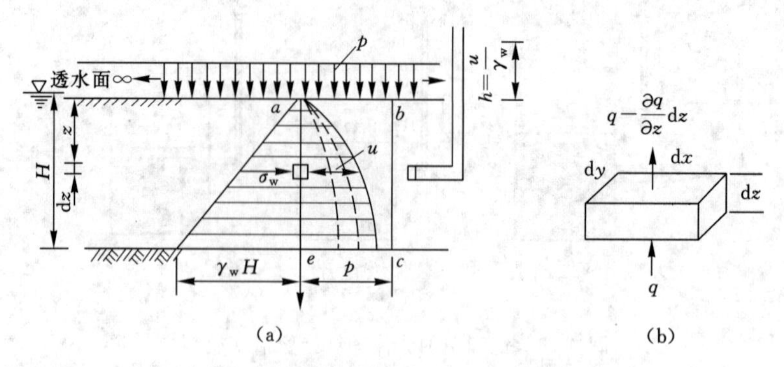

图 6-17　饱和黏性土的一维渗流固结

(a) 一维渗流固结土层；(b) 微元体

在 dt 时间内，微元体内孔隙体积的减少应等于微元体内水量的变化，即 $dQ=dV_v$，得：

$$\frac{1}{1+e_1}\frac{\partial e}{\partial t}=\frac{\partial q}{\partial z} \tag{6-31}$$

② 根据达西定律，有：

$$q=ki=k\frac{\partial h}{\partial z}=\frac{k}{\gamma_w}\frac{\partial u}{\partial z} \tag{6-32}$$

式中　i ——水力坡度；

h ——超静水头；

u ——超静孔隙水压力。

③ 根据侧限条件下孔隙比的变化与竖向有效应力变化的关系(见基本假设)，得到：

$$\frac{\partial e}{\partial t}=-a\frac{\partial \sigma'}{\partial t} \tag{6-33}$$

④ 根据有效应力原理，式(6-33)变为：

$$\frac{\partial e}{\partial t}=-a\frac{\partial \sigma'}{\partial t}=-a\frac{\partial(\sigma-u)}{\partial t}=a\frac{\partial u}{\partial t} \tag{6-34}$$

上式在推导过程中利用了在一维固结过程中任一点竖向总应力 σ 不随时间而变的条件。将式(6-32)及式(6-34)代入式(6-31)，可得到：

$$\frac{a}{1+e_1}\frac{\partial u}{\partial t}=\frac{k}{\gamma_w}\frac{\partial^2 u}{\partial^2 z} \tag{6-35}$$

令 $C_v=\frac{k(1+e_1)}{a\gamma_w}=\frac{kE_s}{\gamma_w}$，则式(6-35)变为：

$$\frac{\partial u}{\partial t}=C_v\frac{\partial^2 u}{\partial^2 z} \tag{6-36}$$

式中　e_1——渗透固结前初始孔隙比；

k ——土的渗透系数，cm/a。

C_v ——土的竖向固结系数，cm²/a；C_v 反映了固结速度；C_v 与渗透系数 k 成正比，与压缩系数 a 成反比。

3. 固结微分方程的解析解

以下针对几种较简单的初始条件及边界条件对式(6-36)求解。

① 大面积均布载荷单面排水的初始条件及边界条件，如图 6-18 所示。

采用分离变量，求傅立叶级数解：

$$u_{z,t}=\frac{4p}{\pi}\sum_{m=1}^{\infty}\frac{1}{m}\sin\left(\frac{m\pi z}{2H}\right)e^{-m^2\left(\frac{\pi^2}{4}\right)T_v} \tag{6-37}$$

式中　m——奇正整数，$m=1,3,5,\cdots$；

e——自然对数底，$e=2.7182$；

H——孔隙水的最大渗径，在单面排水条件下为土层厚度；

T_v——无量纲的时间因数，$T_v=\frac{C_v}{H^2}t$。

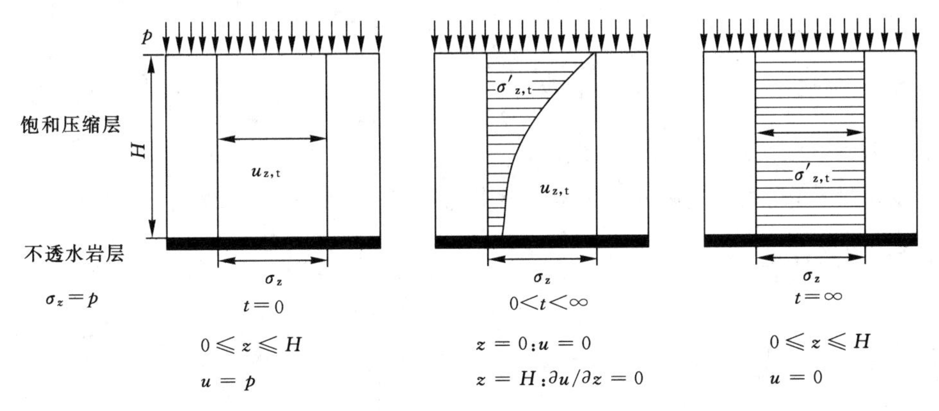

图 6-18　大面积均布载荷单面排水

② 土层单面排水，起始超孔隙水压力沿线性分布时，如图 6-19 和图 6-20 所示，定义 $\alpha=\frac{p_1}{p_2}$，初始条件及边界条件见表 6-5。

表 6-5　单面排水初始条件及边界条件

次序	时间	坐标	已知条件
1	$t=0$	$0\leqslant z\leqslant H$	$u=p_2\left[1+(\alpha-1)\frac{H-z}{H}\right]$
2	$0<t\leqslant\infty$	$z=0$	$u=0$
3	$0\leqslant t\leqslant\infty$	$z=H$	$\partial u/\partial z=0$
4	$t=\infty$	$0\leqslant z\leqslant H$	$u=0$

采用分离变量，求傅立叶级数解：

$$u_{z,t}=\frac{4p_2}{\pi^2}\sum_{m=1}^{\infty}\frac{1}{m^2}\left[m\pi\alpha+2(-1)^{\frac{m-1}{2}}(1-\alpha)\right]\sin\left(\frac{m\pi z}{2H}\right)e^{-m^2\left(\frac{\pi^2}{4}\right)T_v} \tag{6-38}$$

在实际中常取第一项，即取 $m=1$，得：

$$u_{z,t}=\frac{4p_2}{\pi^2}\left[\alpha(\pi-2)+2\right]\sin\left(\frac{\pi z}{2H}\right)e^{-\left(\frac{\pi^2}{4}\right)T_v} \tag{6-39}$$

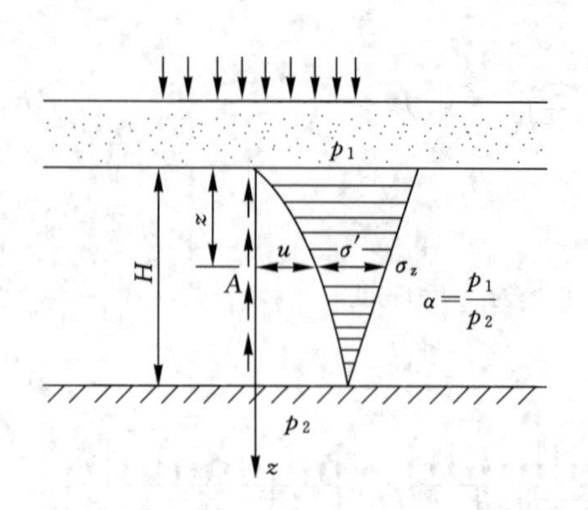

图 6-19　单面排水超孔隙水压力的消散

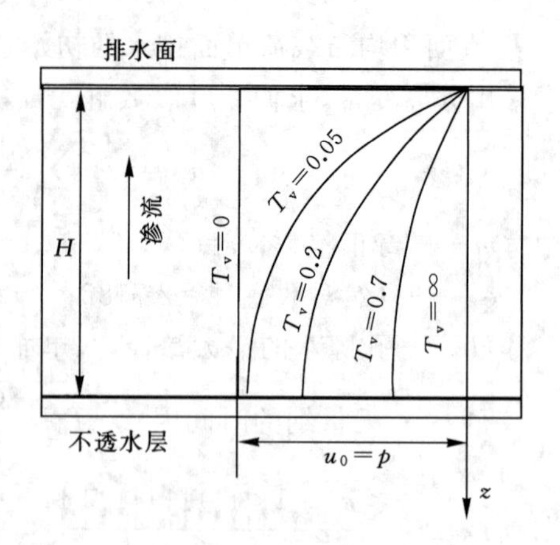

图 6-20　单面排水时孔隙水压力分布

③ 双面排水，起始超孔隙水压力沿线性分布，如图 6-21 和图 6-22 所示，定义 $\alpha=\frac{p_1}{p_2}$，初始条件及边界条件见表 6-6。

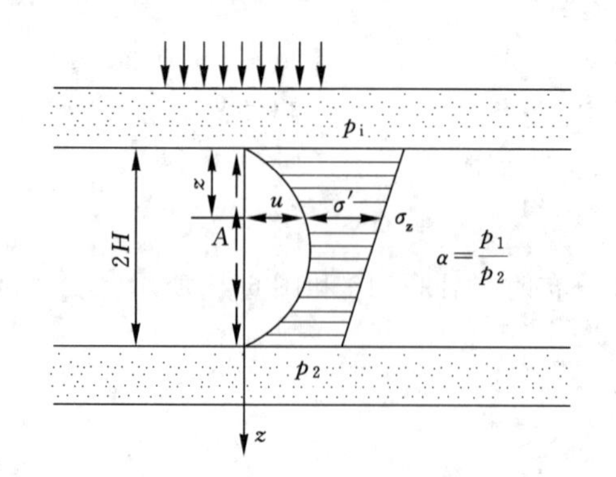

图 6-21　双面排水超孔隙水压力的消散

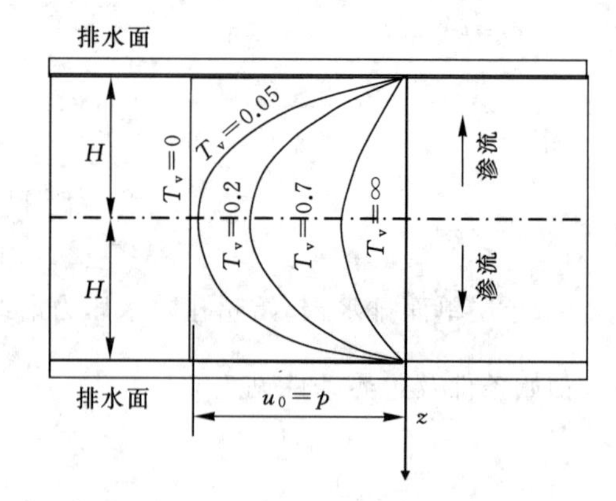

图 6-22　双面排水时孔隙水压力分布

表 6-6　双面排水初始条件及边界条件

次序	时间	坐标	已知条件
1	$t=0$	$0\leqslant z\leqslant H$	$u=p_2\left[1+(\alpha-1)\frac{H-z}{H}\right]$
2	$0\leqslant t\leqslant\infty$	$z=0$	$u=0$
3	$0\leqslant t\leqslant\infty$	$z=H$	$u=0$

采用分离变量法求得式(6-36)的特解为：

$$u_{z,t}=\frac{p_2}{\pi^2}\sum_{m=1}^{\infty}\frac{2}{m}\left[1-(-1)^m\alpha\right]\sin\left(\frac{m\pi(2H-z)}{2H}\right)e^{-m^2\left(\frac{\pi^2}{4}\right)T_v} \tag{6-40}$$

在实际中常取第一项，即取 $m=1$，得：

$$u_{z,t}=\frac{2p_2}{\pi}(1+\alpha)e^{-\left(\frac{\pi^2}{4}\right)T_v}\sin\frac{\pi(2H-z)}{2H} \tag{6-41}$$

三、固结度

1. 固结度的基本概念

某一点的固结度是指深度 z 处 A 点 t 时刻竖向有效应力与起始超孔隙水压力的比值，称为 A 点 t 时刻的固结度。

土层的平均固结度是指 t 时刻土层各点土骨架承担的有效应力图面积与起始超孔隙水压力(或附加应力)图面积之比，用 U_t 表示，即：

$$U_t=\frac{\text{有效应力图面积}}{\text{起始超孔隙水压力图面积}}=\frac{\int_0^H \sigma'_{z,t}\mathrm{d}z}{\int_0^H \sigma_z\mathrm{d}z}=1-\frac{\int u_{z,t}\mathrm{d}z}{\int \sigma_z\mathrm{d}z} \tag{6-42}$$

根据有效应力原理，土的变形只取决于有效应力，因此，对于一维竖向渗流固结，据式(6-42)土层的平均固结度又可以定义为：

$$U_t=\frac{\text{有效应力分布面积}}{\text{总应力分布面积}}=\frac{\int \sigma'_{z,t}\mathrm{d}z}{\int \sigma_z\mathrm{d}z}=\frac{\int \frac{a\sigma'_{z,t}}{1+e_1}\mathrm{d}z}{\frac{a\sigma_z}{1+e_1}H}=\frac{s_t}{s} \tag{6-43}$$

式中　$\frac{a}{1+e_1}$——根据基本假设，在整个渗流固结过程中为常数；

s_t——地基某时刻 t 的固结沉降；

s——地基最终的固结沉降。

2. 固结度计算

根据平均固结度的定义式(6-42)可以看出，当地基的固结应力 σ_z 已定的前提下 U_t 与 $u_{z,t}$ 有关，而要确定 $u_{z,t}$ 表达式中的待定常数，这是由土层的初始条件与边界条件即附加应力的分布形式和边界排水条件决定的。故平均固结度 U_t 的计算公式会因这两个因素的不同情况而异，可分以下三种基本情况来分析，如图 6-23 所示。

情况 1：由情况 1 对应的初始条件和边界条件求解微分方程式(6-36)，得到土层平均固结度为：

$$U_t=1-\frac{8}{\pi^2}\sum_{m=1}^{\infty}\frac{1}{m^2}e^{\left(-\frac{m^2\pi^2}{4}\right)T_v} \tag{6-44}$$

式中，m 为正奇数(1、3、5…)。

可见，土层的平均固结度是时间因数 T_v 的单值函数，它与所加固结应力的大小无关，但与土层中固结应力的分布有关。式(6-44)括号中的级数收敛很快，当 $U_t>30\%$ 时可近似地取其中的第一项：

$$U_t=1-\frac{8}{\pi^2}e^{-\frac{\pi^2}{4}T_v}=1-0.81e^{-\frac{\pi^2}{4}T_v} \tag{6-45}$$

由上式可以看出，$U_t \sim T_v$ 之间具有一一对应的递增关系，见图 6-24 中的曲线①。

情况 2：起始超静孔隙水压力 u_0 沿土层深度呈线性变化，单面排水情况，且排水面处 $u_0=0$。根据此时的边界条件和初始条件，解微分方程式(6-36)，可得到情况 2 对应的平均固

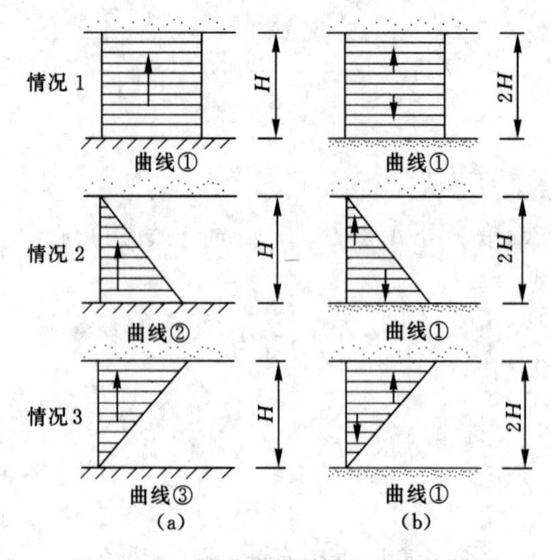

图 6-23　一维渗流固结的三种基本情况

结度为：

$$U_t = 1 - \frac{32}{\pi^3} \sum_{m=1}^{\infty} \frac{1}{m^3} e^{\left(-\frac{m^2\pi^2}{4}\right) T_v} \tag{6-46}$$

式(6-46)括号内是收敛级数，实际应用时取级数的第一项即可满足精度要求，于是式(6-46)可写成：

$$U_t = 1 - \frac{32}{\pi^3} e^{-\frac{\pi^2}{4} T_v} = 1 - 1.03 e^{-\frac{\pi^2}{4} T_v} \tag{6-47}$$

式(6-47)反映在 $U_t \sim T_v$ 关系曲线图 6-24 中的曲线②。

情况 3：起始超静孔隙水压力 u_0 沿土层深度呈线性变化，单面排水情况，不透水面处 $u_0 = 0$。根据此时的边界条件和初始条件，解微分方程式(6-36)，可得到情况 3 对应的平均固结度为：

$$U_t = 1 - 0.59 e^{-\frac{\pi^2}{4} T_v} \tag{6-48}$$

式(6-48)反映在 $U_t \sim T_v$ 关系曲线图 6-24 中的曲线③。

从上述可以看出，对于相同的时间因数，均布附加应力条件下的固结度都大于三角形附加应力条件下的固结度，即前者的固结速度要大于后者。注意式中 $T_v = \frac{C_v}{H^2} t$，H 为排水路径长度，单面排水时 H 为土层的厚度，双面排水时 H 为土层厚度的一半。

3. 固结度计算的讨论

固结度是时间因数的函数，时间因数 T_v 越大，固结度 U_t 越大，土层的沉降越接近于最终沉降量。从时间因数 $T_v = \frac{C_v}{H^2} t = \frac{k(1+e_1)}{a\gamma_w} \frac{t}{H^2}$ 的各个因子可清楚地分析出固结度与这些因数的关系：

① 渗透系数 k 越大，越易固结，因为孔隙水易于排出；

② $\frac{1+e_1}{a} = E_s$ 越大，即土的压缩性越小，越易固结，因为土骨架发生较小的压缩变形即

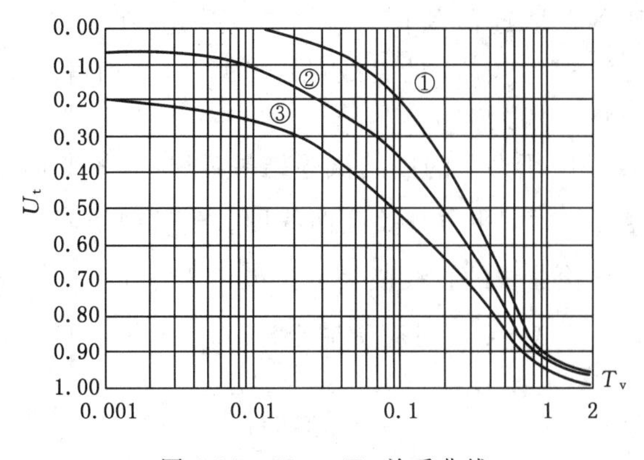

图 6-24　$U_t \sim T_v$ 关系曲线

能分担较大的外荷载，因此孔隙体积无须变化太大（不需排较多的水）；

③ 时间 t 越长，固结越充分；

④ 渗流路径 H 越大，孔隙水越难排出土层，固结越难。

四、固结系数 C_v 的确定

土的固结系数 C_v 是反映土体固结快慢的指标。在其他条件相同的情况下，土的固结系数越大，固结过程中土中超静孔隙水压力消散得越快，土体固结越快。因此，正确测定固结系数对估计固结速率有重要意义。如果已知土体的初始孔隙比、渗透系数和压缩系数，就可计算出相应的固结系数，但在固结过程中渗透系数和压缩系数不是定值，选用合适的参数较难。目前，常用的方法是通过固结试验直接测定，即通过试验得到某一级压力下的试样压缩量与时间的关系曲线，再结合理论公式来确定固结系数。如国标《土工试验方法标准》(GB/T 50123—2019)规定，需要测定沉降速率来确定固结系数时，施加每一级压力后宜按下列时间顺序测记试样的高度变化：6 s、15 s、1 min、2 min 15 s、4 min、6 min 15 s、9 min、12 min 15 s、16 min、20 min 15 s、25 min、30 min 15 s、36 min、42 min 15 s、49 min、64 min、100 min、200 min、400 min、23 h、24 h，直至稳定为止，对固结试验结果采用时间平方根法确定固结系数。

时间平方根法的依据是，在均布附加应力作用下土体一维渗流固结过程中固结度 U_t 和时间因素 T_v 的关系 $U_t = 1 - \frac{8}{\pi^2}\sum_{m=1}^{\infty}\frac{1}{m^2}e^{\left(-\frac{m^2\pi^2}{4}\right)T_v}$，当固结度 $U_t > 60\%$ 时，它们之间的关系式近似于抛物线：

$$T_v = \frac{\pi}{4}U_t^2 \tag{6-49}$$

或

$$U_t = \sqrt{T_v \frac{4}{\pi}} = 1.128\sqrt{T_v} \tag{6-50}$$

U_t 和 $\sqrt{T_v}$ 呈线性关系，以 $\sqrt{T_v}$ 为横坐标，U_t 为纵坐标，将理论固结曲线与近似固结曲线绘制于同一坐标纸上，如图 6-25 所示。$U_t > 60\%$ 部分随着 $\sqrt{T_v}$ 的增大与理论固结曲线偏差也越来越大；当 $U_t > 90\%$ 时，理论固结曲线 $T_v = 0.848$，$\sqrt{T_v} = 0.921$，近似固结曲线

上的 $\sqrt{T_v}=0.798$，理论值是近似值的 1.15 倍。因此，在图 6-25 中通过原点作过点 $M(0.798,90\%)$ 和点 $N(0.921,90\%)$ 的直线，后者的斜率是前者的 1.15 倍，据此可在实测固结曲线上找到 $U_t=90\%$ 时的点。

如图 6-26 所示为某一级压力下的固结试验结果，以试样的变形 s 为纵坐标，时间平方根 $\sqrt{t}$ 为横坐标，绘制变形与时间平方根关系曲线图。延长曲线开始段的直线，消除瞬时沉降，交纵坐标于 O' 点。试验曲线的直线段表示为 $\sqrt{t}=ks_t$；过 O' 点作另一直线，直线 $\sqrt{t}=1.15ks_t$，与试验曲线交于点 A，点 A 对应于横坐标 $\sqrt{t_{90}}$（$T_v=0.848$），此时该压力下的固结系数按下式计算：

$$C_v=\frac{0.848H^2}{t_{90}} \tag{6-51}$$

式中，H 为土样在该级荷载作用下平均厚度的 1/2（试验条件对应于两面排水情况），可取沉降前和沉降终止后厚度的平均值。

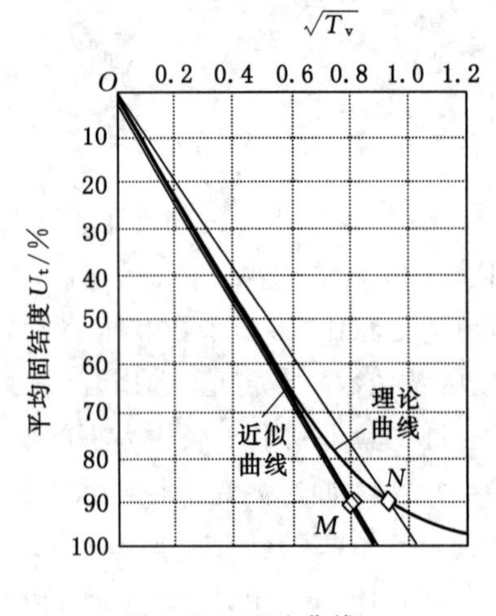

图 6-25 理论曲线

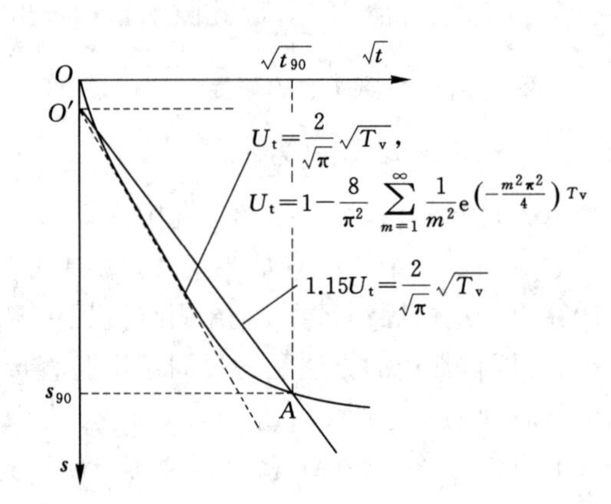

图 6-26 固结试验曲线

五、变形与时间关系的计算

根据土的固结度的定义公式(6-43)，可得地基固结过程中任意时刻的沉降量的计算表达式为：

$$s_t=U_t s \tag{6-52}$$

式中符号意义同式(6-43)。

计算某一时刻的沉降量的步骤如下：

① 计算地基附加应力沿深度的分布；

② 计算地基竖向固结量；

③ 计算土层的竖向固结系数和竖向固结时间因数；

④ 求解地基固结过程中某一时刻 t 的竖向变形量。

另一种类型计算是求达到某一沉降所需时间。

【例题 6-2】 某饱和黏土层厚 8 m，已知土层上下两面均为透水层，黏土的渗透系数 $k=0.015\ \text{m/a}$，初始孔隙比 $e=1.08$，压缩系数 $a=0.2\ \text{MPa}^{-1}$。如果土层表面作用无限均布荷载 $p_0=150\ \text{kPa}$，试计算：

① 渗流固结完成后的地面沉降量；

② 施加地面堆载半年后的地面沉降量；

③ 沉降量达到 100 mm 所需的时间。

解： ① 渗流固结完成后的地面沉降量为：

$$s=\frac{a}{1+e}p_0H=\frac{0.2\times10^{-3}}{1+1.08}\times150\times8=0.115\ (\text{m})=115\ (\text{mm})$$

② 根据已知条件求得固结系数为：

$$C_v=\frac{k(1+e)}{a\gamma_w}=\frac{0.015\times(1+1.08)}{0.2\times10^{-6}\times10^4}=15.6\ (\text{m}^2/\text{a})$$

由于是双面排水，取 $H'=H/2=4\ \text{m}$，所以竖向时间固结系数为：

$$T_v=\frac{C_v}{H'^2}t=\frac{15.6\times0.5}{4^2}=0.487\ 5$$

$$U_t=1-\frac{8}{\pi^2}e^{-\frac{\pi^2}{4}T_v}=0.756$$

$$s_t=sU_t=115\times0.756=86.94\ (\text{mm})$$

③ 沉降量为 100 mm 时土层的平均固结度为：

$$U_t=\frac{s_t}{s}=\frac{100}{115}=0.87$$

由于 $U_t>30\%$，所以：

$$U_t=1-\frac{8}{\pi^2}e^{-\frac{\pi^2}{4}T_v}=0.87$$

解得 $T_v=0.74$，所以沉降量达 100 mm 所需的时间为：

$$t=\frac{T_vH'^2}{C_v}=\frac{0.74\times4^2}{15.6}=0.76\ (\text{a})$$

▶概念与术语

沉降量

沉降差

倾斜

局部倾斜

瞬时沉降（瞬时变形）

主固结沉降（固结变形）

次固结沉降（次固结变形）

固结度

▶能力及学习要求

1. 掌握计算地基沉降的原始压缩曲线法。
2. 掌握计算地基沉降的应变系数法。
3. 掌握计算地基沉降的弹性理论法。
4. 掌握计算地基沉降的应力面积法。

5. 掌握利用太沙基一维固结理论计算沉降时间关系的方法。

6. 掌握次固结沉降的计算方法。

▶练习题

6-1　某土层厚度为 5 m，原自重压力 $p_1=100$ kPa。今考虑在该土层上修建建筑物，估计会增加压力 $\Delta p=150$ kPa。该土层的压缩变形量为多少？（土层压缩试验结果见表 6-7）

表 6-7　习题 6-1 土层压缩试验结果

p /kPa	0	50	100	200	300	400
e	1.406	1.250	1.120	0.990	0.910	0.850

6-2　有一饱和黏土层，厚 4 m，饱和重度 $\gamma_{sat}=19$ kN/m³，土粒重度为 $\gamma_s=27$ kN/m³，其下为不透水岩层，其上覆盖 5 m 的砂土，其天然重度 $\gamma=16$ kN/m³，如图 6-27 所示。现于黏土层中部取土样进行压缩试验，测得压缩指数 $C_c=0.17$，回弹再压缩指数 $C_e=0.02$，并测得先期固结压力 $p_c=140$ kPa 。问：① 此黏土层是否为超固结土？② 若地表施加大面积均布荷载 80 kPa，黏土层下沉多少？

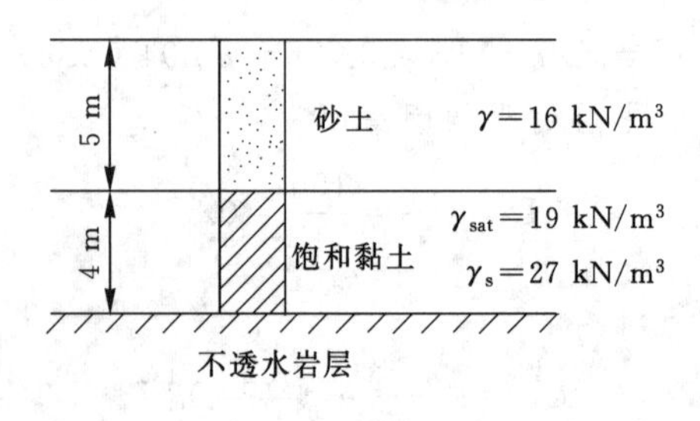

图 6-27　习题 6-2 图

6-3　某饱和黏土层厚 4 m，顶面和底面均为透水砂层。取厚度为 20 mm 的土样在双面排水条件下施加 100 kPa 的压力进行固结试验，压力施加 180 s 后测得土样的压缩量已达到总压缩量的 40%，问：① 现场土层在同样大压力的无限均布荷载作用下，沉降量达到最终沉降量的 40%需要多长时间？② 若现场土层施加的无限均布荷载 $p_0=200$ kPa，沉降量达到最终沉降量的 80%需要多长时间？

6-4　上下底面都被砂层夹着的厚度为 10 m 的饱和黏土层，在大面积构筑物载荷的作用下固结，其最终沉降量推算出是 60 cm，由试验得出该黏土层的固结系数 $C_v=3.0\times10^{-2}$ cm²/min。问：① 沉降达到最终沉降量的一半时的天数是多少？② 一年后黏土层的固结度和下沉量是多少？③ 假如黏土层下面是不透水地基，达到最终沉降量一半的天数是多少？

6-5　某均质黏性土地基厚 5.5 m，矩形基础长 3.6 m，宽 2.0 m，埋深 1.5 m，上部荷载 $F=900$ kN，$\gamma=16$ kN/m³，$a=0.4$ MPa^{-1}，$e_1=0.8$，地基承载力特征值 $f_{ak}=125$ kPa，试用应力面积法计算基础中心的最终沉降量。

6-6　某建筑采用独立基础，基础平面尺寸为 4 m×6 m，基础埋深 1.5 m，拟建场地地下水位距地表 1.0 m，地基土层分布及主要物理力学参数见表 6-8。假如作用于基础底面的基底附加应力(标准值) $p_0=80$ kPa，第④层是超固结土($OCR=1.5$)，可作为不压缩层考虑，沉降计算系数 Ψ_s 取 1.0。试按《建筑地基基础设计规范》(GB 50007—2011)计算独立基础最终沉降量。

表 6-8　习题 6-6 土层物理力学参数

层序	土名	层底厚度 /m	含水率 /%	天然重度 /(kN/m³)	孔隙比 e	液性指数 I_L	压缩模量 /MPa
①	填土	1.00		18.0			
②	粉土黏土	3.50	30.5	18.7	0.82	0.7	7.5
③	淤泥质黏土	7.90	48.0	17.0	1.38	1.2	2.4
④	黏土	15.00	22.5	19.7	0.68	0.35	9.9

▶研讨选题参考

1. 吹填土的沉降计算。
2. 改进一维固结理论假设时，固结沉降随时间的变化有何不同。

第七章 土坡稳定性分析

内容提要

土坡稳定性是工程建设中十分重要的问题。在工程实践中，一般采用极限平衡法分析土坡的稳定性。本章主要介绍土坡破坏的形式和失稳机理，无渗流和有渗流作用时无黏性土坡的稳定性分析，黏性土坡稳定性分析的瑞典圆弧法、条分法等，并讨论边坡稳定分析中抗剪强度参数的取值，孔隙水压力对土坡稳定性的影响等问题。

第一节 土坡破坏形式与失稳机理

一、基本概念

斜坡(边坡)是指地壳表层一切具有侧向临空面的地质体。斜坡变形破坏又称斜坡运动，为一种动力地质现象，是指地表斜坡岩土体在自重应力和其他外力作用下所产生的向坡外的缓慢或快速运动。

土坡可分为天然土坡和人工土坡。天然土坡是指由地质作用形成的山坡和江河湖海的岸坡；人工土坡是指因人类平整场地、开挖基坑、开挖路堑或填筑路堤和土坝形成的边坡，其简单外形和各部分的名称如图 7-1 所示。

二、土坡的滑动破坏形式

根据滑动的诱因，土坡的滑动可分为推移式滑坡和牵引式滑坡。推移式滑坡是由于坡顶超载或地震等因素导致下滑力大于抗滑力而失稳；牵引式滑坡主要是由于坡脚受到切割导致抗滑力减小而破坏。

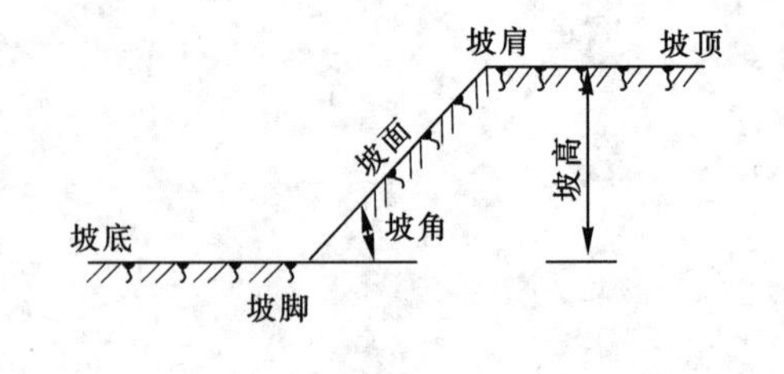

图 7-1 边坡各部分名称

根据滑动面形状的不同，滑坡通常有以下两种形式：

① 平移型：滑动面为平面的滑坡，常发生在均质的和成层非均质的无黏性土构成的土坡中。

② 旋转型:滑动面为近似圆弧面的滑坡,常发生在黏性土坡中。

三、土坡滑动失稳的机理

土坡滑动失稳的原因一般有以下两类情况:

① 外界力的作用破坏了土体内原来的应力平衡状态。如基坑的开挖,由于地基内自身重力发生变化,又如路堤的填筑、土坡顶面上作用外荷载、土体内水的渗流、地震力的作用等。

② 土的抗剪强度由于受到外界各种因素的影响而降低,促使土坡失稳破坏。

滑坡的实质是土坡内滑动面上作用的滑动力超过了土的抗剪强度。土坡的稳定程度通常用稳定系数来衡量,它表示土坡在预计的最不利条件下具备的安全保障。土坡的稳定系数为滑动面上的抗滑力矩 M_r 与滑动力矩 M_s 之比值,即 $F_s=M_r/M_s$(或是抗滑力 T_f 与滑动力 T 之比值,即 $F_s=T_f/T$);或为土体的抗剪强度 τ_f 与土坡最危险滑动面上产生的剪应力 τ 的比值,即 $F_s=\tau_f/\tau$;也有用黏聚力、内摩擦角、临界高度表示的。对于不同的情况,采用不同的表达方式。土坡稳定分析的可靠程度在很大程度上取决于计算中土的物理力学性质指标(主要是土的抗剪强度指标 c、φ 及土的重度 γ 值),选用得当,才能获得符合实际的稳定分析结果。

第二节 无黏性土坡稳定性分析

一、无渗流作用下的无黏性土坡稳定性分析

均质无黏性土颗粒间无黏聚力,对于无渗流作用下的无黏性土干坡或水准以下土坡来说,只要坡面上的土颗粒能够保持稳定,那么整个土坡便是稳定的。图 7-2 为一均质无黏性滑坡,土的重度为 γ,内摩擦角为 φ。沿土坡长度方向截取任取一小块土体来分析其稳定性,简化为平面应变问题;土坡的坡角为 β,设土块的自重 $W=\gamma\Delta V$,沿坡滑动力 $T=W\sin\beta$;对坡面压力 $N=W\cos\beta$;抗滑力 $T_f=N\tan\varphi=W\cos\beta\tan\varphi$,则土坡稳定系数为:

$$F_s=\frac{T_f}{T}=\frac{W\cos\beta\tan\varphi}{W\sin\beta}=\frac{\tan\varphi}{\tan\beta} \tag{7-1}$$

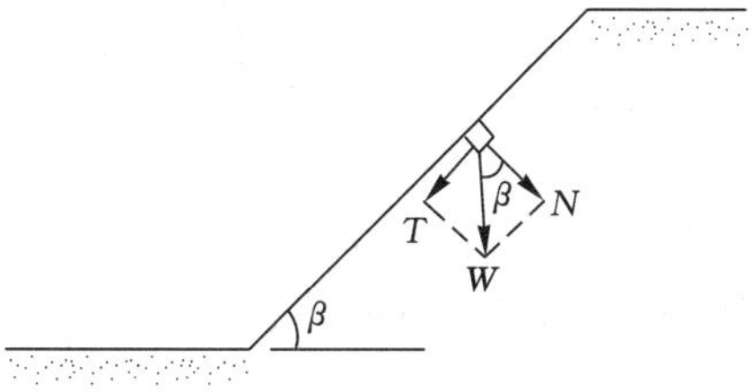

图 7-2 无渗流作用下的无黏性土坡稳定性分析

当 $\beta=\varphi$ 时,$F_s=1.0$,土坡处于极限平衡状态,相应的坡角就等于无黏性土的内摩擦角,此时坡角 β 称为天然休止角。可见,$F_s=\dfrac{\tan\varphi}{\tan\beta}$,稳定系数与土重度无关,与坡高无关,

仅取决于坡角 β 的大小，只要坡角 β 小于内摩擦角 φ，土坡总是稳定的。

二、渗流作用下的无黏性土坡稳定性分析

(1) 渗流方向与坡面不平行

如图 7-3 所示，当土坡中有渗流通过时，此时土坡多了一个渗透力 $j=i\gamma_w$；j 产生的下滑力和法向力分别为 $i\gamma_w\cos(\beta-\theta)$ 和 $i\gamma_w\sin(\beta-\theta)$，则土坡的稳定系数为：

$$F_s=\frac{T_f}{T}=\frac{[\gamma'\cos\beta-i\gamma_w\sin(\beta-\theta)]\tan\varphi}{\gamma'\sin\beta+i\gamma_w\cos(\beta-\theta)} \tag{7-2}$$

式中 γ' ——土体的浮重度，kN/m³；

γ_w ——水的重度，kN/m³；

i ——水力坡度。

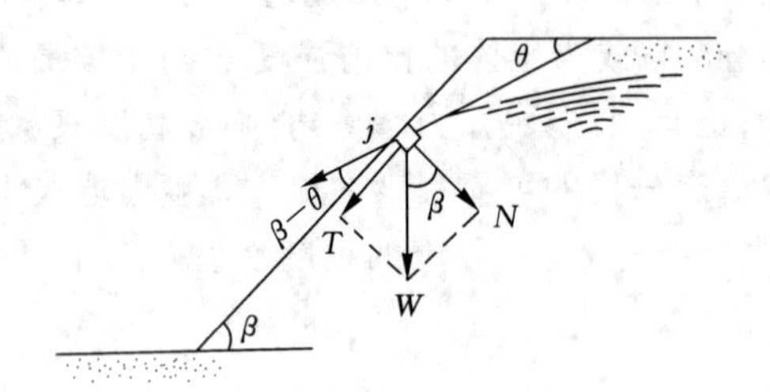

图 7-3 渗流作用下的无黏性土坡稳定性分析

(2) 顺坡面渗流

当渗流顺坡时，$\theta=\beta$，其水力坡度 $i=\sin\beta$，代入式(7-2)，则土坡的稳定系数为：

$$F_s=\frac{T_f}{T}=\frac{[\gamma'\cos\beta-i\gamma_w\sin 0]\tan\varphi}{\gamma'\sin\beta+\sin\beta\gamma_w\cos 0}$$

$$F_s=\frac{T_f}{T}=\frac{\gamma'\tan\varphi}{(\gamma'+\gamma_w)\tan\beta}=\frac{\gamma'\tan\varphi}{\gamma_{sat}\tan\beta} \tag{7-3}$$

由此可见，当存在顺坡渗流时，土坡稳定系数降低，当 $\gamma_{sat}=20$ kN/m³ 时，$\gamma'/\gamma_{sat}\approx 1/2$，即稳定系数降低了一半。

(3) 水平渗流

当渗流方向水平时，$i=\tan\beta$，代入式(7-2)，则土坡的稳定系数为：

$$F_s=\frac{T_f}{T}=\frac{(\gamma'-\gamma_w\tan^2\beta)\tan\varphi}{(\gamma'+\gamma_w)\tan\beta} \tag{7-4}$$

$$F_s=\frac{\gamma'-\gamma_w\tan^2\beta}{\gamma'+\gamma_w}<\frac{1}{2}$$

由此可见，当土坡中存在水平方向的渗流时，其稳定系数与无渗流时候相比降低了一半多。

【例题 7-1】 有一均质的无黏性土体，其饱和重度为 18.0 kN/m³，内摩擦角为 30°。土体中有一滑坡，当要求稳定系数达到 1.25 时，求下列情形下土坡的安全角度：(1) 无渗流作用条件下的无黏性土坡；(2) 存在顺坡渗流的无黏性土坡。

解：(1) 无渗流作用条件下的无黏性土土坡

$$F_s=\frac{\tan\varphi}{\tan\beta},\tan\beta=\frac{\tan\varphi}{F_s}=\frac{0.577\ 4}{1.25},\beta=25°$$

(2) 存在顺坡渗流的无黏性土土坡

$$F_s=\frac{\gamma'\tan\varphi}{\gamma_{sat}\tan\beta},\tan\beta=\frac{(18-9.81)\times0.577\ 4}{1.25\times18}=0.21,\beta=12°$$

可见,有顺坡渗流时的坡角比无渗流作用下的无黏性土坡的坡角小一半。

第三节　黏性土坡稳定性分析

均质黏性土失稳时,常常是沿着曲面滑动,近似为圆弧面。分析黏性土坡稳定性的方法有多种,这里主要介绍瑞典圆弧法和条分法。

一、瑞典圆弧法

均质黏性土坡滑动时,滑动面近似为圆弧形状,假定滑动面以上的土体为刚体,按平面应变问题考虑。

如图 7-4 所示,分析时在土坡长度方向截取单位长土坡,按平面问题分析。若可能的圆弧滑动面为 ADC,其圆心为 O,半径为 R 。滑动土体的重力为 W ,它是促使土坡滑动的力;沿着滑动面 ADC 上分布的土的抗剪强度 τ_f 是抵抗土坡滑动的力。将滑动力 W 及抗滑力 τ_f 分别对圆心 O 取矩,可得滑动力矩 M_s 及稳定力矩 M_r :

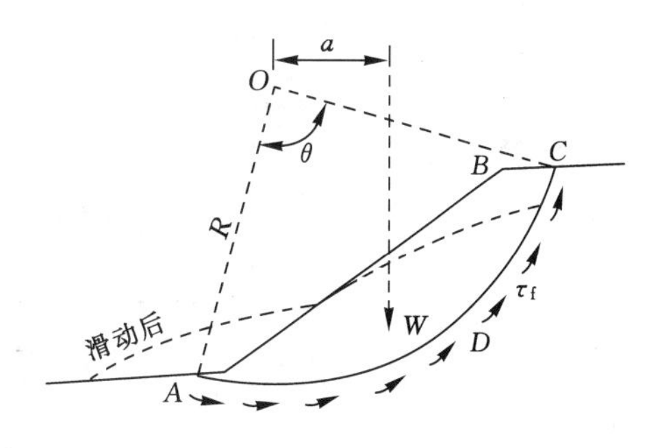

图 7-4　圆弧法的计算图示

$$M_s=Wa \tag{7-5}$$

$$M_r=\tau_f\widehat{L}R \tag{7-6}$$

式中　W ——滑动体的重力,kN;

a —— W 对 O 点的力臂,m;

τ_f ——土的抗剪强度,按库仑定律 $\tau_f=\sigma\tan\varphi+c$ 计算,kPa;

c ——土的黏聚力,kPa;

φ ——土的内摩擦角,(°);

$\widehat{L}$ ——滑动圆弧 ADC 的长度,m;

R ——滑动圆弧面的半径,m。

土坡滑动的稳定系数为:

$$F_s=\frac{M_r}{M_s}=\frac{\tau_f\widehat{L}R}{Wa} \tag{7-7}$$

$$F_s=\frac{c_u\widehat{L}R}{Wa}=\frac{c_uR^2\theta}{Wa} \tag{7-8}$$

由于土的抗剪强度沿滑动面 ADC 上的分布是不均匀的,因此直接用式(7-8)计算的土坡的稳定系数有一定的误差。为了保证土坡的稳定，F_s 必须大于1.0。注意本方法中圆心 O 及半径 R 是任意假设的，还必须计算若干组(O, R)找到最小稳定系数，确定最危险滑动面。

瑞典圆弧法假设的滑动面对象是刚性滑动体，滑动面上极限平衡适用于软黏土不排水的计算条件下。

【例题 7-2】 如图7-5所示为一个黏性土路堤，该土层的力学性质指标 $c_u=20$ kPa，$\varphi_u=0$。土体重度为19 kN/m³。滑动区的重力为346 kN，偏心距为5 m。假设没有张裂缝发展，根据所显示的圆弧滑动面，确定其稳定系数；如果移除路堤的阴影部分，稳定系数又会是多少？

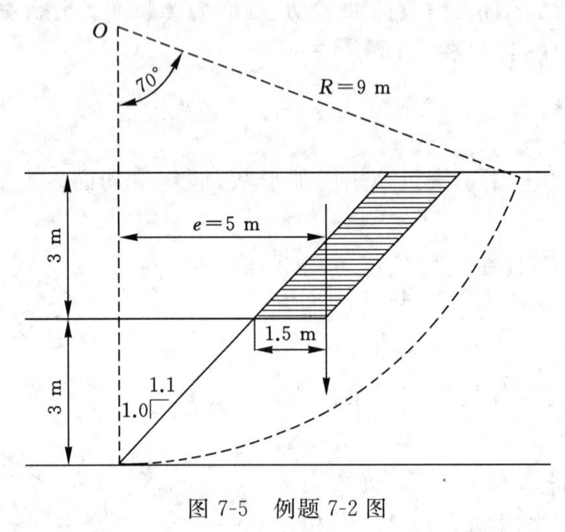

图7-5 例题7-2图

解：(1) 滑动力矩 $M_s=346\times5=1\ 730$ (kN·m)

稳定力矩 $M_r=c_uR^2\theta=20\times9^2\times\dfrac{70}{180}\times\pi=1\ 980$ (kN·m)

因此，$F_s=\dfrac{1\ 980}{1\ 730}=1.14$

(2) 移除土层的重力为 $W=1.5\times3\times19=85.5$ (kN)

偏心距为 $e'=3.3+\dfrac{3.3+1.5}{2}=5.7$ (m)

滑动力矩 $M_s'=1\ 730-5.7\times85.5=1\ 242.65$ (kN·m)

因此，$F'_s=\dfrac{1\ 980}{1\ 242.65}=1.59$

二、条分法

(一) 费伦纽斯条分法

从前面分析可知，由于圆弧滑动面上各点的法向应力不同，因此土的抗剪力各点也不相同，这样就不能直接应用瑞典圆弧法计算土坡稳定安全系数。费伦纽斯在瑞典圆弧滑动法的基础上提出的条分法是解决这一问题的基本方法，至今仍得到广泛应用。

如图 7-6 所示，取单位长度土坡按平面问题计算。设可能滑动面是一圆弧 AD，圆心为 O，半径为 R。将滑动土体 $ABCDA$ 分成许多竖向土条，土条的宽度一般可取 $b=0.1R$，求各土条对滑动圆心的抗滑力矩和滑动力矩，各取其总和，计算稳定系数。

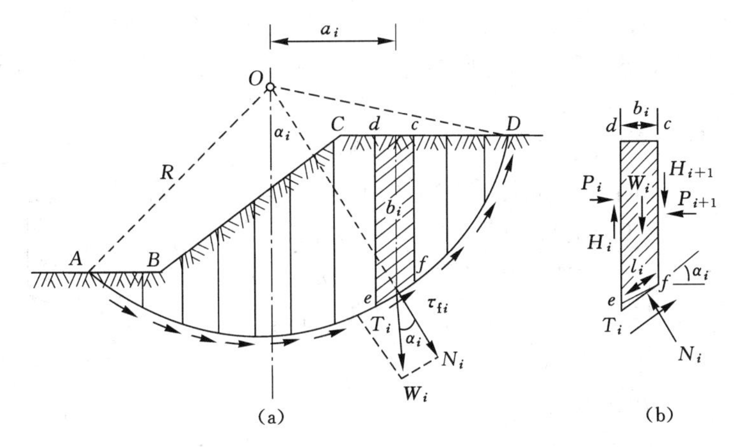

图 7-6　费伦纽斯条分法计算土坡稳定系数

分析任一土条 i 上的作用力(假定不考虑土条两侧的作用力，互相抵消)：

N_i 方向静力平衡：

$$N_i = W_i \cos \alpha_i$$

滑动面上极限平衡：

$$T_i = \frac{c_i l_i + N_i \tan \alpha_i}{F_s} = \frac{c_i l_i + W_i \cos \alpha_i \tan \varphi_i}{F_s} \tag{7-9}$$

滑动力矩=抗滑力矩($M_s = M_r$)

$$\sum W_i \sin \alpha_i R = \sum T_i R = \frac{\sum (c_i l_i + W_i \cos \alpha_i \tan \varphi_i)}{F_s} R \tag{7-10}$$

稳定系数计算：

$$F_s = \frac{\sum (c_i l_i + W_i \cos \alpha_i \tan \varphi_i)}{\sum W_i \sin \alpha_i} \tag{7-11}$$

式中　α_i ——土条 i 滑动面的法线(即半径)与竖直线的夹角，(°)；

l_i ——土条 i 滑动面的弧长，m；

c_i ——黏聚力，kPa；

φ_i ——内摩擦角，(°)。

条分法计算步骤：

① 按照泰勒经验方法确定圆心 O 和半径 R；

② 以 $b=R/10$ 为宽度分条；

③ 编号：过圆心垂线为 0# 中线，右侧为正，编号递增；左侧为负，编号递减(图 7-7)；

④ 列表计算 l_i、W_i、α_i 以及稳定系数 $F_s = \dfrac{\sum (c_i l_i + W_i \cos \alpha_i \tan \varphi_i)}{\sum W_i \sin \alpha_i}$。

（二）毕肖普条分法

用条分法分析土坡稳定问题时，任一土条的受力情况是一个静不定问题。为了解决这一问题，费伦纽斯条分法假定不考虑土条间的作用力，一般来说，这样得到的稳定系数是偏小的。在工程实践中，为了改进条分法的计算精度，许多人都认为应该考虑土条间的作用力，以求得较合理的结果。目前已有许多解决问题的方法，其中以毕肖普提出的简化方法比较合理实用。

如图 7-6(b)所示，前面已经指出任一土条 i 上的受力条件是一个静不定问题，土条 i 上的作用力有 5 个未知，故属于二次静不定问题。毕肖普在求解时补充了两个假设条件：① 忽略土条间的竖向剪切力 H_i、H_{i+1} 作用；② 对滑动面上的切向力 T_i 的大小做了规定。

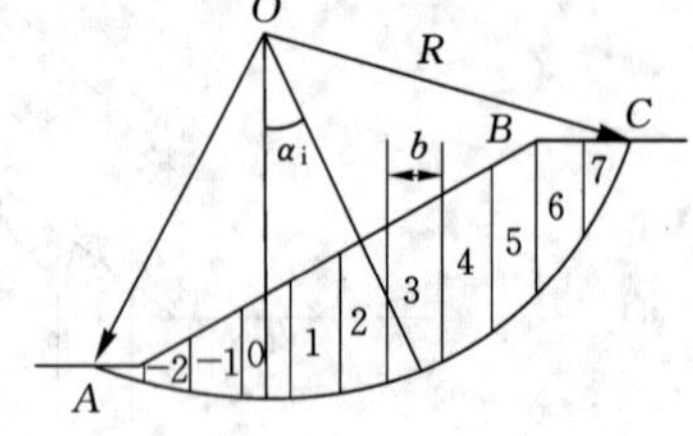

图 7-7　条分法编号

根据土条 i 的平衡条件可得：

$$W_i - H_i + H_{i+1} - T_i \sin\alpha_i - N_i \cos\alpha_i = 0 \tag{7-12}$$

若土坡的稳定系数为 F_s，则土条 i 滑动面上的抗剪强度 τ_i 也只发挥了一部分作用，毕肖普假设 τ_i 与滑动面上的切向力 T_i 相平衡，即：

$$T_i = \tau_i l_i = \frac{1}{F_s}(N_i \tan\varphi_i + c_i l_i) \tag{7-13}$$

两式迭代得出：

$$N_i = \frac{W_i + (H_{i+1} - H_i) - \dfrac{c_i l_i}{F_s}\sin\alpha_i}{\cos\alpha_i + \dfrac{1}{F_s}\tan\varphi_i \sin\alpha_i} \tag{7-14}$$

可以得出土坡的稳定系数为：

$$F_s = \frac{\sum \dfrac{1}{m_{ai}}(W_i \tan\varphi_i + c_i l_i \cos\alpha_i)}{\sum W_i \sin\alpha_i} \tag{7-15}$$

其中，$m_{ai} = \cos\alpha_i + \dfrac{1}{F_s}\tan\varphi_i \sin\alpha_i$，为了计算方便，绘制成 m_{ai} 与 α_i、$\dfrac{1}{F_s}\tan\varphi_i$ 关系曲线图，如图 7-8 所示。必须指出，若有的土条 m_{ai} 趋近于零时，则该土条的抗剪力趋近于无限大，此时的毕肖普公式不再适用。经验指出，当任一土条 $m_{ai} \leqslant 0.2$ 时，求得的 F_s 值就有较

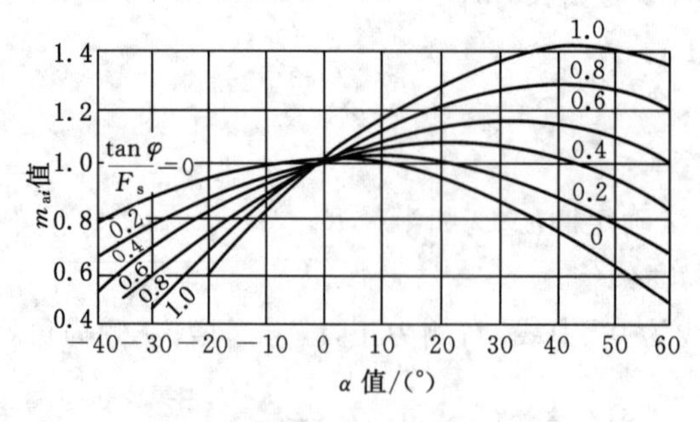

图 7-8　m_{ai} 曲线图

大的误差，此时应考虑用其他方法。

毕肖普条分法考虑了条间作用力，适用于一般均质土，滑动面形状为圆弧，并假定各个土条底部滑动面上的抗滑稳定系数均相同，该方法的特点是：① 满足整体力矩平衡条件；② 满足各个条块力的多边闭合条件，但不满足条块的力矩平衡条件；③ 假设条块间的作用力只有法向力而没有切向力；④ 满足极限平衡条件。该方法得到的稳定系数较简单法略高一些。

费伦纽斯条分法忽略了土条侧面的作用力，算出的稳定系数偏低(10%～15%)。这种误差随着滑弧圆心角和孔隙水压力的增加而增大，甚至可使算出的稳定系数比其他较严格的方法小一半。

三、最危险滑动面的确定

为寻找最危险的滑动面，求得相应最小稳定系数，可假设一系列滑动圆弧，分别计算所对应的稳定系数，直至找到最小值。这一过程需要多次试算。

费伦纽斯发现，对于均质黏性土坡，当土的内摩擦角 $\varphi=0$ 时，其最危险滑动面常通过坡脚，其圆心的位置可根据图 7-9(a)中 CO 与 BO 两线的交点确定，图中 β_1 及 β_2 的值可根据坡角由表 7-1 查出。

表 7-1　不同边坡的 β_1、β_2 数据表

坡比	坡角	β_1	β_2
1∶0.58	60°	29°	40°
1∶1	45°	28°	37°
1∶1.5	33.79°	26°	35°
1∶2	26.57°	25°	35°
1∶3	18.43°	25°	35°
1∶4	14.04°	25°	37°
1∶5	11.32°	25°	37°

当 $\varphi>0$ 时，最危险滑动面的圆心位置可能在图 7-9(b)中 EO 的延长线上。自 O 点向外取圆心 O_1，O_2，…，分别作圆弧，并求出相应的稳定系数，然后绘制曲线找出最小值，即为所求的最危险滑动面的圆心 O_m 和土坡的稳定系数 F_{smin}。当土坡为非均质或坡面形状及荷载情况比较复杂时候，还需自 O_m 作 OE 线的垂直线，并在垂线上再取若干点作为圆心进行比较，才能找到最危险滑动面的圆心和土坡的稳定系数。

当土坡外形和土层分布都比较复杂时，最危险滑动面不一定通过坡脚，此时费伦纽斯的方法不一定可靠。目前电算分析表明，无论多复杂的土坡，其最危险滑动圆心的轨迹都是一根类似于双曲线的曲线，位于土坡坡线中心竖直线与法线之间。若采用电算，可在此范围内有规律地选取若干圆心坐标，结合不同的滑弧弧脚，求出相应滑弧的稳定系数，再通过比较求得最小值 F_{smin}。但需注意，对于成层土土坡，其低值区不止一个，可能存在多个 F_{smin} 值。

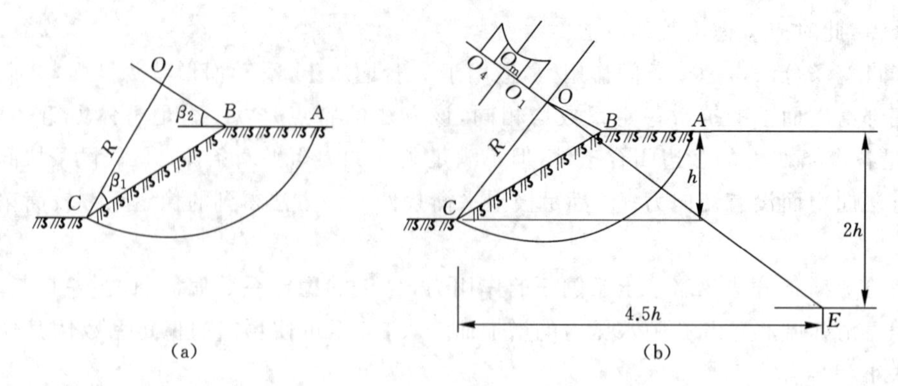

图 7-9　最危险滑动面圆心位置的确定

四、有渗流作用时黏性土坡稳定性分析

(1) 坡顶开裂时的土坡稳定性

如图 7-10 所示，由于土的收缩及张力作用，在黏性土坡的坡顶附近可能出现裂缝，雨水或相应的地表水渗入裂缝后，将产生静水压力 P_w (kN/m)，为：

$$P_w = \frac{\gamma_w h_0^2}{2} \tag{7-16}$$

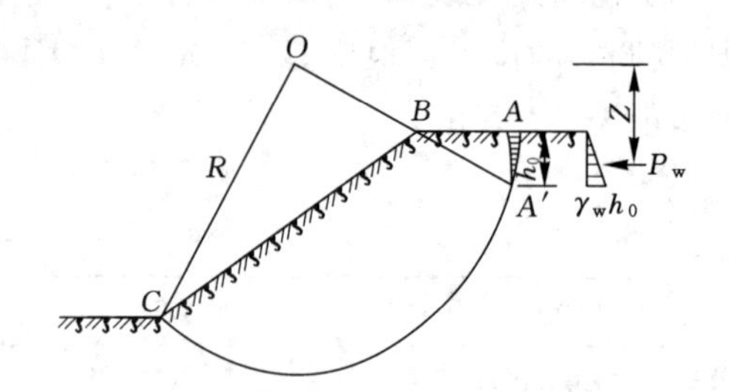

图 7-10　坡顶开裂时稳定性计算

式中，h_0 为坡顶裂缝开展深度，可近似地按挡土墙后为黏性填土时墙顶产生的拉裂深度计算，$h_0 = 2c/\gamma\sqrt{K_a}$，其中 K_a 为朗金主动土压力系数。

该静水压力促使土坡滑动，其对最危险滑动面圆心 O 的力臂为 z，因此，在按前述各种方法进行土坡稳定性分析时，滑动力矩应加入 P_w 的影响，同时土坡滑动面的弧长也将相应地缩短，即抗滑力矩有所减小。

(2) 土中水渗流时的土坡稳定分析

当土坡部分浸水时，水下土条的重力都应按饱和重度计算，同时还需考虑滑动面上的静水压力和作用在土坡坡面上的水压力。如图 7-11(a)所示，ef 线以下作用有滑动面上的静水压力 P_1、坡面上水压力 P_2 以及孔隙水重力和土粒浮力的反作用力 G_w。在静水状态，三力维持平衡，且由于 P_1 的作用线通过圆心 O，根据力矩平衡条件，P_2 对圆心 O 的力矩也恰好与 G_w 对圆心 O 的力矩相互抵消。因此，在静水条件下周界上的水压力对滑动土体的影响可用静水面以下滑动土体所受的浮力来代替，即相当于水下土条重度取有效重度计算。故稳定系数的计算公式与前述完全相同，只是将 ef 线以下土的重度用有效重度 γ' 计算即可。

当土坡两侧水位不同时，水将由高的一侧向低的一侧渗流。当坡内水位高于坡外水位时，坡内水将向外渗流，产生渗透力(动水力)，其方向指向坡面，如图 7-11(b)所示。若已知浸润线(渗流水位线)为 efg，滑动土体在浸润线以下部分(fgC)的面积为 A_w，则作用在该部分土体上的渗透力合力为 D：

$$D = jA_w = \gamma_w i A_w \tag{7-17}$$

式中　j——作用在单位体积土体上的渗透力，kN/m^3；

i——浸润线以下部分面积 A_w 范围内水力梯度平均值，可近似地假定 i 等于浸润线两端 fg 连线的坡度。

渗透力合力 D 的作用点在面积 fgC 的形心，其作用方向假定与 fg 平行，D 对滑动面的圆心 O 的力臂为 r，由此得到渗透力后，毕肖普条分法分析土坡稳定系数的计算公式为：

$$F_s = \frac{\sum \frac{1}{ma_i}[c'b + (G_i - u_i b)\tan \varphi']}{\sum G_i \sin \alpha_i + \frac{r}{R}D} \tag{7-18}$$

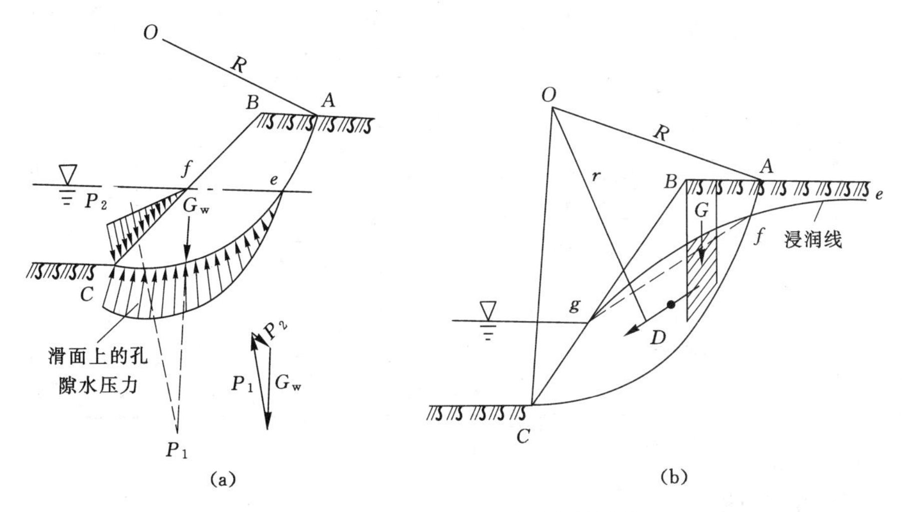

图 7-11　水渗流时的土坡稳定性计算

(a) 部分浸水土坡；(b) 水渗流时的土坡

五、土体抗剪强度指标的选用

土体抗剪强度指标的恰当选取是影响土坡稳定分析成果可靠性的主要因素。对任一给定的土体而言，不同试验方法测定的土体抗剪强度变化幅度远超过不同静力计算方法得到的结果，尤其是软黏土，所以在测定土的抗剪强度时，原则上应使试验的模拟条件尽量符合现场土体的实际受力和排水条件，保证试验指标具有一定的代表性。因此，对于控制土坡稳定的各个时期，可分别按表 7-2 选取不同的试验方法和测定结果。

对于黏性土坡，从理论上说，当处于极限平衡状态时，其稳定系数 $F_s = 1$，也就是说，若设计土坡的稳定系数 $F_s > 1$，则土坡能满足稳定要求。但在实际工程中，由于影响土坡稳定性的因素较多，有些土坡即使 $F_s > 1$，还是发生了滑动，而有些土坡，尽管 $F_s < 1$，却是稳定的。因此，在进行黏土性土坡稳定分析时，不仅要求分析的方法合理，更重要的是如何选取土的抗剪强度指标及规定恰当的稳定系数，对于软黏土土坡尤为重要。目前对于土坡稳定系数的取值，各部门尚无统一标准，考虑的角度也不尽相同，在工程中应根据计算方法、强度指标的测定方法综合选取，并应结合当地已有实践加以确定。

表 7-2　稳定性计算时抗剪强度指标的选用

<table>
<tr><th>控制稳定情况</th><th colspan="2">土类</th><th>仪器</th><th>试验方法</th><th>采用的
强度指标</th><th>试样初始状态</th></tr>
<tr><td rowspan="6">正常施工</td><td colspan="2" rowspan="2">无黏性土</td><td>直剪</td><td>慢剪</td><td rowspan="5">c'、φ'</td><td rowspan="8">填土根据填筑含水率和填筑密度制样；地基用原状土样</td></tr>
<tr><td>三轴</td><td>排水剪</td></tr>
<tr><td rowspan="4">粉土
黏性土</td><td rowspan="2">饱和度小于
等于 80%</td><td>直剪</td><td>慢剪</td></tr>
<tr><td>三轴</td><td>不排水剪
测孔隙水压力</td></tr>
<tr><td rowspan="2">饱和度大于
80%</td><td>直剪</td><td>慢剪</td></tr>
<tr><td>三轴</td><td>固结不排水剪
测孔隙水压力</td><td>c_{cu}、φ_{cu}</td></tr>
<tr><td rowspan="2">快速施工</td><td rowspan="2">粉土
黏性土</td><td>渗透系数小于
10^{-7} cm/s</td><td>直剪</td><td>快剪</td><td rowspan="2">c_u、φ_u</td></tr>
<tr><td>任何渗透系数</td><td>三轴</td><td>不排水剪</td></tr>
<tr><td rowspan="4">长期稳
定渗流</td><td colspan="2" rowspan="2">无黏性土</td><td>直剪</td><td>慢剪</td><td rowspan="3">c'、φ'</td><td rowspan="4">同上，但要预先饱和</td></tr>
<tr><td>三轴</td><td>排水剪</td></tr>
<tr><td colspan="2" rowspan="2">粉土 黏性土</td><td>直剪</td><td>慢剪</td></tr>
<tr><td>三轴</td><td>固结不排水剪
测孔隙水压力</td><td>c_{cu}、φ_{cu}</td></tr>
</table>

▶概念与术语

土坡
边坡变形破坏
推移式滑坡
牵引式滑坡
土坡的稳定系数
天然休止角

▶能力及学习要求

1. 掌握无黏性土无渗流和有渗流作用时稳定系数的计算方法。
2. 掌握黏性土坡稳定性分析的瑞典圆弧法。
3. 掌握黏性土坡稳定性分析的条分法。

▶练习题

7-1　如图 7-12 所示边坡土体沿着图中斜面（破坏面与水平面夹角为 θ）破坏，求此时的安全系数 F_s。设土的黏聚力为 c，内摩擦角为 φ，土的重度为 γ。

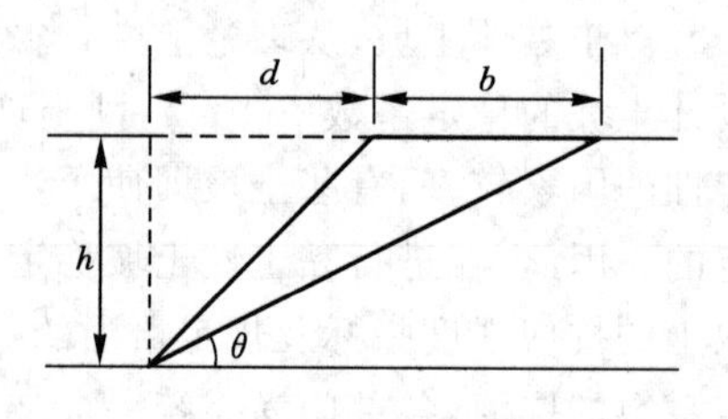

图 7-12　习题 7-1 图

7-2　有一砂砾土坡，其饱和重度为 19 kN/m^3，内摩擦角为 32°，坡比（坡高∶水平尺寸）为 1∶3。试问在干坡或完全浸水时，其稳定安全系数是多少？当有顺坡向渗流时土坡还能保持稳定吗？

7-3　某地基土的天然重度为 18.6 kN/m³，内摩擦角 $\varphi=10°$，黏聚力 $c=12$ kPa，当采用坡比 1∶1 开挖基坑时，其最大开挖深度可为多少？

▶研讨选题参考

1. 渗流对土坡稳定性的影响。
2. 部分浸水土坡的稳定性问题。
3. 土坡容许安全系数。
4. 土坡分析的总应力法和有效应力法。

第八章　土压力计算

内容提要

挡土结构物是用来支撑天然斜坡或人工填土边坡以保证斜坡土体稳定性的一种构筑物。挡土结构物后面的土体因自重或在外荷载作用下，对挡土结构物产生的侧向压力称为土压力。土压力是与土的抗剪强度有关的土力学问题。本章以挡土墙为例介绍土压力的基本概念、静止土压力的计算、计算主动土压力和被动土压力的朗金土压力理论和库仑土压力理论。

第一节　土压力的种类及产生条件

一、挡土结构物的类型

挡土结构物是指用来支撑天然或人工斜坡不致坍塌以保持土体稳定性的结构物，是使部分侧向荷载传递分散到填土上的一种结构物，也称挡土墙，如图 8-1 所示。

挡土墙按其刚度和位移方式分为刚性挡土墙、柔性挡土墙和临时支撑三类。

由于刚度大，墙体在侧向土压力作用下，仅能发生整体平移或转动的挠曲变形可忽略。墙背受到的土压力呈三角形分布，最大压力强度发生在底部，类似静水压力分布，这种类型的挡土结构称为刚性挡土结构，一般是用砖、石或混凝土所筑成的断面较大的挡土墙。在土压力作用下，挡土结构发生明显的挠曲变形，挡土结构的变形反过来影响土压力的大小和分布，这种类型的挡土结构称为柔性挡土结构，例如深基坑支护中的板桩墙。还有一种是临时挡土结构，例如边施工边支撑的临时性支挡结构。

二、土压力的种类

挡土结构上的土压力是由于土体自重及作用于土体上荷载或结构物的侧向挤压作用，挡土结构物所承受的来自墙后填土的侧向压力。形成挡土结构物与土体界面上侧向压力的主要荷载包括：土体自重引起的侧向压力、水压力以及影响区范围内的构筑物荷载、施工荷载，必要时还应考虑地震荷载等引起的侧向压力。在挡土墙结构物设计中，必须计算土压力的大小及其分布规律。土压力的大小及其分布规律与挡土结构物的侧向位移方向与大小、土的性质、挡土结构物的刚度和高度等因素有关，根据挡土结构物侧向位移方向和大小可分

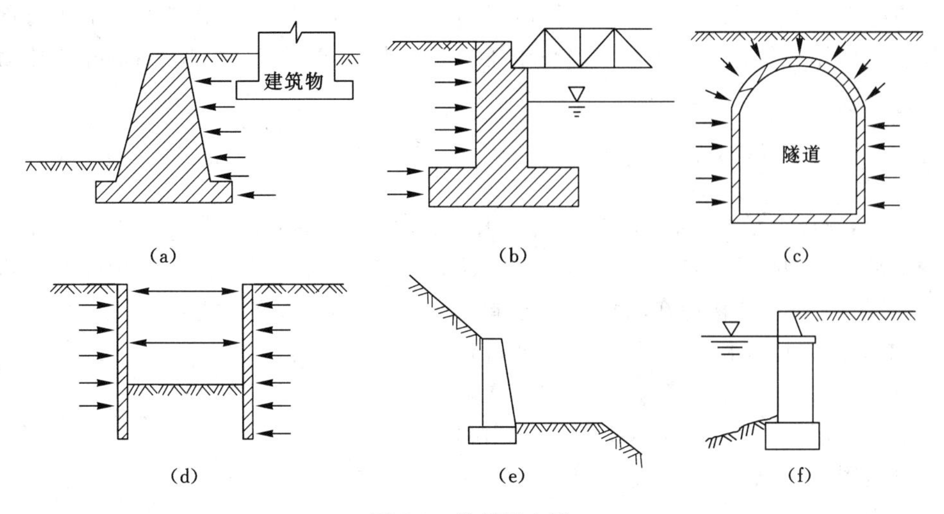

图 8-1　常见挡土墙

(a) 支撑建筑物周围填土的挡土墙；(b) 桥台；(c) 隧道；(d) 基坑围护结构；(e) 边坡支护；(f) 码头

为三种类型的土压力，如图 8-2 所示。

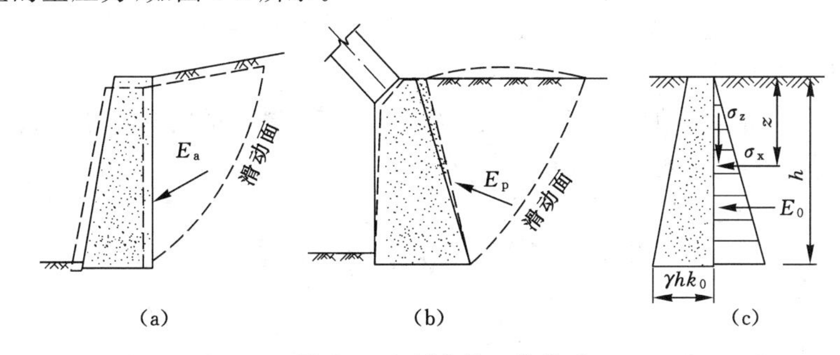

图 8-2　土压力的三种类型

(a) 主动土压力；(b) 被动土压力；(c) 静止土压力

① 主动土压力：挡土墙在墙后填土的侧压力作用下，离开填土方向向前移动或转动时，土体内出现主动滑裂面，同时产生剪切阻力作用，阻止土体滑移，使侧向压力减小，随着墙身向前位移的不断增加，墙后填土内的剪切阻力作用也随之不断增大，直至土的抗剪强度完全发挥，土体达到主动极限平衡状态，此时墙后填土作用在墙背上的土压力减至某一最小值，称为主动土压力。作用在每延米挡土墙上主动土压力的合力用 E_a(kN/m) 表示，主动土压力强度用 p_a (kPa)表示。

② 被动土压力：挡土墙在自重或外力作用下，向后(填土方向)发生位移或转动，墙后填土受到墙背的推挤，亦向后产生位移，填土体内将产生被动滑裂面，填土内同时产生剪切阻力作用而阻止墙的挤压，使得侧向压力不断增大。随着墙身向后位移不断增大，墙后土体内的剪切阻力作用也随之不断增大，直至土的抗剪强度完全发挥，达到被动极限状态，此时填土对墙身所产生的抗力称为被动土压力。作用在每延米挡土墙上被动土压力的合力用 E_p(kN/m) 表示，被动土压力强度用 p_p (kPa)表示。

③ 静止土压力：当挡土墙不发生任何位移时，墙后填土作用于墙背上的土压力称为静止土压力。作用在每延米挡土墙上静止土压力的合力用 E_0(kN/m) 表示，静止土压力强度用 p_0(kPa)表示。

三、土压力的产生条件

实际上，土压力是挡土结构与土体相互作用的结果，大部分情况下土压力均介于主动土压力和被动土压力之间。在影响土压力大小及其分布的诸因素中，挡土结构物的位移是关键因素。图 8-3 是反映作用在墙背上的土压力与墙的位移关系的示意图。

① 图中三个特定位置代表上述三种特定状态的土压力：(a) 墙的位移为零时，作用在墙背上的静止土压力 E_0；(b) 墙离开填土方向移动至土的极限平衡状态时，作用在墙背上的主动土压力 E_a；(c) 墙向填土方向移动至土的极限平衡状态时，作用在墙背上的被动土压力 E_p。

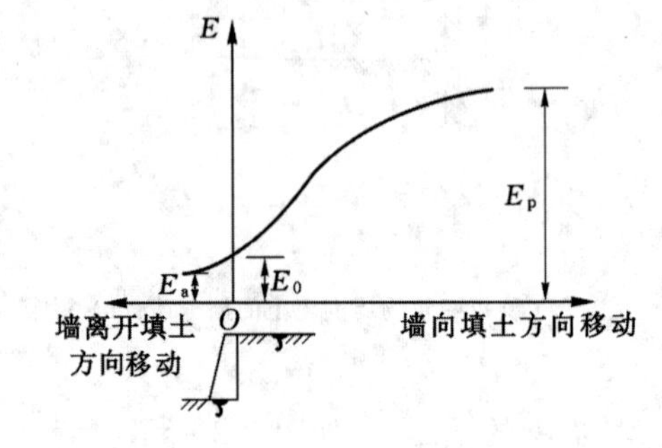

图 8-3 土压力与挡土墙位移的关系

② 达到主动土压力所需要的墙的位移远小于达到被动土压力所需要的墙的位移。

③ 按数值大小排列，$E_a < E_0 < E_p$。

④ 土压力的值随着墙的移动不断变化，因此，作用在墙上的实际土压力值与墙的位移值相关，而并非只有这三种特定的值。

第二节 静止土压力

计算静止土压力时，墙后填土处于弹性平衡状态。由于墙静止不动，土体无侧向位移，可假定墙后填土内的应力状态为半无限弹性体的应力状态。这时，土体表面下任意深度 z 处的静止土压力强度为：

$$p_0 = K_0 \sigma_{cz} = K_0 \gamma z \tag{8-1}$$

式中 K_0——静止土压力系数，理论上为 $\dfrac{\mu}{1-\mu}$；μ 为土体泊松比；

γ——土的重度，kN/m^3。

实际 K_0 在室内可由常规三轴仪或应力路径三轴仪测得，在原位可用自钻式旁压仪测得。当缺乏试验资料时，对于正常固结土，可用经验公式(8-2)估算；对于超固结土，可用经验公式(8-3)估算：

$$K_0 = 1 - \sin\varphi' \tag{8-2}$$

$$K_0 = \sqrt{OCR}\,(1 - \sin\varphi') \tag{8-3}$$

式中 φ'——土的有效内摩擦角，(°)；

OCR——土的超固结比。

由式(8-1)可知，静止土压力强度 p_0 沿深度呈直线分布，如图 8-4(a)所示。作用在每延米挡土墙的静止土压力为：

$$E_0=\frac{1}{2}\gamma K_0 H^2 \tag{8-4}$$

式中，H 为挡土墙高度，m。

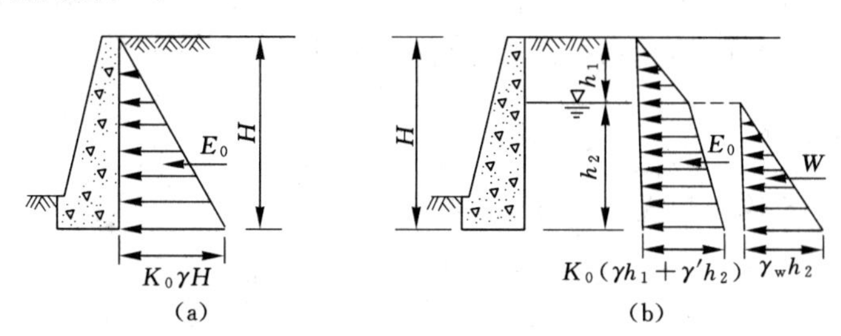

图 8-4　静止土压力的分布

(a) 均匀土时；(b) 有地下水时

对于成层土和有超载情况，静止土压力的强度可按下式计算：

$$p_0=K_0(\sum\gamma_i h_i+q) \tag{8-5}$$

式中　γ_i ——计算点以上第 i 层土的重度，kN/m^3；

h_i ——计算点以上第 i 层土的厚度，m；

q ——填土面上的均布荷载，kPa。

对于墙后填土有地下水情况，计算静止土压力时，地下水位以下对于透水性的土应采用有效重度 γ' 计算，同时考虑作用于挡土墙上的静水压力，如图 8-4(b)所示。

对于墙背倾斜情况，作用于单位长度上的静止土压力 E_0' 为墙背直立时的 E_0 和土楔体 ABB' 自重的合力，如图 8-5 所示。

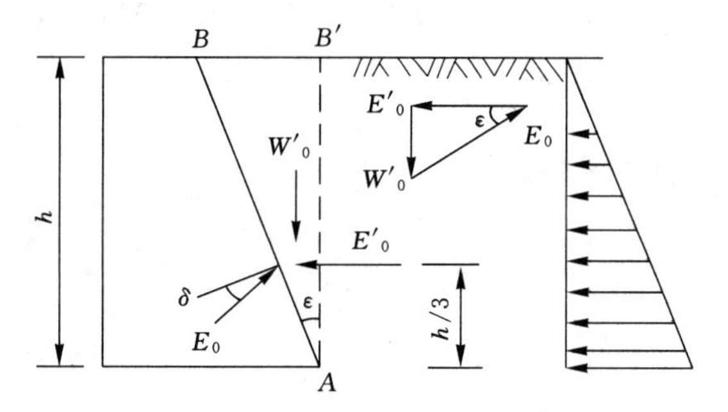

图 8-5　墙背倾斜时的静止土压力

第三节　朗金土压力理论

一、基本假定

朗金土压力理论是英国学者朗金(Rankine)1857 年根据均质的半无限土体的应力状态和土处于极限平衡状态的应力条件提出的，其基本假定是：

① 挡土墙是刚性的，墙背铅直；

② 挡土墙的墙后填土表面水平；

③ 挡土墙的墙背光滑，不考虑墙背与填土之间的摩擦力。

把土体当作半无限空间的弹性体，而墙背可假想为半无限土体内部的铅直平面，根据土体处于极限平衡状态的条件，求出挡土墙上的土压力。

二、朗金主动土压力

如图 8-6 所示，土体处于主动极限平衡状态时，有：

$$\sigma_1 = \sigma_3 \tan^2(45° + \frac{\varphi}{2}) + 2c\tan(45° + \frac{\varphi}{2}) \tag{8-6}$$

$$\sigma_3 = \sigma_1 \tan^2(45° - \frac{\varphi}{2}) - 2c\tan(45° - \frac{\varphi}{2}) \tag{8-7}$$

式中，φ 为内摩擦角，(°)。

其竖向应力 $\sigma_z = \gamma z$ 是最大主应力 σ_1，水平应力 σ_x 是最小主应力 σ_3。将 $\sigma_3 = p_a$，$\sigma_1 = \gamma z$ 代入式(8-7)，即可得到朗金主动土压力强度计算公式：

$$p_a = \gamma z K_a - 2c\sqrt{K_a} \tag{8-8}$$

式中　γ ——土的重度，kN/m³；

c ——黏聚力，kPa；

z ——计算点深度，m；

K_a ——主动土压力系数，$K_a = \tan^2(45 - \frac{\varphi}{2})$。

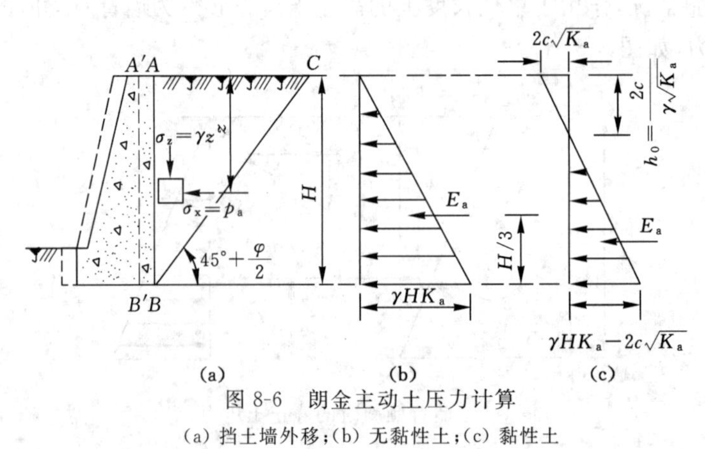

图 8-6　朗金主动土压力计算

(a) 挡土墙外移；(b) 无黏性土；(c) 黏性土

对于无黏性土，黏聚力 $c = 0$，则有：

$$p_a = \gamma z K_a \tag{8-9}$$

由式(8-8)和式(8-9)可知，主动土压力 p_a 沿深度 z 呈直线分布，即土压力为三角形分布，如图 8-6 所示。墙背上所受的总主动土压力为三角形的面积，即：

$$E_a = \frac{1}{2}\gamma K_a H^2 \tag{8-10}$$

E_a 的作用方向应垂直墙背，作用点在距墙底 $\frac{1}{3}H$ 处。

对于黏性土，当 $z=0$ 时，由式(8-8)可知，$p_a=-2c\sqrt{K_a}$，即出现拉应力区。令式(8-8)中 $p_a=0$，解得拉应力区深度为：

$$z_0=\frac{2c}{\gamma\sqrt{K_a}} \tag{8-11}$$

在 z_0 深度范围内 p_a 为负值，但土与墙之间不可能产生拉应力，说明在 z_0 深度范围内，填土对挡土墙不产生土压力。墙背所受的总主动土压力为 p_a，其值为土压力分布图 8-6(c)中受力三角形的面积，即：

$$\begin{aligned}E_a&=\frac{1}{2}(H-z_0)(\gamma HK_a-2c\sqrt{K_a})\\&=\frac{1}{2}\gamma H^2K_a-2cH\sqrt{K_a}+\frac{2c^2}{\gamma}\end{aligned} \tag{8-12}$$

E_a 的作用方向应垂直墙背，作用点在距墙底 $\frac{1}{3}(H-z_0)$ 处。

三、朗金被动土压力

当土体处于被动极限平衡状态时，根据土的极限平衡条件可得，被动土压力强度 $\sigma_1=p_p$，把 $\sigma_3=\gamma z$ 代入公式(8-6)，得到朗金被动土压力计算公式：

$$p_p=\gamma zK_p+2c\sqrt{K_p} \tag{8-13}$$

式中，K_p 为被动土压力系数，$K_p=\tan^2(45+\frac{\varphi}{2})$。

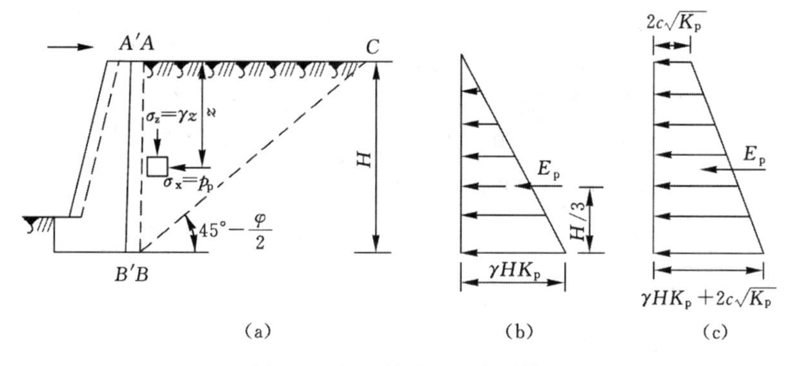

图 8-7　朗金被动土压力计算

(a) 挡土墙向填土移动；(b) 无黏性土；(c) 黏性土

对于无黏性土，黏聚力 $c=0$，则有：

$$p_p=\gamma zK_p \tag{8-14}$$

从式(8-13)和式(8-14)可知，被动土压力 p_p 沿深度 z 呈直线分布，如图 8-7 所示。作用在墙背上单位长度挡土墙上的被动土压力 E_p，可由 p_p 的分布图形求得。

四、几种特殊情况下的朗金土压力

1. 填土表面有均布荷载时的朗金土压力计算

如图 8-8 所示，当挡土墙后填土表面上有连续均布荷载 q 作用，计算时相当于深度 z 处

的竖向应力增加 q 值，因此，只要将式(8-8)中的 γz 代之以 $(q+\gamma z)$ 就得到填土表面有超载时的主动土压力强度计算公式：

$$p_a=(q+\gamma z)K_a-2c\sqrt{K_a} \tag{8-15}$$

如图(8-9)所示，若填土表面上有局部荷载，则计算时从荷载的 O 及 O' 点做两条辅助线 $\overline{OC}$ 和 $\overline{O'D}$，它们都是与水平面成 $(45°+\dfrac{\varphi}{2})$ 角，认为 C 点以上和 D 点以下的土压力不受地面荷载的影响，C、D 之间的土压力按均布荷载计算，AB 墙面上的土压力如图中阴影部分面积所示。

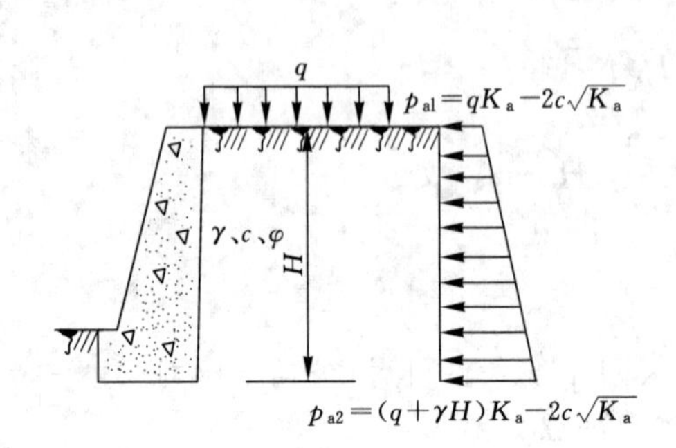

图 8-8　填土上有超载时的主动土压力计算

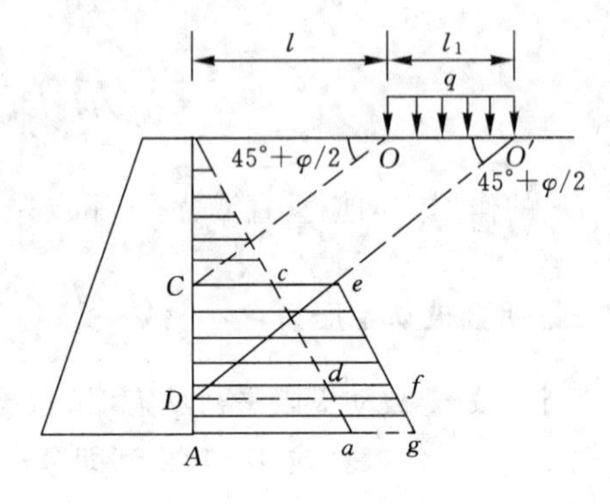

图 8-9　局部荷载作用下主动土压力计算

2. 成层填土中的朗金土压力计算

如图 8-10 所示，挡土墙后填土为成层土，仍可按式(8-8)计算主动土压力。但应注意，在土层分界面上，由于两层土的抗剪强度指标不同，其传递由于自重引起的土压力作用不同，使土压力的分布有突变。其计算方法如下：

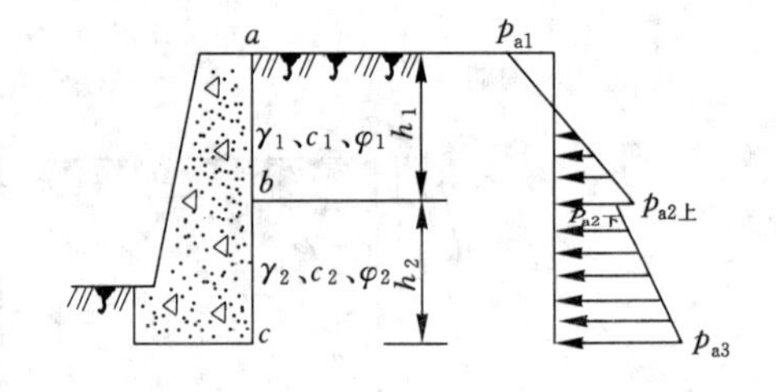

图 8-10　成层土的主动土压力计算

a 点：$p_{a1}=-2c_1\sqrt{K_{a1}}$；

b 点上(在第一层土中)：$p_{a2}=\gamma_1 h_1 K_{a1}-2c_1\sqrt{K_{a1}}$；

b 点下(在第二层土中)：$p_{a2'}=\gamma_1 h_1 K_{a2}-2c_2\sqrt{K_{a2}}$；

c 点：$p_{a3}=(\gamma_1 h_1+\gamma_2 h_2)K_{a2}-2c_2\sqrt{K_{a2}}$。

式中，$K_{a1}=\tan^2(45°-\dfrac{\varphi_1}{2})$；$K_{a2}=\tan^2(45°-\dfrac{\varphi_2}{2})$。

3. 墙后填土中有地下水时的朗金土压力计算

墙后填土常会部分或全部处于地下水位以下，这时作用在墙体的力除了土压力外，还受到水压力的作用，在计算墙体受到的总的侧向压力时，对地下水位以上部分的土压力计算同前，对地下水位以下部分的水、土压力，一般采用“水土分算”和“水土合算”两种方法。对于砂土和粉土，可按水土分算原则进行，即分别计算土压力和水压力，然后两者叠加；对于黏性土，可根据现场情况和工程试验，按水土分算或水土合算进行。

(1) 水土分算法

水土分算法采用有效重度γ'计算土压力，按静水压力计算水压力，然后两者叠加为总的侧向压力，如图 8-11 所示的算例。

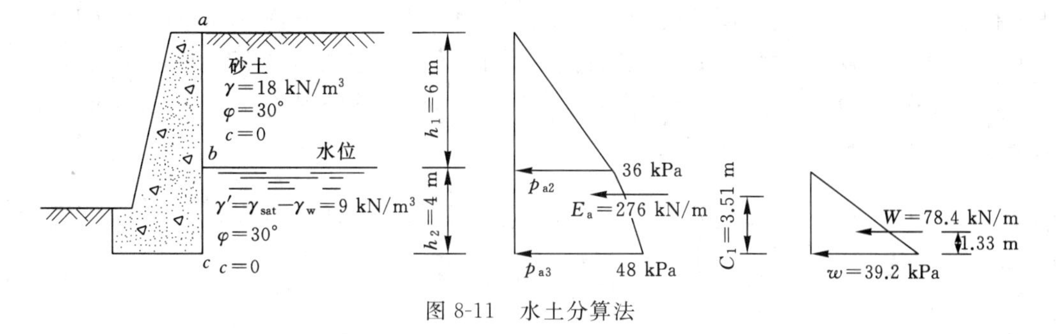

图 8-11　水土分算法

$$p_a = \gamma' H K'_a - 2c' \sqrt{K'_a} + \gamma_w h_w \tag{8-16}$$

式中　γ'——土的有效重度，kN/m³；

K'_a——按有效应力强度指标计算的主动土压力系数，$K'_a = \tan^2(45° - \frac{\varphi'}{2})$；

c'——有效黏聚力，kPa；

φ'——有效内摩擦角，(°)；

γ_w——水的重度，kN/m³；

h_w——以墙底起算的地下水位高度，m。

(2) 水土合算法

对地下水位下的黏性土，也可用土的饱和重度γ_{sat}计算总的土压力，即：

$$p_a = \gamma_{sat} H K_a - 2c \sqrt{K_a} \tag{8-17}$$

式中　γ_{sat}——土的饱和重度，地下水位下可近似采用天然重度，kN/m³；

K_a——按总应力强度指标计算的主动土压力系数，$K_a = \tan^2(45° - \frac{\varphi}{2})$。

第四节　库仑土压力理论

一、基本假定

库仑于 1776 年根据研究挡土墙墙后滑动土楔体的静力平衡条件，提出了计算土压力的理论。他假定挡土墙是刚性的，墙后填土是无黏性土。当墙背移离或移向填土，墙后土体达到极限平衡状态时，墙后填土是以一个三角形滑动土楔体的形式，沿墙背和填土土体中某一滑裂平面通过墙踵同时向下发生滑动。根据三角形土楔的力系平衡条件，求出挡土墙对滑动土楔的支承反力，从而解出挡土墙墙背所受的总土压力。

二、库仑主动土压力

如图 8-12 所示挡土墙，已知墙背 AB 倾斜，与竖直线的夹角为 ε，填土表面 AC 是一平面，与水平面的夹角为 β。若墙背受土推向前移动，当墙后土体达到主动极限平衡状态时，

整个土体沿着墙背 AB 和滑动面 BC 同时下滑，形成一个滑动的楔体$\triangle ABC$。假设滑动面 BC 与水平面的夹角为α，不考虑楔体本身的压缩变形。取土楔 ABC 为脱离体，作用于滑动土楔体上的力有：① 墙对土楔的反力 P，其作用方向与墙背面的法线成 δ 角(δ 角为墙与土之间的外摩擦角，称墙摩擦角)；② 滑动面 BC 上的反力 R，其方向与 BC 面的法线呈 φ 角(φ 为土的内摩擦角)；③ 土楔 ABC 的重力 W。根据静力平衡条件，W、P、R 三力可构成力的平衡三角形。利用正弦定理，得：

$$\frac{P}{\sin(\alpha-\varphi)}=\frac{W}{\sin(180-\Psi-\alpha+\varphi)} \tag{8-18}$$

$$P=\frac{W\sin(\alpha-\varphi)}{\sin(\Psi+\alpha-\varphi)} \tag{8-19}$$

式中，$\Psi=90^{\circ}-\varepsilon-\delta$。

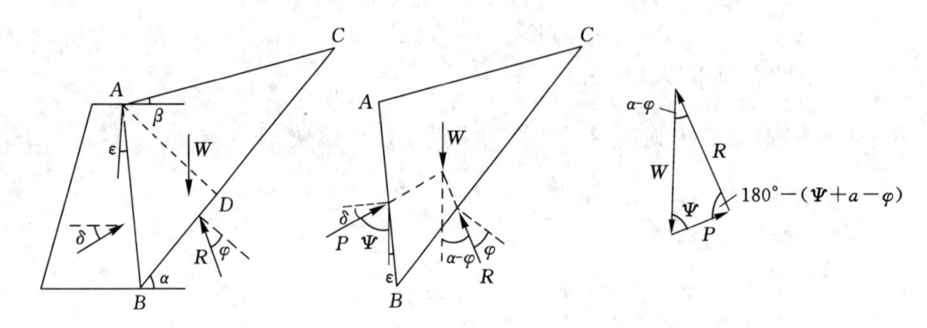

图 8-12　库仑主动土压力计算

假定不同的α 角可画出不同的滑动面，就可得出不同的 P 值，但是，只有产生最大的 P 值的滑动面才是最危险的滑动面，与 P 大小相等、方向相反的力，即为作用于墙背的主动土压力，以 P_a 表示。对于已确定的挡土墙和填土来说，φ、δ、ε 和β 均为已知，只有α 角是任意假定的，当α 发生变化，则 W 也随之变化，P 与 R 亦随之变化。P 是α 的函数，按 $\frac{\mathrm{d}P}{\mathrm{d}\alpha}=0$ 的条件，可求出 P 最大值时的α 角，然后代入式(8-18)求得主动土压力：

$$E_a=\frac{1}{2}\gamma H^2 K_a \tag{8-20}$$

$$K_a=\frac{\cos^2(\varphi-\varepsilon)}{\cos^2\varepsilon\cos(\varepsilon+\delta)\left[1+\sqrt{\dfrac{\sin(\delta+\varepsilon)\sin(\varphi-\beta)}{\cos(\delta+\varepsilon)\cos(\varepsilon-\beta)}}\right]^2} \tag{8-21}$$

式中　γ ——填土的重度，kN/m^3；

φ ——内摩擦角，(°)；

ε ——墙背与铅直线的夹角，(°)；以铅直线为准，顺时针为负，称仰斜；反时针为正，称俯斜；

β ——填土表面与水平面所成坡角，(°)；

δ ——墙背与填土间的摩擦角，(°)；取决于墙背面粗糙程度、填土性质、墙背面倾斜形状等，其值可由试验确定；砌体砌筑的阶梯形墙背，$\delta=(\frac{2}{3}\sim 1)\varphi$；仰斜的混凝土或砌体墙背，$\delta=(\frac{1}{2}\sim\frac{2}{3})\varphi$；竖直的混凝土或砌体墙背，$\delta=(\frac{1}{3}\sim\frac{1}{2})\varphi$；俯斜的混凝土或砌体墙背，$\delta=\frac{1}{3}\varphi$；墙背光滑而排水不良，$\delta=(0\sim\frac{1}{3})\varphi$；无试验资料时，一般取(1/3～2/3) φ，也可以参考表 8-1 选用。

表 8-1　土与挡土墙墙背的摩擦角

挡土墙情况	摩擦角 δ
墙背光滑，排水不良	(0～0.33) φ
墙背粗糙，排水良好	(0.33～0.5) φ
墙背很粗糙，排水良好	(0.5～0.67) φ
墙背和填土之间不可能滑动	(0.67～1) φ

K_a 称为库仑主动土压力系数，可以看出 K_a 只与 φ、ε、β、δ 有关，而与 γ、H 无关，因此可编成相应的表格(表 8-2)，供计算查用，详见有关设计手册。

表 8-2　主动土压力系数 K_a($\beta=0$ 时)

ε	δ \ φ	15°	20°	25°	30°	35°	40°	45°	50°
0°	0°	0.589	0.490	0.406	0.333	0.271	0.217	0.172	0.132
	5°	0.556	0.465	0.387	0.319	0.260	0.210	0.166	0.129
	10°	0.533	0.447	0.373	0.309	0.253	0.204	0.163	0.127
	15°	0.158	0.434	0.363	0.301	0.248	0.201	0.160	0.125
	20°			0.357	0.297	0.245	0.199	0.160	0.125
	25°				0.296	0.245	0.199	0.160	0.126
10°	0°	0.652	0.560	0.478	0.407	0.343	0.288	0.238	0.194
	5°	0.622	0.536	0.460	0.393	0.333	0.280	0.233	0.191
	10°	0.603	0.520	0.448	0.384	0.326	0.275	0.230	0.189
	15°	0.592	0.511	0.441	0.378	0.323	0.273	0.228	0.189
	20°			0.438	0.377	0.322	0.273	0.229	0.190
	25°				0.379	0.325	0.276	0.232	0.193
−10°	0°	0.540	0.433	0.344	0.270	0.209	0.158	0.117	0.083
	5°	0.503	0.406	0.324	0.256	0.199	0.151	0.112	0.080
	10°	0.477	0.385	0.309	0.245	0.191	0.146	0.109	0.078
	15°	0.458	.371	0.298	0.237	0.186	0.142	0.106	0.076
	20°			0.291	0.232	0.182	0.140	0.105	0.076
	25°				0.228	0.180	0.139	0.104	0.075

若填土面水平、墙背竖直以及墙背光滑，也即 $\beta=0$、$\varepsilon=0$ 及 $\delta=0$ 时，由式(8-21)可得：

$$K_a=\frac{\cos^2\varphi}{(1+\sin\varphi)^2}=\frac{1-\sin\varphi}{1+\sin\varphi}=\tan^2(45°-\frac{\varphi}{2}) \tag{8-22}$$

$$E_a=\frac{1}{2}\gamma H^2\tan^2(45°-\frac{\varphi}{2}) \tag{8-23}$$

此式与填土为砂土时的朗金土压力公式相同。由此可见，在一定的条件下，两种土压力理论得到的结果是相同的。

由式(8-20)可知，E_a 的大小与墙高的平方成正比，所以土压力强度是按三角形分布的，E_a 的作用点距墙底为墙高的 $\frac{1}{3}$ 。按库仑理论得出的土压力强度 E_a 分布，如图 8-13 所示。土压力的方向与水平面呈 $(\varepsilon+\delta)$ 角，深度 z 处的土压力强度为：

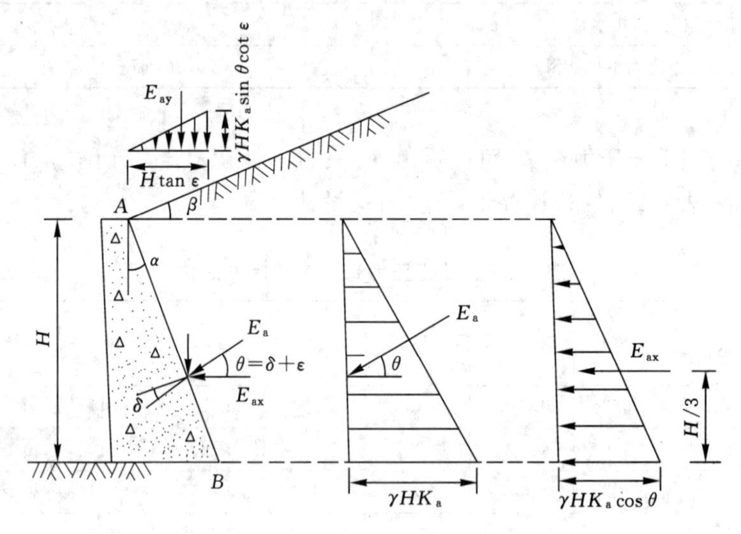

图 8-13　库仑主动土压力分布图

$$p_{az}=\frac{dE_a}{dz}=\frac{d}{dz}\left(\frac{1}{2}\gamma z^2K_a\right)=\gamma zK_a \tag{8-24}$$

注意，此式是 E_a 对铅直深度 z 微分得来的，p_{az} 只能代表作用在墙背的铅直投影高度上的某一点的土压力的大小，并不代表实际作用在墙背上的土压力的方向。

作用在墙背上的主动土压力 E_a 可以分解为水平分力 E_{ax} 和竖向分力 E_{ay} ：

$$E_{ax}=E_a\cos\theta=\frac{1}{2}\gamma H^2K_a\cos\theta \tag{8-25}$$

$$E_{ay}=E_a\sin\theta=\frac{1}{2}\gamma H^2K_a\sin\theta \tag{8-26}$$

三、库仑被动土压力

被动土压力计算公式的推导与推导主动土压力公式相同，挡土墙在外力作用下移向填土，如图 8-14 所示，根据滑动土楔体的外力平衡条件得：

$$P=\frac{W\sin(\alpha+\varphi)}{\sin(90°+\varepsilon-\delta-\alpha-\varphi)} \tag{8-27}$$

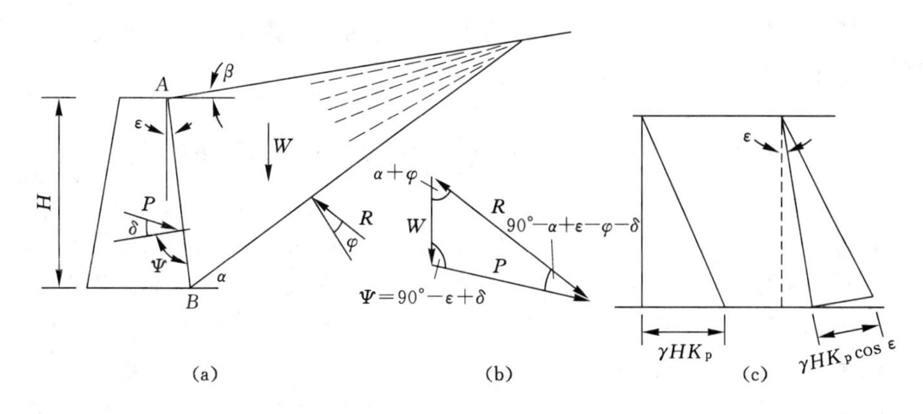

图 8-14　库仑被动土压力

求出 P 的最小值即为被动土压力 E_p，由 $\frac{dP}{d\alpha}=0$ 解得 α，代入式(8-27)得：

$$E_p=P_{\min}=\frac{1}{2}\gamma H^2 K_p \tag{8-28}$$

$$K_p=\frac{\cos^2(\varphi+\varepsilon)}{\cos^2\varepsilon\cos(\varepsilon-\delta)\left[1-\sqrt{\frac{\sin(\varphi+\delta)\sin(\varphi+\beta)}{\cos(\varepsilon-\delta)\cos(\varepsilon-\beta)}}\right]^2} \tag{8-29}$$

式中，K_p 为库仑被动土压力系数；若填土面水平、墙背竖直以及墙背光滑，也即 $\beta=0$、$\varepsilon=0$ 及 $\delta=0$ 时，$K_p=\tan^2(45°+\varphi/2)$。

被动土压力 E_p 与墙背法线成 δ 角，位于法线下方；被动土压力强度沿墙背的分布仍呈三角形，挡土墙底部的被动土压力强度 $p_p=\gamma HK_p$。

四、库仑土压力和朗金土压力理论的比较

朗金土压力理论与库仑土压力理论是基于不同的假设条件、采用不同的分析方法得到的土压力计算公式。朗金土压力理论属于极限应力法，即从土中一点的应力极限平衡状态出发，求出土中竖直面上的土压力强度及分布形式，再算出作用在墙背上的总土压力；库仑土压力理论属于滑动楔体法，即根据墙背与滑动面之间楔体整体极限平衡状态，由静力平衡条件求出总土压力，需要时再算出土压力强度及分布形式。朗金土压力理论比较严密，但在应用条件上受到限制；库仑土压力理论比较简单，能适用于比较复杂的边界条件，应用范围广。

朗金土压力理论适用于填土表面为水平的无黏性土或黏性土的土压力计算，而库仑土压力理论只适用于填土表面为水平或倾斜的黏性土，对无黏性土只能用图解法计算。

朗金土压力理论在其推导过程中忽视了墙背与填土之间的摩擦力，认为墙背是光滑的，计算的主动土压力误差偏大，被动土压力误差偏小；而库仑土压力理论考虑了这一点，所以主动土压力接近于实际值。实践表明，库仑主动土压力计算误差为 2%～10%，可以满足实际工程所要求的精度，但被动土压力因为假定滑动面是平面而与实际结果的误差较大，可能达到几倍甚至十倍，实际的被动土压力达不到理论计算值。因此，在工程设计时如果需要考虑土的被动抗力时，应对库仑被动土压力的计算值进行相应的折减。

综上所述，在实际应用中，一般建议计算主动土压力采用库仑土压力公式，计算被动土压力采用朗金土压力公式。

第五节　挡土墙土压力计算实例

工程概况　某建筑南侧半地下室基底标高为－3.65 m，地下车库基底标高为－5.15 m。目前场地地面标高约为32.7 m(－0.7 m)，±0.00相当于绝对标高33.4 m。基坑挖深：半地下室为2.95 m，地下车库为4.45 m。基坑周长约为220 m，开挖面积约为3 000 m^2。

基坑北侧为数栋3F建筑，距离坑边约8.46 m；东侧为数栋3F、4F建筑，距离坑边约17.86 m；南侧为数栋4F建筑，距离坑边约11.49 m；西侧为数栋3F、4F建筑，距离坑边约8.66 m。基坑开挖底边线距北侧用地红线为2.07～2.24 m，东侧为1.92～2.16 m，西侧为2.11～2.55 m，南侧为6.02～6.36 m。红线外侧为小区内道路。

如图8-15所示，根据本基坑挖深、地质条件及周边环境要求，确定本工程ABC、FA段基坑侧壁安全等级为二级，基坑侧壁安全重要性系数取1.0，其余各段基坑侧壁安全等级为三级，基坑侧壁安全重要性系数取0.9。

地面荷载：施工期间基坑周围地面允许堆载不超过20 kPa。东侧施工车辆沿远离基坑一侧道路行驶，车辆总载荷不超过40 kPa。

支护方案　本工程基坑支护的设计使用期限为1年，基坑开挖底边线沿外墙边扩1.0 m。综合考虑地质、环境、挖深等诸方面因素，本着“安全可靠，经济合理，技术可行，方便施工”的原则，确定本基坑的支护方案如下：① ABC、FA段用3排ϕ700@1000双轴混凝土搅拌桩支护；CDEF段用2排ϕ700@1000双轴混凝土搅拌桩支护；地下车库与半地下室间，采用放坡支护，放坡深度1.5 m，坡率1∶0.6，坡面喷60 mm厚C20细石混凝土护坡。② 基坑采用ϕ700@1000双轴混凝土搅拌桩形成闭合的止水帷幕(图8-15)。

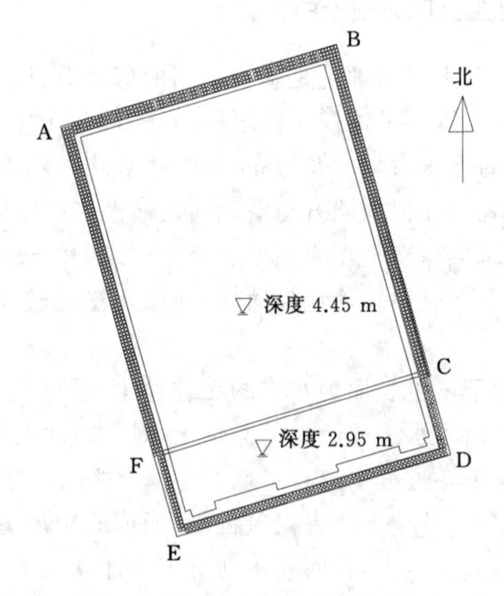

图8-15　场地止水帷幕范围图

稳定性验算以简化的土层为例进行验算：

基坑采用三排 10 m 长的混凝土搅拌桩墙支护，墙宽为 4.2 m，基坑深度为 5 m；单一土层参数为 $c=10$ kPa，$\varphi=14°$，$\gamma=18$ kN/m^3，验算其稳定性。本次稳定性验算包括：(1) 计算墙后主动土压力；(2) 计算墙前被动土压力；(3) 计算水泥搅拌桩自重及墙底摩擦力；(4) 抗滑移稳定系数。

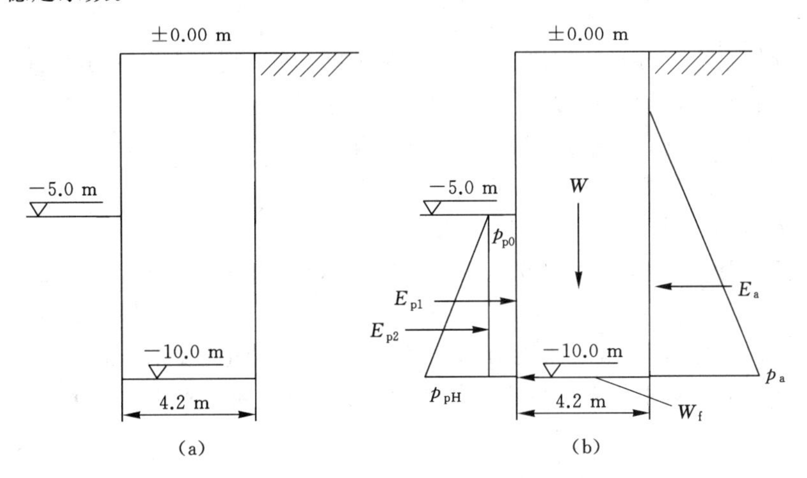

图 8-16　挡土墙压力计算简化图

(1) 墙后主动土压力

如图 8-16 所示，墙底标高处主动土压力 p_a：

$$\begin{aligned}p_a &= \gamma h \tan^2(45° - \frac{\varphi}{2}) - 2c \cdot \tan(45° - \frac{\varphi}{2}) \\ &= 18 \times 10 \times \tan^2 38° - 2 \times 10 \times \tan 38° \\ &= 94.2\ (\text{kPa})\end{aligned}$$

主动土压力零点深度 h_0：

$$18h_0 \tan^2 38° - 2 \times 10 \times \tan 38° = 0$$

解得：$h_0 = 1.42$ (m)。

主动土压力 E_a：

$$E_a = \frac{1}{2}(10 - 1.42) \times p_a = 404\ (\text{kN/m})$$

(2) 墙前被动土压力

坑底标高处被动土压力 p_{p0}：

$$p_{p0} = 2c\tan(45° + \frac{\varphi}{2}) = 2 \times 10 \times \tan 52° = 25.6\ (\text{kPa})$$

墙底标高处被动土压力 p_{pH}：

$$\begin{aligned}p_{pH} &= \gamma h \tan^2(45° + \frac{\varphi}{2}) + 2c\tan(45° + \frac{\varphi}{2}) \\ &= 18 \times 5 \times \tan^2 52° + 2 \times 10 \times \tan 52° \\ &= 173\ (\text{kPa})\end{aligned}$$

被动土压力 E_p：

$$E_p = E_{p1} + E_{p2} = \frac{1}{2}(p_{p0} + p_{pH})(L - H)$$

$$= \frac{1}{2} \times (25.6 + 173) \times (10 - 5)$$

$$= 496.5 \ (\text{kN/m})$$

土压力计算中水土分合算问题,实际上就是重度 γ 的取值问题。一般情况下,水土分算偏于保险,水土合算偏于冒险。总的原则是:① 对于透水性强的砂性土水土分算;② 相对隔水的黏性土水土合算;③ 对被动土压力,一般均水土合算。

(3) 混凝土搅拌桩墙自重及墙底摩擦力

墙体自重 $W = 4.2 \times 10 \times 18 = 756 \ (\text{kN})$

墙底摩擦力 $W_f = W \times f = 756 \times 0.3 = 226.8 \ (\text{kN})$

(4) 抗滑移稳定系数

在土压力作用下,挡土墙有可能沿基础底面发生滑动,因此要求基底抗滑力大于其滑动力。作用于挡土墙上水平方向的抗滑力与滑动力之比称为抗滑稳定系数 F_s。

要求:$F_s = \dfrac{f \cdot \sum G}{\sum H} \geqslant 1.3$

式中:$\sum H = \sum E_a + \sum E_w - \sum E_p = 404 - 496.6 = -92.6 < 0$,故采用:

$$F_s = \frac{f \cdot \sum G + E_p}{E_a + E_w} = \frac{226.8 + 496.6}{404} = 1.79 \geqslant 1.3$$

▶概念与术语

静止土压力

主动土压力

被动土压力

朗金土压力理论

挡土结构物

库仑土压力理论

▶能力及学习要求

1. 掌握利用朗金土压力理论计算主动土压力、被动土压力的方法。
2. 掌握利用库仑土压力理论计算主动土压力、被动土压力的方法。

▶练习题

8-1 当土的内摩擦角是 30°时,求主动土压力系数 K_a、静止土压力系数 K_0、被动土压力系数 K_p 的值。比较其大小,可以说明什么道理?

8-2 板桩墙如图 8-17 所示,图中土的重度为 18.5 kN/m³,$c' = 10$ kN/m²,$\varphi' = 28°$ 时,求板桩墙前的被动土压力和板桩墙后的主动土压力。

8-3 按朗金土压力理论计算图 8-18 所示挡土墙上的主动土压力 E_a 及其分布。

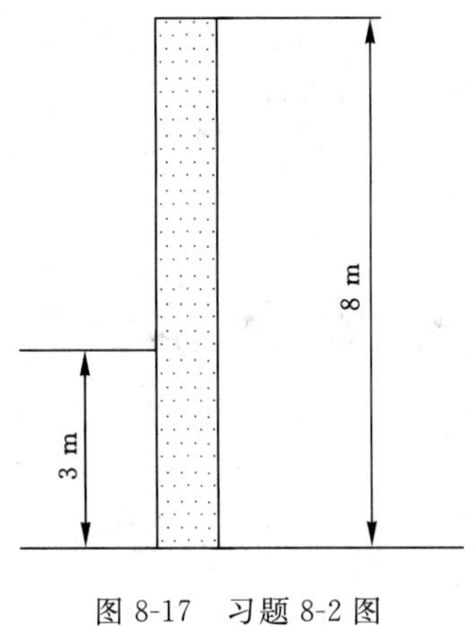

图 8-17　习题 8-2 图

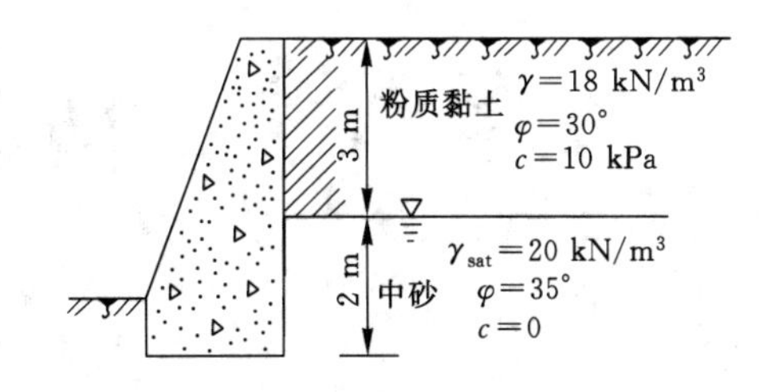

图 8-18　习题 8-3 图

▶研讨选题参考

1. 挡土结构物的位移及变形对土压力有什么影响?
2. 地下水位升降对土压力的影响如何?
3. 埋管的土压力。
4. 竖井井壁的土压力。

第九章 地基承载力计算

内容提要

承载力是指在外荷载作用下，地基抵抗剪切破坏的能力，它与外荷载、基础以及地基土的特性有关系。在进行地基基础设计时，必须满足下述两个条件：① 建筑物基础在荷载的作用下产生的沉降量和沉降差应不大于容许值；② 建筑物基础底面处的基底压力应不超过地基所允许的最大承载能力。本章主要介绍地基承载力、承载力特征值的基本概念、确定地基承载力特征值的载荷试验法、理论公式法及极限承载力的计算方法。

第一节 基本概念

一、地基的破坏过程

地基变形主要是指地基的竖向变形（即地基沉降）以及由此产生的地基横向变形。地基的破坏是指地基土体中的剪应力达到其抗剪强度，地基丧失稳定性。根据现场载荷试验结果绘制成的 $p \sim s$ 曲线形态来看，地基破坏的过程可分为如下三个阶段。

（一）压密阶段（弹性变形阶段）

压密变形阶段时，作用在地基上的压力与土层沉降呈现线性关系，如图 9-1 中曲线 a 上 OA 段所示，土中各点的剪应力均小于土的抗剪强度，土体处于弹性平衡状态。在这一阶段，荷载板的沉降主要是由于土的孔隙压密引起的，相应于图 9-1 中曲线 a 上 A 点的荷载即为临塑荷载（比例界限荷载）p_{cr}。

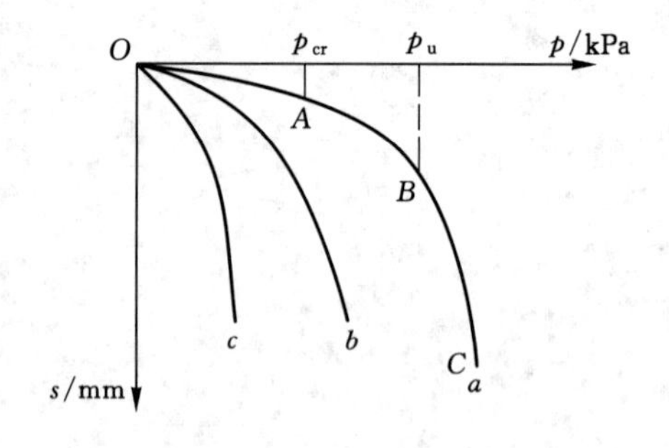

图 9-1 地基土的 $p \sim s$ 曲线

（二）剪切阶段（弹塑性变形阶段）

随着作用在地基上压力的增大，$p \sim s$ 曲线已不再保持线性关系，如图 9-1 中曲线 a 上的 AB 段，沉降速度加快，地基土中局部范围内（首先在基础边缘处）的剪应力达到了土的抗剪强度，土体发生剪切破坏而出现塑性区。

随着荷载的继续增加，土中塑性区的范围也逐渐扩大，直到土中形成连续的滑动面。因此，剪切阶段也是地基中塑性区的发生与发展阶段，相应于图 9-1 中曲线 a 上 B 点的荷载即为极限荷载 p_u。

（三）破坏阶段

当所施加荷载超过极限荷载后，地基土变形急剧增大，即使不增加荷载，沉降也不能稳定，这表明地基进入了破坏阶段。在这一阶段，由于土中塑性区范围的不断扩展，最后在土中形成连续滑动面，土向基础的一侧或两侧挤出，地面隆起，地基发生整体剪切破坏，如图 9-2(a)所示。此阶段相当于图 9-1 中曲线 a 上的 BC 段。

二、地基的破坏形式

由于地基土不同，加载的条件又不尽相同，地基的变形过程及破坏形式也不尽相同，但地基的破坏形式基本可分为 3 类：除了上述整体剪切破坏之外，还有局部剪切破坏和冲切破坏形式。

局部剪切破坏，如图 9-2(b)所示，其特征是随着荷载的增加，以基础地面两端点为起点，在地基中也形成两组滑裂面，但该滑裂面只局限于地基土中的一定范围内，很难再扩展延伸至地面，基础两侧的地面微微隆起，没有出现明显的裂缝。如图 9-1 中的曲线 b 所示，$p \sim s$ 曲线开始为直线段，曲线上也有一个转折点，但不像整体剪切破坏那样明显，在转折点后，$p \sim s$ 曲线仍呈线性关系。

冲切破坏又称刺入剪切破坏，如图 9-2(c)所示，其特征是随着荷载的增加，基础下土层发生压缩变形，基础随之下沉，当荷载继续增加，基础周围附近土体发生竖向剪切破坏，使基础向下刺入土中，只在基础边缘和基础正下方出现滑动面，基础两侧地面无明显隆起现象，基础周边还会出现凹陷现象。冲切破坏的 $p \sim s$ 曲线如图 9-1 曲线 c 所示，在曲线中沉降随着荷载的增大而不断增加，但曲线上并没有明显的转折点，没有明显的比例界限及极限荷载。

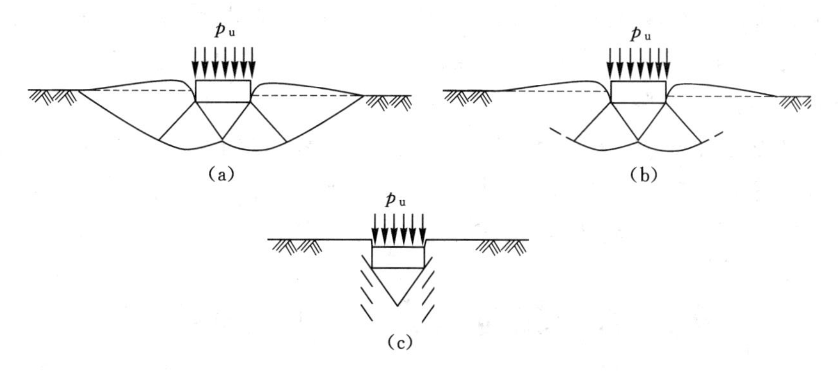

图 9-2　地基的破坏形式

地基的剪切破坏形式，除了与地基土的性质有关外，还与基础埋置深度、加荷速度等因素有关。如在密砂地基中，一般会出现整体剪切破坏，但当基础埋置很深时，密砂在很大荷载作用下也会产生压缩变形，而出现冲切破坏；又如在软黏土中，当加荷速度较慢时会产生压缩变形而出现冲切破坏，但当加荷很快时，由于土体不能产生压缩变形，就可能发生整体剪切破坏。

魏锡克通过砂土模型试验，得出砂土相对密度和基础相对埋深对地基破坏模式的影响，如图 9-3 所示。

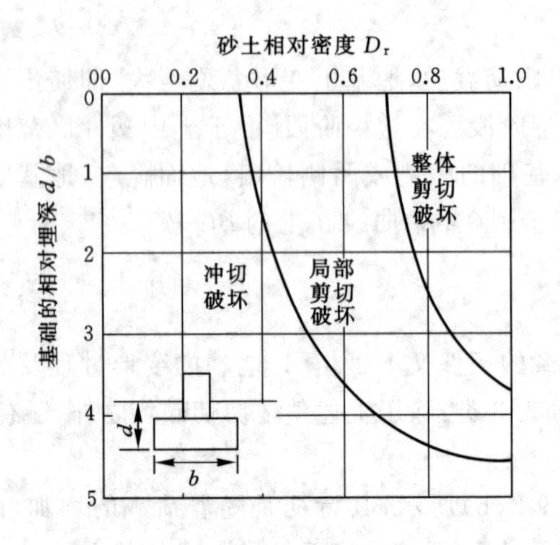

图 9-3　砂土模型基础下的地基破坏模式

三、地基承载力

地基承载力是指地基对基础及上部结构载荷的承受能力，其单位一般以千帕(kPa)计，大小取决于地基、基础及上部结构。

极限承载力是指地基由塑性变形达到整体破坏阶段的界限压力，用 p_u 表示，即地基能承受的最大荷载强度。

当地基土受到荷载作用后，地基中有可能出现一定的塑性变形区。当地基土中将要出现但尚未出现塑性区时，地基所承受的相应荷载称为临塑荷载 p_{cr}；当地基土中的塑性区发展到某一深度时，其相应荷载称为临界荷载；当地基土中的塑性区充分发展并形成连续滑动面时，其相应荷载则为极限荷载 p_u。

容许承载力是指满足地基不会产生剪切破坏而失稳，同时满足地基变形引起的建筑物沉降及沉降差等应限制在允许范围内时地基土所能承受的最大荷载，可由 p_{cr} 或 p_u/F_s（F_s 为稳定系数）确定浅基础的地基容许承载力。

第二节　载荷试验确定地基承载力

一、浅层平板载荷试验

浅层平板载荷试验是指现场(静)载荷试验，它是工程地质勘察工作中一项基本的地基土的原位测试。试验前先在现场试坑中竖立载荷架，使施加的荷载通过承压板传到地层中，以便测试浅部地基附加应力影响范围内土的力学性质。承压板应有足够的刚度，承压板的底面积不应小于 0.25 m^2，对软土不应小于 0.5 m^2（正方形边长 0.707 m×0.707 m 或圆形直径 0.798 m)。为模拟半空间地基表面的局部荷载,基坑宽度不应小于承压板宽度或直径的三倍,参见《建筑地基基础设计规范》(GB 50007—2011)和《土工试验方法标准》(GB/T 50123—2019)。

如图 9-4 所示为两种千斤顶形式的荷载架,其构造由加荷稳压装置、反力装置及观测装置三部分组成。加荷稳压装置包括承压板、立柱、加荷千斤顶及稳压器;反力装置包括地锚系统或堆重系统等;观测装置包括百分表及固定支架等。载荷试验测试点通常布置在取样的技术钻孔附近,当地质构造简单时,距离不应超过 10 m,在其他情况下则不应超过 5 m,但也不宜少于 2 m。必须注意保持试验土层的原状结构和天然湿度,宜在拟试压表面用粗砂或中砂层找平,其厚度不应超过 20 mm。

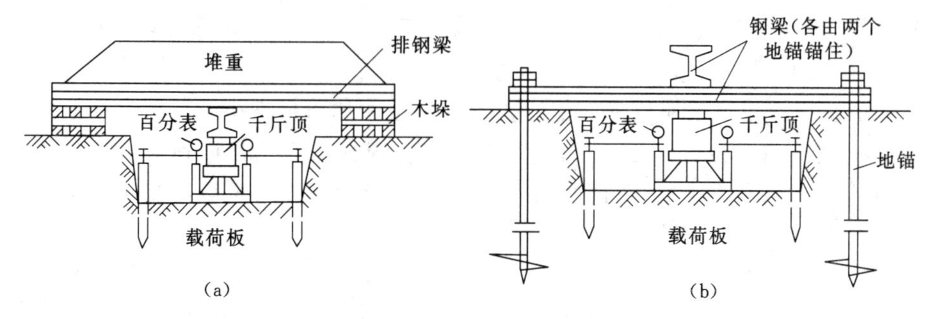

图 9-4　浅层平板载荷试验载荷架示例

载荷试验所施加的总荷载,应尽量接近地基极限荷载 p_u。加载分级不应少于 8 级,最大加载量不应小于设计要求的两倍。第一级荷载(包括设备重)宜接近开挖浅试坑所卸除的土重,与其相应的承压板沉降量不计;其后每级荷载增量,对较松软的土可采用 10～25 kPa,对较密硬的土则用 50～100 kPa。最后一级荷载是判定承载力的关键,应细分二级加荷,以提高成果的精确度。

荷载试验的观测标准:① 每级加载后,按间隔 5、5、10、10、15、15 min 以及以后每隔半小时读一次沉降量,当连续两小时内每小时的沉降量小于 0.1 mm 时,则认为沉降已趋于稳定,可加下一级荷载;② 当出现下列情况之一时,即可终止加载——承压板周围的土有明显的侧向挤出(砂土)或发生裂纹(黏性土和粉土);沉降 s 急骤增大,荷载—沉降($p \sim s$)曲线出现陡降段;在某一荷载下,24 h 内沉降速率不能达到稳定标准;$s/b \geqslant 0.06$(b 为承压板的宽度或直径)。

满足终止加载前三种情况之一时,其对应的前一级荷载定为极限荷载。浅层平板载荷确定地基容许承载力,通常取 $p \sim s$ 曲线上的比例界限荷载值或极限荷载值的一半。浅层平板载荷试验确定地基承载力特征值,《建筑地基基础设计规范》(GB 50007—2011)规定如下:

① 当 $p \sim s$ 曲线上有比例界限时,取该比例界限所对应的荷载值;

② 当极限荷载小于对应比例界限荷载值的 2 倍时,取极限荷载值的一半;

③ 当不能按上述两点要求确定时,若压板面积为 0.25～0.5 m^2,可取 $s/b = 0.01 \sim 0.015$ 所对应的荷载,但其值不应大于最大加载量的一半;

④ 同一土层参加统计的试验点不应少于 3 个,各试验实测值的极差不得超过其平均值

的 30%,取此平均值作为该土层的地基承载力特征值。再经过深宽修正,得出修正后的地基承载力特征值。

二、深层平板载荷试验

深层平板载荷试验适用于深部地基土层及大直径桩桩端土层,在承压板下应力主要影响范围内的承载力及变形模量。承压板采用直径为 0.8 m 的刚性板,紧靠承压板周围外侧土层高度不应小于 0.8 m,以尽量保持承压板荷载作用于半空间内部的受力状态;加荷等级可按预估极限荷载的 1/15~1/10 分级施加,最大荷载宜达到破坏,不应少于荷载设计值的两倍。每级加荷测读时间间隔及稳定标准和浅层平板荷载试验一样。终止加载标准:① 沉降 s 急骤增大,$p \sim s$ 曲线上有可判定极限荷载的陡降段,且沉降量超过 $0.04d$(d 为承压板直径);② 在某级荷载下,24 h 内沉降速率不能达到稳定标准;③ 本级沉降量大于前一级沉降量的 5 倍;④ 当持力层土质坚硬、沉降量很小时,最大加荷量不小于荷载设计值的 2 倍。

满足终止加载前三种情况之一时,其对应的前一级荷载定为极限荷载。深层平板载荷试验成果确定地基承载力特征值,同浅层平板试验,仅作宽度修正,得出修正后的地基承载力特征值。

第三节　理论公式确定地基承载力

一、地基临塑荷载和临界荷载

(一) 塑性区边界方程的推导

土的极限平衡条件表达式如下:

$$\frac{1}{2}(\sigma_1-\sigma_3)=\left[c\cot\varphi+\frac{1}{2}(\sigma_1+\sigma_3)\right]\sin\varphi \tag{9-1}$$

$$\sigma_1=\sigma_3\tan^2(45^\circ+\frac{\varphi}{2})+2c\tan(45^\circ+\frac{\varphi}{2}) \tag{9-2}$$

$$\sigma_3=\sigma_1\tan^2(45^\circ-\frac{\varphi}{2})-2c\tan(45^\circ-\frac{\varphi}{2}) \tag{9-3}$$

如图 9-5 所示,假设条形基础宽度为 b,埋置深度为 d,计算基底下深度 z 处 M 点的主应力时,可将作用在基底水平面上的荷载(包括作用在基底的均布荷载 p_0 以及基础两侧埋置深度 d 范围内土的自重应力 $\gamma_0 d$),分解为两部分,即无限均布荷载 $\gamma_0 d$ 以及基底范围内的均布荷载($p_0-\gamma_0 d$)。严格说,M 点土的自重应力在各向是不等的,因此,上述两项在 M 点产生的应力在数值上不能叠加,为了简化起见,在下述荷载公式推导中,假定土的自重应力各向相等,即假设土的侧压力系数 $K_0=1$,则土的重力产生的压应力将如同静水压力一样,在各个方向是相等的,均为 $\gamma_0 d+\gamma z$,其中 γ_0 为基底以上土的加权平均重度,γ 为基底以下

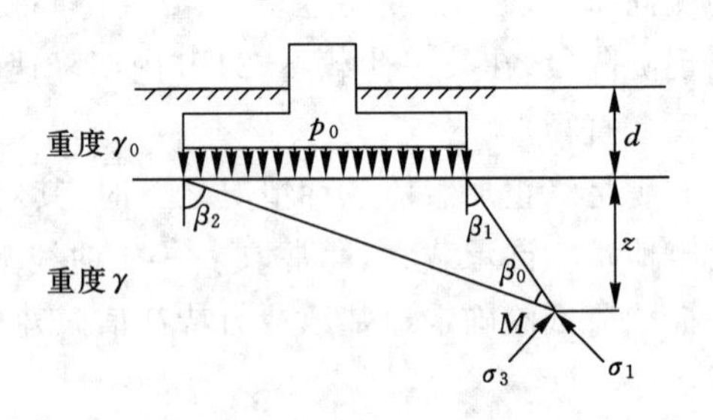

图 9-5　塑性区边界方程的推导

土的重度，这样，当基础有埋置深度时，土中任意点 M 的主应力为：

$$\sigma_1=\frac{p_0-\gamma_0 d}{\pi}(\beta_0+\sin\beta_0)+\gamma z+\gamma_0 d \tag{9-4}$$

$$\sigma_3=\frac{p_0-\gamma_0 d}{\pi}(\beta_0-\sin\beta_0)+\gamma z+\gamma_0 d \tag{9-5}$$

若 M 点位于塑性区的边界上，它就处于极限平衡状态。根据土体强度理论公式可知，土中某点处于极限平衡状态时，其主应力满足公式(9-1)，将式(9-4)、式(9-5)代入式(9-1)得：

$$z=\frac{p_0-\gamma_0 d}{\pi\gamma}\left(\frac{\sin\beta_0}{\sin\varphi}-\beta_0\right)-\frac{c}{\gamma\tan\varphi}-\frac{\gamma_0}{\gamma}d \tag{9-6}$$

（二）临塑荷载及临界荷载

为求得地基中塑性区开展的最大深度 $z_{\max}$，把式(9-6)对 β_0 求导，并令导数等于零，即 $\frac{\mathrm{d}z}{\mathrm{d}\beta_0}=0$，求得 $\beta_0=\frac{\pi}{2}-\varphi$，代入上式，求得 $z_{\max}$：

$$z_{\max}=\frac{p_0-\gamma_0 d}{\pi\gamma d}\left[\cot\varphi-\left(\frac{\pi}{2}-\varphi\right)\right]-\frac{c}{\gamma\tan\varphi}-\frac{\gamma_0}{\gamma}d \tag{9-7}$$

由上式可得：

$$p_0=\frac{\pi\cot\varphi}{\cot\varphi+\varphi-\frac{\pi}{2}}c+\frac{\cot\varphi+\varphi+\frac{\pi}{2}}{\cot\varphi+\varphi-\frac{\pi}{2}}\gamma_0 d+\frac{\pi}{\cot\varphi+\varphi-\frac{\pi}{2}}\gamma z_{\max} \tag{9-8}$$

上式即为基底压力与塑性区开展最大深度的关系式，若令 $z_{\max}=0$ 并代入上式，此时的基底压力即为临塑荷载 p_{cr}，其计算公式为：

$$p_{\mathrm{cr}}=cN_{\mathrm{c}}+\gamma_0 dN_{\mathrm{q}} \tag{9-9}$$

其中

$$N_{\mathrm{c}}=\frac{\pi\cot\varphi}{\cot\varphi+\varphi-\frac{\pi}{2}} \tag{9-10}$$

$$N_{\mathrm{q}}=\frac{\cot\varphi+\varphi+\frac{\pi}{2}}{\cot\varphi+\varphi-\frac{\pi}{2}} \tag{9-11}$$

工程经验表明，在中心荷载作用下，可允许地基中塑性区达到最大深度 $z_{\max}=b/4$（b 为基础宽度）。将 $z_{\max}=b/4$ 代入式(9-8)中，此时的基底压力为中心荷载作用下地基的临界荷载 $p_{1/4}$，其计算公式是：

$$p_{1/4}=cN_{\mathrm{c}}+\gamma_0 dN_{\mathrm{q}}+\frac{1}{4}\gamma bN_{\gamma} \tag{9-12}$$

式中

$$N_{\gamma}=\frac{\pi}{\cot\varphi+\varphi-\frac{\pi}{2}} \tag{9-13}$$

其他符号意义同前。

在中小偏心荷载作用下，可允许地基中塑性区达到最大深度 $z_{\max}=b/3$，将 $z_{\max}=b/3$ 代入式(9-8)中，此时的基底压力为偏心荷载作用下地基的临界荷载 $p_{1/3}$，其计算公式是：

$$p_{1/3}=cN_c+\gamma_0 dN_q+\frac{1}{3}\gamma bN_\gamma \tag{9-14}$$

N_c、N_q 和 N_γ 称为临塑荷载和临界荷载的承载力系数，这些系数只与土的内摩擦角有关，可从表 9-1 查用。

表 9-1 临塑荷载和临界荷载的承载力系数

φ/(°)	N_c	N_q	N_γ	φ/(°)	N_c	N_q	N_γ
0	3.14	1.00	0.00	22	6.04	3.44	2.44
2	3.32	1.12	0.12	24	6.45	3.87	2.87
4	3.51	1.25	0.25	26	6.90	4.37	3.37
6	3.71	1.39	0.39	28	7.40	4.93	3.93
8	3.93	1.55	0.55	30	7.95	5.59	4.59
10	4.17	1.73	0.73	32	8.55	6.34	5.34
12	4.42	1.94	0.94	34	9.22	7.22	6.22
14	4.69	2.17	1.17	36	93.97	8.24	7.24
16	4.99	2.43	1.43	38	10.80	9.44	8.44
18	5.31	2.73	1.73	40	11.73	10.85	9.85
20	5.66	3.06	2.06	42	12.79	12.51	11.51

应注意的是，临塑荷载和临界荷载计算公式只适用于条形基础，若将其用于矩形基础，则结果偏安全；在推导过程中假定土的侧压力系数 $K_0=1$，这与大多数的实际情况不符；在推导临界荷载 $p_{1/4}$ 和 $p_{1/3}$ 时，仍用弹性理论计算土中的附加应力，使结果存在一定的误差。

【例题 9-1】 条形基础宽 $b=2.8$ m，埋深 $d=1.5$ m，建于均质的黏土地基上，土层的参数为 $\gamma=18$ kN/m³，$c=15$ kPa，$\varphi=20°$，试计算地基的临塑荷载 p_{cr} 及临界荷载 $p_{1/4}$ 和 $p_{1/3}$。

解：由 $\varphi=20°$，查表 9-1 得到承载力系数 $N_c=5.66$，$N_q=3.06$，$N_\gamma=2.06$，因为基础建于均质黏土地基上，$\gamma_0=\gamma=18$ kN/m³，所以：

$$\begin{aligned}p_{cr}&=cN_c+\gamma_0 dN_q\\&=15\times 5.66+18\times 1.5\times 3.06=167.52\ (\text{kPa})\end{aligned}$$

$$\begin{aligned}p_{1/4}&=cN_c+\gamma_0 dN_q+\frac{1}{4}\gamma bN_\gamma\\&=15\times 5.66+18\times 1.5\times 3.06+\frac{1}{4}\times 18\times 2.8\times 2.06\\&=193.48\ (\text{kPa})\end{aligned}$$

$$p_{1/3}=cN_c+\gamma_0 dN_q+\frac{1}{3}\gamma bN_\gamma$$

$$=15\times5.66+18\times1.5\times3.06+\frac{1}{3}\times18\times2.8\times2.06$$

$$=202.13\ (\text{kPa})$$

二、地基承载力特征值计算

（一）理论公式确定地基承载力特征值

地基承载力特征值，是指由载荷试验测定的地基土压力变形曲线线性变形段内规定的变形所对应的压力值，其最大值为比例界限值。因此，地基承载力特征值实质上就是地基承载力容许值。

按照《建筑地基基础设计规范》(GB 50007—2011)规定，当偏心距 e 小于或等于 0.033 倍基础底面宽度时，根据土的抗剪强度指标确定地基承载力特征值可按下式计算，并应满足变形要求：

$$f_a=M_b\gamma b+M_d\gamma_m d+M_c c_k \tag{9-15}$$

式中　f_a ——由土的抗剪强度指标确定的地基承载力特征值，kPa；

M_b、M_d、M_c ——承载力系数，按基础底面下一倍短边宽深度内土的内摩擦角标准值 φ_k 计算或查表 9-2；

γ ——基础底面以下土的重度，18 kN/m^3；地下水位以下取浮重度；

γ_m ——基础底面以上土的加权平均重度，18 kN/m^3；地下水位以下取浮重度；

d ——基础埋置深度，m；一般自室外地面标高算起；

b ——基础底面宽度，m；大于 6 m 时按 6 m 取值，对于砂土小于 3 m 时按 3 m 取值；

c_k ——基础底面下一倍短边宽深度内土的黏聚力标准值，kPa。

表 9-2　承载力系数 M_b、M_d、M_c

土的内摩擦角标准值 φ_k /(°)	M_b	M_d	M_c
0	0	1.00	3.14
2	0.03	1.12	3.32
4	0.06	1.25	3.51
6	0.10	1.39	3.71
8	0.14	1.55	3.93
10	0.18	1.73	4.17
12	0.23	1.94	4.42
14	0.29	2.17	4.69
16	0.36	2.43	5.00
18	0.43	2.72	5.31
20	0.51	3.06	5.66
22	0.61	3.44	6.04
24	0.80	3.87	6.45
26	1.10	4.37	6.90
28	1.40	4.93	7.40

表 9-2(续)

土的内摩擦角标准值 φ_k /(°)	M_b	M_d	M_c
30	1.90	5.59	7.95
32	2.60	6.35	8.55
34	3.40	7.21	9.22
36	4.20	8.25	9.97
38	5.00	9.44	10.80
40	5.80	10.84	11.73

【例题 9-2】 有一条形基础，宽度为 3 m，埋置深度为 1.5 m。地基土重度为 19 kN/m³，饱和重度为 20 kN/m³，黏聚力的标准值为 10 kPa，内摩擦角的标准值为 10°。求地基承载力的特征值；若地下水位上升到基础底面，其值有何变化？（假定土的抗剪强度指标不变）

解： 根据地基承载力特征值公式，经查表 $\varphi_k = 10°$ 时有，$M_b = 0.18$，$M_d = 1.73$，$M_c = 4.17$，代入公式

$$f_a = M_b \gamma b + M_d \gamma_m d + M_c c_k$$

得到 $f_a = 0.18 \times 19 \times 3 + 1.73 \times 19 \times 1.5 + 4.17 \times 10 = 101.3\ (\text{kPa})$。

当地下水位上升到基础底面时，有：

$$\gamma' = \gamma_{sat} - \gamma_w = 20 - 9.8 = 10.2\ (\text{kN/m}^3)$$

则 $f_a = 0.18 \times 10 \times 3 + 1.73 \times 19 \times 1.5 + 4.17 \times 10 = 96.40\ (\text{kPa})$。

可见承载力降低。

（二）抗剪强度指标的标准值

① 根据室内 n 组三轴压缩试验的结果，计算某一土性指标的变异系数、试验平均数和标准差。

变异系数：

$$\delta = \frac{\sigma}{\mu}$$

试验平均数：

$$\mu = \frac{\sum_{i=1}^{n} \mu_i}{n}$$

标准差：

$$\sigma = \sqrt{\frac{\sum_{i=1}^{n} \mu_i^2 - n\mu^2}{n-1}}$$

② 计算内摩擦角和黏聚力的统计修正系数：

$$\Psi_\varphi = 1 - \left(\frac{1.704}{\sqrt{n}} + \frac{4.678}{n^2}\right)\delta_\varphi \tag{9-16}$$

$$\Psi_c = 1 - \left(\frac{1.704}{\sqrt{n}} + \frac{4.678}{n^2}\right)\delta_c \tag{9-17}$$

③ 计算内摩擦角和黏聚力的标准值：

$$\varphi_k = \Psi_\varphi \varphi_m \tag{9-18}$$

$$c_k = \Psi_c c_m \tag{9-19}$$

式中 φ_m——内摩擦角的试验平均值，(°)；

c_m——黏聚力的试验平均值，kPa。

（三）地基承载力特征值的修正

《建筑地基基础设计规范》(GB 50007—2011)规定，当基础宽度大于 3 m 或埋置深度大于 0.5 m 时，从荷载试验或其他原位试验、经验值方法等确定的地基承载力特征值，尚应按下式修正：

$$f_a = f_{ak} + \eta_b \gamma (b-3) + \eta_d \gamma_m (d-0.5) \tag{9-20}$$

式中 f_a——修正后的地基承载力特征值，kPa；

f_{ak}——地基承载力特征值，kPa，通过荷载试验或其他原位试验、经验值方法等确定；

η_b、η_d——基础宽度和埋置深度的地基承载力修正系数，按基底下土的类别查表 9-3取值；

γ——基础底面以下土的重度，kN/m³；地下水位以下取浮重度；

b——基础底面宽度，m；当基础宽度小于 3 m 按 3 m 取值，大于 6 m 按 6 m 取值；

γ_m——基础底面以上土的加权平均重度，kN/m³；地下水位以下取浮重度；

d——基础埋置深度，m；一般自室外地面标高算起，在填方整平地区，可自填土地面标高算起，但填土在上部结构施工完成时，应从天然地面标高算起；对于地下室，如采用箱形或筏基时，基础埋置深度从室外底面标高算起；当采用独立基础或条形基础时，应从室内地面标高算起。

表 9-3　地基承载力修正系数表

土的类别		η_b	η_d
淤泥和淤泥质土		0	1.0
人工填土；e 或 I_L 大于等于 0.85 的黏性土		0	1.0
红黏土	含水比 $a_w > 0.8$	0	1.2
	含水比 $a_w \leqslant 0.8$	0.15	1.4
大面积压实填土	压实系数大于 0.95、黏粒含量 $\rho_c \geqslant 10\%$ 的粉土	0	1.5
	最大干密度大于 2.1 t/m³ 的级配砾石	0	2.0
粉土	黏粒含量 $\rho_c \geqslant 10\%$ 的粉土	0.3	1.5
	黏粒含量 $\rho_c < 10\%$ 的粉土	0.5	2.0
e 或 I_L 均小于 0.85 的黏性土		0.3	1.6
粉砂、细砂(不包括很湿与饱和时的稍密状态)		2.0	3.0
中砂、细砂、砂砾和碎石土		3.0	4.4

注：1. 强风化和全风化的岩石，可参照所风化成的相应土类取值，其他状态下的岩石不修正；2. 地基承载力特征值按有关规范用深层平板载荷试验确定时 η_d 取 0。

三、地基极限承载力计算

（一）饱和黏土层上地基承载力计算

如图 9-6 所示，基础位于饱和黏土层之上，宽度为 b，长度为 l，当作用在基底的压力达到 p_u 时，黏土层沿剪切面发生整体剪切破坏，假定基底滑动面的圆心为 O 点，且存在于基底平面上，则左侧在基底压力作用下，对 O 点产生滑动力矩，而右侧的土层对 O 点产生抗滑力矩。

滑动力矩为：

$$p_u \times l \times b \times \frac{b}{2} = \frac{p_u lb^2}{2} \tag{9-21}$$

抗滑力矩为：

$$\pi c_u bl \times b + c_u dl \times b + \gamma dlb \times \frac{b}{2} \tag{9-22}$$

当达到极限平衡时，滑动力矩和抗滑力矩两者相等，便可求得 p_u：

$$p_u = 2\pi c_u + \frac{2c_u d}{b} + \gamma d = 2(\pi + \frac{d}{b})c_u + \gamma d = N_c c_u + \sigma_{zd} \tag{9-23}$$

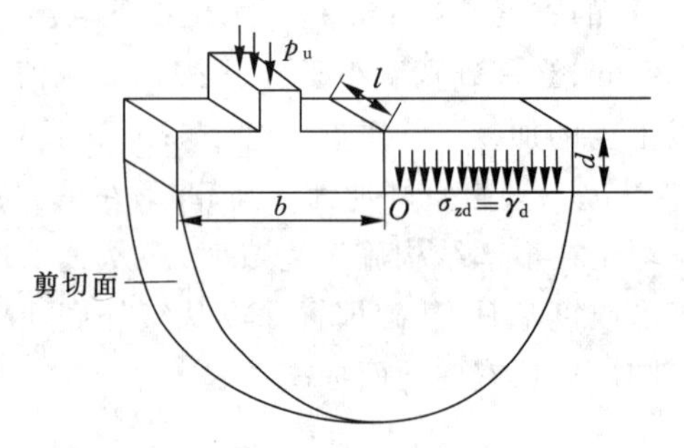

图 9-6　极限承载力计算

（二）太沙基地基极限承载力公式

太沙基提出了确定条形浅基础的极限荷载公式。太沙基认为，从实用考虑，当基础的长宽比 $l/b \geqslant 5$ 及基础的埋置深度 $d \leqslant b$ 时，就可视为条形浅基础。基底以上的土体看作是作用在基础两侧的均布荷载 $q = \gamma_0 d$ 。

太沙基假定基础底面是粗糙的，地基滑动面的形状如图 9-7 所示，可以分为三个区：Ⅰ区为在基础底面下的土楔 ABC（图 9-8），由于假定基底是粗糙的，具有很大的摩擦力，因此 AB 不会发生剪切位移，Ⅰ区内土体不是处于朗金主动土压力状态，而是处于弹性压密状态，它与基础底面一起移动。太沙基假定滑动面 AC（或 BC）与水平面成 φ 角。Ⅱ区中，滑动面一组是通过 AB 点的辐射线，另一组是对数螺旋曲线。如果考虑土的重度时，滑动面就不会是对数螺旋曲线，目前尚不能求得两组滑动面的解析解。因此，太沙基忽略了土的重度对滑动面形状的影响，是一种近似解，对数螺旋曲线在 C 点的切线是竖直的。Ⅲ区是朗金被动状态区。

若作用在基底的荷载为 p_u 时，假设此时发生整体剪切破坏，那么基底下的弹性压密区（Ⅰ区）ABC 将贯入土中，向两侧挤压土体达到被动破坏，因此，在 AC 及 BC 面上将作用被

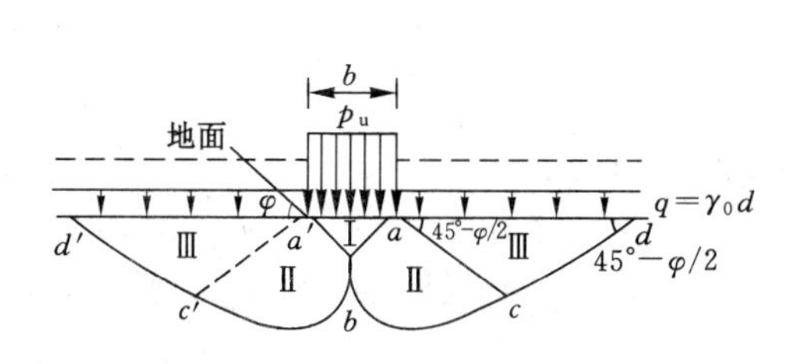

图 9-7　太沙基公式滑动面形状

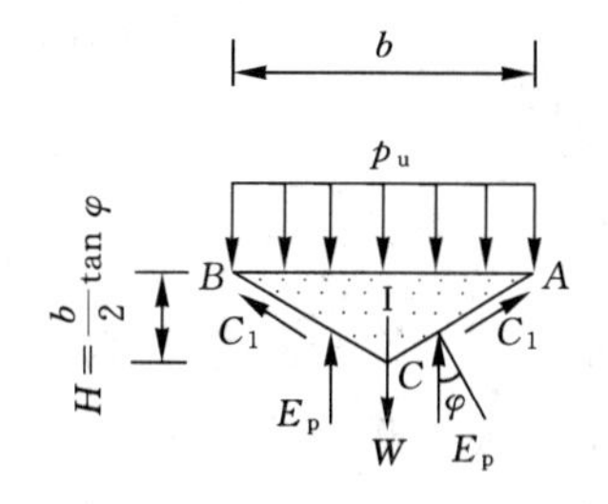

图 9-8　土楔体 ABC 受力示意图

动力 E_p，E_p 与作用面的法线方向成 δ 角，已知摩擦角 $\delta=\varphi$，故 E_p 是竖直向的，如图 9-8 所示。取脱离体 ABC，考虑单位长基础，根据平衡条件，有：

$$p_u b=2C_1\sin\varphi+2E_p-W \tag{9-24}$$

式中　C_1——AC 及 BC 面上土黏聚力的合力，$C_1=c\,\overline{AC}=c\,\dfrac{b}{2\cos\varphi}$；

W——土楔体 ABC 的重力，$W=\dfrac{1}{2}\gamma Hb=\dfrac{1}{4}\gamma b^2\tan\varphi$。

由此，式(9-24)可写成：

$$p_u=c\tan\varphi+\frac{2E_p}{b}-\frac{1}{4}\gamma b\tan\varphi \tag{9-25}$$

被动土压力 E_p 是由土的重度 γ、黏聚力 c 及超载 q 三种因素引起的总值，很难精确确定。太沙基认为从实际工程要求的精度，可以用下述简化方法分别计算由三种因素引起的被动土压力的总和：

① 土是无质量、有黏聚力和内摩擦角，没有超载，即 $\gamma=0$，$c\neq0$，$q=0$；

② 土是无质量、无黏聚力、有内摩擦角，有超载，即 $\gamma=0$，$c=0$，$\varphi\neq0$，$q\neq0$；

③ 土是有质量、无黏聚力、有内摩擦角，没有超载，即 $\gamma\neq0$，$c=0$，$\varphi\neq0$，$q=0$。

最后代入式(9-25)，可得适用于条形基础的太沙基极限承载力公式：

$$p_u=\frac{1}{2}\gamma bN_\gamma+qN_q+cN_c \tag{9-26}$$

式中，N_γ、N_q、N_c 为承载力系数，它们都是无量纲系数，仅与土的内摩擦角 φ 有关，可由表 9-4 查得。

表 9-4　太沙基公式承载力系数表

φ/(°)	0	5	10	15	20	25	30	35	40	45
N_γ	0	0.51	1.20	1.80	4.00	11.0	21.8	45.4	125	326
N_q	1.00	1.64	2.69	4.45	7.42	12.7	22.5	41.4	81.3	173.3
N_c	5.71	7.32	9.58	12.9	17.6	25.1	37.2	57.7	95.7	172.2

由于圆形或方形基础属于三维问题，因在数学上计算困难，至今尚未能导得其分析解，因此，太沙基提出了半经验的极限荷载公式：

对于圆形基础，有：

$$p_u = 0.6\gamma R N_\gamma + qN_q + 1.2cN_c \tag{9-27}$$

式中，R 为圆形基础的半径。

对于方形基础，有：

$$p_u = 0.4\gamma b N_\gamma + qN_q + 1.2cN_c \tag{9-28}$$

【例题 9-3】 有一条形基础，建在均质黏土层上，基础宽度 $b=4.0$ m，埋置深度 $d=1.8$ m，其上作用中心荷载 $P=1200$ kN/m，地基土的重度 $\gamma=19$ kN/m³，土的抗剪强度指标 $c=20$ kPa、$\varphi=20°$，其承载力系数分别为 $N_\gamma=4.0$，$N_q=12.7$，$N_c=17.6$。取稳定系数 $F_s=2.5$，请用太沙基公式验证地基稳定性(假设不考虑地下水的影响)。

解：根据太沙基公式 $p_u=\frac{1}{2}\gamma b N_\gamma+cN_c+qN_q$，其中 $q=\gamma d=19\times1.8=34.2$ (kPa)。

$$p_u=\frac{1}{2}\times19\times4\times4+20\times17.6+34.2\times12.7=938.34\ (\text{kPa})$$

容许承载力为：

$$[p]=\frac{p_u}{F_s}=375.34\ (\text{kPa})$$

基底压力为：

$$p_0=\frac{P+N}{F}=\frac{1\,200\times1+1.8\times20\times4\times1}{4\times1}=336\ (\text{kPa})<[p]$$

因此，地基是稳定的。

(三) 普朗特尔地基极限承载力公式

1. 普朗特尔基本解

假定条形基础置于地基表面($d=0$)，地基土无重量($\gamma=0$)，且基础底面光滑无摩擦，如果基础下形成连续的塑性区而处于极限平衡状态时，普朗特尔(L.Prandtl，1920)根据塑性力学得到的地基滑动面形状如图 9-9 所示。地基的极限平衡区可分为三个区：在基底下的Ⅰ区，因为假定基底无摩擦力，故基底平面是最大主应力面，基底竖向压力是大主应力，对称面上的水平压力是小主应力(即朗金主动土压力)，两组滑动面与基础底面间成($45°+\varphi/2$)角，也就是说Ⅰ区是朗金主动状态区；随着基础下沉，Ⅰ区土楔向两侧挤压，因此Ⅲ区因水平应力成为大主应力(即朗金被动土压力)而为朗金被动状态区，滑动面也是由两组平面组成，由于地基表面为最小主应力平面，故滑动面与地基表面成($45°-\varphi/2$)角；Ⅰ区与Ⅲ区的中间是过渡区Ⅱ，第Ⅱ区的滑动面一组是辐射线，另一组是对数螺旋曲线，如图9-9中的 CD 及 CE，其方程式为(图 9-10)：

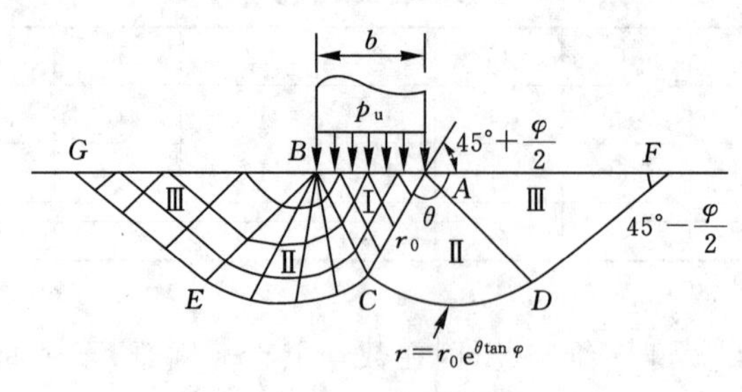

图 9-9　普朗特尔公式的滑动面形状

$$r = r_0 e^{\theta \tan\varphi} \tag{9-29}$$

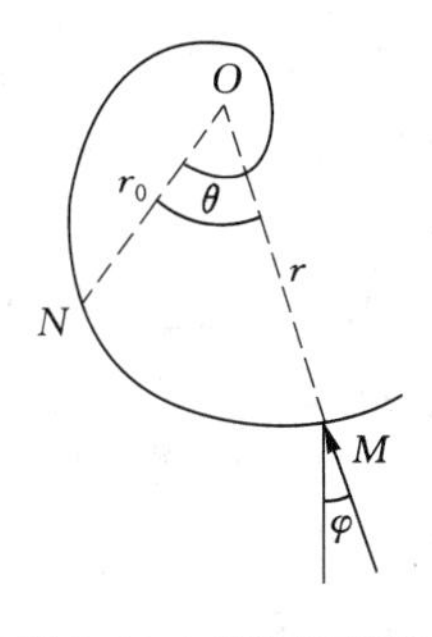

图 9-10　对数螺旋线

式中　r ——从起点 O 到任意点 M 的距离；

r_0——沿任一所选择的轴线 ON 的距离；

θ ——是 ON 与 OM 之间的夹角，任一点 M 的半径与该点的法线成 φ 角。

对以上情况，普朗特尔得出极限荷载的理论公式如下：

$$p_u = c\left[e^{\pi\tan\varphi}\tan^2\left(\frac{\pi}{4}+\frac{\varphi}{2}\right)-1\right]\cot\varphi = cN_c \tag{9-30}$$

式中，承载力系数 $N_c = \left[e^{\pi\tan\varphi}\tan^2\left(\frac{\pi}{4}+\frac{\varphi}{2}\right)-1\right]\cot\varphi$，是内摩擦角 φ 的函数，可从表 9-5 查得。

表 9-5　普朗特尔公式承载力系数表

φ /(°)	0	5	10	15	20	25	30	35	40	45
N_γ	0	0.62	1.75	3.82	7.71	15.2	30.1	62.0	135.5	322.7
N_q	1.00	1.57	2.47	3.94	6.40	10.7	18.4	33.3	64.2	134.9
N_c	5.14	6.19	8.35	11.0	14.8	20.7	30.1	46.1	75.3	133.9

2. 雷斯诺对普朗特尔公式的补充

一般基础均有一定的埋置深度，若埋置深度较浅时，为简化起见，可忽略基础底面以上两侧土的抗剪强度，而将这部分土作为分布在基础两侧的均布荷载 $q=\gamma d$ 作用在 GF 面上(图 9-11)。这部分超载限制了塑性区的滑动隆起，使地基极限承载力得到了提高，雷斯诺得(H.Reissner，1924)在普朗特尔公式假定的基础上，导出了由超载 q 产生的极限荷载公式：

$$p_u = qe^{\pi\tan\varphi}\tan^2\left(45°+\frac{\varphi}{2}\right) = qN_q \tag{9-31}$$

式中，承载力系数 $N_q = qe^{\pi\tan\varphi}\tan^2\left(45°+\frac{\varphi}{2}\right)$，是内摩擦角 φ 的函数，可从表 9-5 查得。

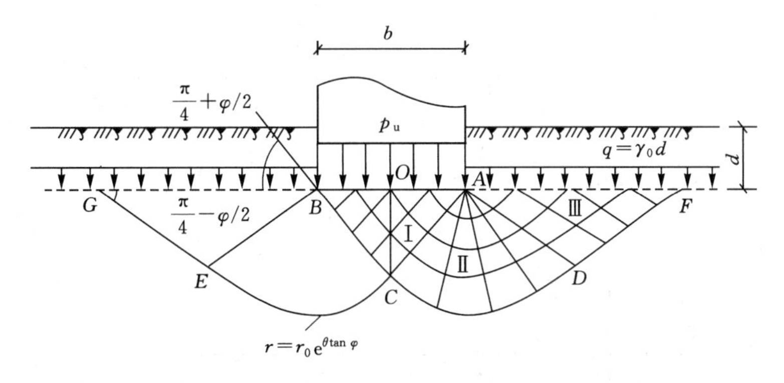

图 9-11　基础有埋置深度时的雷斯诺解

将式(9-30)及式(9-31)合并，得到当不考虑土重力时，埋置深度为 d 的条形基础的极限荷载公式：

$$p_u = qN_q + cN_c \tag{9-32}$$

承载力系数 N_q、N_c 可按土的内摩擦角 φ 值由表 9-5 查得。

从公式(9-32)可看出，当基础放置在砂土地基($c=0$)表面上($d=0$)时，地基的承载力将等于零，这显然是不合理的，这种不符合实际现象的出现，主要是假定地基土无重力($\gamma=0$)所造成的。

(四) 汉森地基极限承载力公式

太沙基等提出的承载力计算公式都只适用于中心竖向荷载作用时的条形基础，同时不考虑基底以上土的抗剪强度的作用。若基础上作用的荷载是倾斜的或有偏心，基底的形状是矩形或圆形，基础的埋置深度较深，计算时需要考虑基底以上土的抗剪强度影响，或土中有地下水时，就不能直接应用前述极限荷载公式。对此，汉森(B.Hanson,1961,1970)提出，对于均质地基，在中心倾斜荷载作用下，不同基础形状及不同埋置深度时的极限承载力计算公式如下：

$$p_u = cN_cS_cd_ci_c + qN_qS_qd_qi_q + 0.5\gamma bN_\gamma S_\gamma d_\gamma i_\gamma \tag{9-33}$$

其中，承载力系数 N_q、N_c 的值与普朗特尔公式相同；N_γ 值按下式计算：

$$N_\gamma = 1.8(N_q - 1)\tan\varphi \tag{9-34}$$

式中 i_c、i_q、i_γ——荷载倾斜系数，参见表 9-6；

S_c、S_q、S_γ——基础形状系数，参见表 9-7；

d_c、d_q、d_γ——深度系数，参见表 9-8。

表 9-6 荷载倾斜系数

$i_c = i_q - \dfrac{1-i_q}{N_q-1}(\varphi>0)$	$i_c = 0.5-0.5\sqrt{1-\dfrac{H}{Ac}}(\varphi=0)$
$i_\gamma = \left(1-\dfrac{0.7H}{N+Ac\cdot\cot\varphi}\right)^5>0$	$i_q = \left(1-\dfrac{0.5H}{N+Ac\cdot\cot\varphi}\right)^5>0$

注：N、H 为作用在基础底面的竖向荷载及水平荷载，A 为基底面积(偏心时为有效面积 $A=b'\times l'$)。

表 9-7 基础形状系数

矩形基础	方形或圆形基础
$S_c = 1+0.2i_c\dfrac{b}{l}$	$S_c = 1+0.2i_c$
$S_q = 1+0.4i_q\dfrac{b}{l}\sin\varphi$	$S_q = 1+0.4i_q\sin\varphi$
$S_\gamma = 1-0.4i_\gamma\dfrac{b}{l}$	$S_\gamma = 1-0.4i_\gamma$

注：偏心荷载时，表中 b、l 均采用有效宽(长)度 b'、l'。

表 9-8　深度系数

$\frac{d}{b}\leqslant 1$	$\frac{d}{b}>1$
$d_{\gamma}=1$	$d_{\gamma}=1$
$d_{q}=1+2\tan\varphi\,(1-\sin\varphi)^{2}(\frac{d}{b})$	$d_{q}=1+2\tan\varphi\,(1-\sin\varphi)^{2}\arctan(\frac{d}{b})$
$d_{c}=d_{q}-\frac{1-d_{q}}{N_{q}-1}(\varphi>0)$	$d_{c}=d_{q}-\frac{1-d_{q}}{N_{q}-1}(\varphi>0)$
$d_{c}=1+0.4(\frac{d}{b})(\varphi=0)$	$d_{c}=1+0.4\arctan(\frac{d}{b})(\varphi=0)$

（五）影响地基承载力的因素

1. 土的重度和地下水位

土的重度除了与土的种类有关以外，还受到地下水的影响。地下水位对承载力的计算有很大的影响，地下水位可能位于基础底面以上或位于基础底面以下，但在深度影响范围之内或是在影响深度以下，如图 9-12 所示。

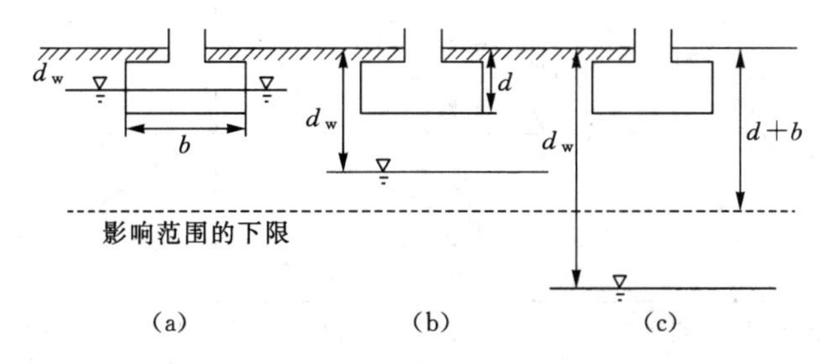

图 9-12　地下水水位与基础的位置关系

① 地下水位在基础底面以上时，如图 9-12(a)所示，需要用浮重度对自重应力进行修正，浮重度为 $\gamma'=\gamma-\gamma_{w}$。

② 地下水位在基底以下(深度影响范围以内)时，如图 9-12(b)所示，计算水位以下土体自重应力时，需采用浮重度 $\gamma'=\gamma-\gamma_{w}\left(1-\frac{d_{w}-d}{b}\right)$。

③ 在深度影响范围以外时，如图 9-12(c)所示，不考虑浮重度对计算的影响。

2. 基础的宽度

地基的承载力还与基础的尺寸和形状有关。由承载力的公式可知，基础的宽度 b 越大，承载力越高。但当基础的宽度达到某一数值以后，承载力不再随着宽度的增加而增加。规范中规定，当 $b>6$ m 时，采用 $b=6$ m 进行宽度修正的限制也含有此意。

另外，对于黏性地基，由于 b 增大，虽然基底压力可减小，但应力随深度增加，有可能使基础的沉降加大。

3. 基础的埋置深度

增加 d 同样可以提高地基的承载力。由于 d 的增加，基底附加压力将减小，相应地可以减少基础的沉降。因此，增加 d 对提高软黏土地基的稳定性和减少沉降均有明显效果，常被采用,但基础埋深太大,基础开挖也困难。

第四节　地基承载力计算实例

一、工程概况

拟建的新景花苑(12#～15#、18#～28#房)位于常州市新北区新桥镇,由常州市新北区某单位建设,江苏某设计公司设计,常州市某岩土工程有限公司进行岩土工程勘察。

地层共分为10层,基础埋深在4 m左右,位于③土层,上层滞水位于地面以下0.5～9 m,承压水位于⑤、⑥层等砂层内,水头标高在－0.5～0.5 m之间,洪水位和抗浮水位基本在地表。拟建的建筑物参数见表9-9所示。

表9-9　拟建建筑物参数表

建筑物名称	地上层数	地下层数	结构形式	拟采用基础形式	荷载标准值	基础埋深/m	基底标高/m
12#、13#房	11	1	框剪	筏基	190 kPa	4.0	＋1.40
14#、15#、18#、19#房	15	1	框剪	筏基	250 kPa	4.0	＋1.40
20#～28#房	18	1	框剪	筏基	300 kPa	4.2	＋1.20
临街商业、公建	2	0	框架	独基	中柱荷载1 600 kN	2.0	＋3.40
纯地下车库	0	1	框架	独基	60 kPa	5.7	－0.3

注:(1) 建筑室内地坪标高(±)相当于黄海高程＋5.4 m,室外地坪标高＋5.15 m,地下自行车库室内地面标高为＋2.20 m,地下汽车库室内地坪标高为＋0.30 m;(2) 临街商业、公建与住宅楼之间设置沉降缝;(3) 本表中所有标高均为黄海高程。

二、原位测试

(1) 浅层平板载荷试验

在本次浅层平板载荷试验中,最后一级荷载660 kPa出现破坏,根据规范要求,取上一级荷载的一半作为地基承载力特征值,即285 kPa。

(2) 螺旋板载荷试验

螺旋板载荷试验是将一螺旋形的承压板用人力或机械旋入地面以下的预定深度,通过传力杆向螺旋形承压板施加压力,测定承压板的下沉量。由螺旋板头、量测系统、加压系统和反力装置组成。

本次螺旋板载荷试验主要针对$③_2$层黏土、④层粉质黏土、⑤层粉土进行,实验深度分别为5.0 m,6.2 m,7.5 m。

经计算地基承载力特征值为304 kPa。

三、理论计算

《建筑地基基础设计规范》(GB 50007—2011)规定,当偏心距e小于或等于0.033倍基础底面宽度时，根据土的抗剪强度指标确定地基承载力特征值可按下式计算，并应满足变形要求：

$$f_a = M_b \gamma b + M_d \gamma_m d + M_c c_k$$

式中，φ_k、c_k 为基底下一倍短边宽深度内土的内摩擦角、黏聚力的标准值，常规做法是深度范围内土层的 φ_k、c_k 加权平均；M_b、M_d、M_c 承载力系数分别为 0.06、1.25、3.51。

建筑物尺寸为 56.8 m×11.9 m，设计基础埋置深度为 4.2 m，实际埋深 3.9 m，直接持力层位于③$_1$层黏土底部。

筏板基础宽度 b=11.9 m，大于 6 m 时按 6 m 取。

有效重度为：

$$\gamma' = \frac{G_s - 1}{1 + e}\gamma_w = \frac{2.70 - 1}{1 + 0.692} \times 9.80 = 9.85\ (\text{kN/m}^3)$$

基底以上的平均重度为：

$$\gamma_m = (9.85 \times 3.06 + 8.5 \times 0.84)/3.9 = 9.56\ (\text{kN/m}^3)$$

将上述参数代入 $f_a = M_b \gamma b + M_d \gamma_m d + M_c c_k$ 中得：

$$\begin{aligned} f_a &= M_b \gamma b + M_d \gamma_m d + M_c c_k \\ &= 0.06 \times 9.85 \times 6 + 1.25 \times 9.56 \times 3.9 + 3.51 \times 79 \\ &= 3.546 + 46.605 + 277.29 \\ &= 327.44\ (\text{kPa}) \end{aligned}$$

当基础宽度 b=3 m，d=0.5 m 时，有：

$$\begin{aligned} f_a &= M_b \gamma b + M_d \gamma_m d + M_c c_k \\ &= 0.06 \times 9.85 \times 3 + 1.25 \times 9.56 \times 0.5 + 3.51 \times 7 \\ &= 1.773 + 6.156 + 277.29 \\ &= 285.22\ (\text{kPa}) \end{aligned}$$

四、地基承载力综合确定

浅层平板载荷试验未经深度、宽度修正得出的地基承载力特征值为 285 kPa；螺旋板载荷试验经深度修正但未经宽度修正得出的地基承载力特征值为 304 kPa；按照规范计算，经深度、宽度修正后得出的地基承载力特征值为 327.44 kPa，按标准深度、宽度计算得出的特征值为 285.22 kPa。最终确定的地基承载力特征值为 285 kPa。

▶概念与术语

地基承载力
极限承载力
容许承载力
地基承载力的特征值
临塑荷载
临界荷载

▶能力及学习要求

1. 掌握确定地基承载力特征值的计算。
2. 掌握常见的极限承载力的计算方法。

▶练习题

9-1　有一条形基础，宽 $b=2$ m，埋深 $d=1.0$ m，地基为粉质黏土，$\gamma=18.4$ kN/m^3，$\gamma_{sat}=20$ kN/m^3，$\varphi=20°$，$c=10$ kPa，地下水位较深。试按太沙基极限承载力公式计算：

(1) 地基的极限荷载与容许承载力(稳定系数取 2.5)；

(2) 若加大基础埋深 $d=1.5$ m，则地基承载力有何变化；

(3) 若加大地基宽度 $b=3.0$ m，则地基承载力有何变化；

(4) 若地下水位上升到基底平面，求地基承载力；

(5) 若地基土内摩擦角 $\varphi=30°$，黏聚力 $c=10$ kPa，求地基承载力。

9-2　在某地基($\gamma=20$ kN/m^3)上修建一建筑物，基础尺寸为 2.2 m×3.2 m，埋深为 2.0 m，测出其抗剪强度指标标准值 $\varphi_k=22°$、$c_k=13$ kPa。试根据强度理论计算地基承载力特征值。

9-3　有一矩形基础，宽 $b=3$ m，长 $l=4$ m，埋深 $d=2$ m，承受中心荷载 1 000 kN(包括基础自重)，置于饱和软黏土地基上，土的 $\varphi=0$，$c=15$ kPa，$\gamma=18$ kN/m^3，试问设计荷载是否允许？(稳定系数取 1.5)

9-4　某条形基础宽度 $b=3$ m，埋置深度 $d=2$ m，地下水位埋深为 1 m。基础底面上为粉质黏土，重度 $\gamma_0=18$ kN/m^3；基础底面下为黏土层，$\gamma=19.8$ kN/m^3，$c=15$ kPa，$\varphi=24°$。作用在基础底面的荷载 $p=220$ kPa。试求临塑荷载 p_{cr}、临界荷载 $p_{1/4}$，用普朗特尔公式求极限承载力 p_u，并问地基承载力是否满足要求？(稳定系数取 3)

▶研讨选题参考

1. 地下水位变化对地基承载力的影响。
2. 极限承载力公式的比较。
3. 倾斜荷载下的地基承载力。
4. 容许承载力确定的原位试验。

参考文献

陈国兴,樊良本,陈甦,等.土质学与土力学[M].2版.北京:中国水利水电出版社,2006.

陈希哲.土力学地基基础[M].5版.北京:清华大学出版社,2013.

陈仲颐,周景星,王洪瑾.土力学[M].北京:清华大学出版社,2007.

东南大学,浙江大学,湖南大学,等.土力学[M].3版.北京:中国建筑工业出版社,2010.

范士凯.土体工程地质宏观控制论的理论与实践:中国工程勘察大师范士凯先生从事工程地质工作60周年纪念文集[M].武汉:中国地质大学出版社,2017.

黑龙江省寒地建筑科学研究院,大连阿尔滨集团有限公司.冻土地区建筑地基基础设计规范:JGJ 118—2011[S].北京:中国建筑工业出版社,2011.

黄春霞,王照宇.土力学[M].南京:东南大学出版社,2012.

建设综合勘察研究设计院.岩土工程勘察规范:GB 50007—2001(2009年版)[S].北京:中国建筑工业出版社,2009.

李飞,王贵军.土力学与基础工程[M].2版.武汉:武汉理工大学出版社,2014.

李广信,张丙印,于玉贞.土力学[M].北京:清华大学出版社,2013.

李镜培,梁发云,赵春风.土力学[M].2版.北京:高等教育出版社,2008.

李智毅,杨裕云.工程地质学概论[M].武汉:中国地质大学出版社,1994.

林彤,谭松林,马淑芝.土力学[M].2版.武汉:中国地质大学出版社,2012.

南京水利科学研究院.土的工程分类标准:GB/T 50145—2007[S].北京:中国计划出版社,2008.

南京水利科学研究院.土工试验方法标准:GB/T 50123—2019[S].北京:中国计划出版社,2019.

南京水利科学研究院.土工试验规程:SL 237—1999[S].北京:中国水利水电出版社,1999.

钱建固,袁聚云,赵春风,等.土质学与土力学[M].5版.北京:人民交通出版社,2015.

陕西省建筑科学研究院有限公司,陕西建工第三建设集团有限公司.湿陷性黄土地区建筑规范:GB 50025—2018[S].北京:中国建筑工业出版社,2018.

苏栋.土力学[M].北京:清华大学出版社,2015.

唐大雄,刘佑荣,张文殊,等.工程岩土学[M].2版.北京:地质出版社,2005.

汪稔,宋朝景,赵焕庭,等.南沙群岛珊瑚礁工程地质[M].北京:科学出版社,1997.

吴圣林,姜振全,郭建斌,等.岩土工程勘察[M].徐州:中国矿业大学出版社,2008.

务新超,魏明.土力学[M].2版.郑州:黄河水利出版社,2009.

徐长节,郑明新,杨仲轩.土力学[M].长沙:中南大学出版社,2015.

张咸恭,王思敬,张倬元.中国工程地质学[M].北京:科学出版社,2000.

张在明.地下水与建筑基础工程[M].北京:中国建筑工业出版社,2001.

中国建筑科学研究院.建筑地基处理技术规范:JGJ 79—2012[S].北京:中国建筑工业出版社,2012.

中国建筑科学研究院.建筑地基基础设计规范:GB 50007—2011[S].北京:中国建筑工业出版社,2011.

中国建筑科学研究院.膨胀土地区建筑技术规范:GB 50112—2013[S].北京:中国计划出版社,2013.

中国建筑科学研究院.软土地区岩土工程勘察规程:JGJ 83—2011[S].北京:中国建筑工业出版社,2011.

中交公路规划设计院有限公司.公路桥涵地基与基础设计规范:JTG 3363—2019[S].北京:人民交通出版社,2019.

BRAJA M DAS.Principles of foundation engineering[M].Monterey California:Thomson Brooks/cole Engineering Division,2010.

DAVID F,MCCARTHY P E.Essentials of soil mechanics and foundations[M].Englewood:Pearson Prentice Hall,2006.